Ökonometrie und Unternehmensforschung

Econometrics and Operations Research

XV

Heiner Müller-Merbach

Optimale Reihenfolgen

Springer-Verlag Berlin Heidelberg New York 1970

Professor Dr. Heiner Müller-Merbach

Universität Mainz, Lehrstuhl für Betriebswirtschaft
Mainz

ISBN-13:978-3-642-87728-5 e-ISBN-13:978-3-642-87727-8
DOI:10.1007/978-3-642-87727-8

Softcover reprint of the hardcover 1st edition 1970

Library of Congress Catalog Card Number 75-100692.

Titel-Nr. 6490

Vorwort

Reihenfolgeprobleme stehen im Fachgebiet des Operations Research seit einiger Zeit im Mittelpunkt des Interesses. Nachdem bis vor wenigen Jahren für viele Reihenfolgeprobleme noch keine brauchbaren Lösungsverfahren bekannt waren, wurden seit etwa 1960 verschiedene Verfahren entwickelt, die kleine und mittelgroße Probleme mit wirtschaftlich vertretbarem Aufwand exakt und größere Probleme mit hinreichender Genauigkeit zu lösen gestatteten. In der vorliegenden Arbeit sollen diese Verfahren diskutiert und vor allem über die mit ihnen an zahlreichen Beispielen gewonnenen Erfahrungen berichtet werden. Bei der Beschreibung der Verfahren stehen algorithmische Gesichtspunkte und Fragen der Eignung zur Programmierung für elektronische Rechenautomaten im Vordergrund. Einige neuere Verfahren wurden auf Rechenautomaten getestet. Die dabei erzielten Ergebnisse werden ausführlich analysiert.

Bei der Darstellung habe ich mich von der Maxime leiten lassen, ein schnell lesbares Buch hervorzubringen. Dem Leser, gleichgültig ob Theoretiker oder Praktiker, möchte ich damit die Gelegenheit bieten, sich mit einem Minimum an Zeit in die wesentlichen Strukturen der Reihenfolgeprobleme und deren Lösungsverfahren einzuarbeiten. Zu diesem Zweck habe ich bei der Beschreibung der Lösungsverfahren jeweils nach einführenden Erörterungen Beispiele zur Demonstration herangezogen und erst abschließend die allgemeingültigen Formulierungen der Verfahren gegeben. Auf mathematischen Formalismus habe ich weitgehend verzichtet, soweit er nicht zum Verständnis der Probleme und Verfahren erforderlich oder zum Lesen der wichtigsten Fachliteratur unumgänglich war.

Wesentliche Teile dieser Arbeit entstanden während meiner Tätigkeit am Institut für Praktische Mathematik (IPM) der Technischen Hochschule Darmstadt. Es ist mir ein echtes Bedürfnis, dem verstorbenen Direktor dieses Instituts, meinem hochverehrten Lehrer Herrn Professor Dr. h.c. Dr. Alwin Walther, Dank zu sagen für die wertvolle Unterstützung und die vielen Ratschläge, die zum Gelingen dieser Arbeit beigetragen haben. Dankbar bin ich ihm ferner dafür, daß er bereits während meiner ersten Studienjahre in mir das Interesse am elektronischen Rechnen geweckt hat, wodurch ich 1957 den Zugang zum aktiven Arbeiten mit Rechenautomaten fand.

Sehr dankbar bin ich Herrn Professor Dr. Eberhard Dülfer für seine Unterstützung bei dieser Arbeit. Aus häufigen Fachgesprächen mit ihm gingen viele wertvolle Anregungen zur Einordnung der mathematischen Verfahren in die Betriebswirtschaftslehre hervor. Ferner hat er intensiv das Entstehen dieser Arbeit unterstützt und mich stets freundschaftlich ermuntert, die Arbeit zu einem erfolgreichen Ende zu bringen.

Mein Dank gilt auch Herrn Professor Dr. Horst Albach. Durch seine im Wintersemester 1959/60 in Darmstadt gehaltene Vorlesung über Lineare Planungsrechnung habe ich die ersten Anregungen zur eigenen Arbeit im Gebiet Operations Research erhalten. In damaligen und vielen späteren Diskussionen habe ich von seinem Fachwissen sehr stark profitieren können. Sein Rat hat mir bei der Erstellung dieser Arbeit sehr genützt.

Für viele Hinweise und kritische Stellungnahmen zum Manuskript bin ich meinen früheren Kollegen im IPM, insbesondere Herrn Dr. Ing. Hasso von Falkenhausen, und meinen jetzigen Mitarbeitern, Herrn Dipl.-Math. Ulrich Barth, Herrn Dipl.-Wirtsch.-Ing. Gerald Gallus, Herrn Dipl.-Wirtsch.-Ing. Horst Lüttgen, Herrn Dipl.-Math. Dietrich Ohse, Herrn Dipl.-Wirtsch.-Ing. Wolfgang P. Schmidt und Herrn Dipl.-Wirtsch.-Ing. Helmut Wiggert dankbar verbunden. Weitere Anregungen erhielt ich von den Hörern meiner im Sommersemester 1966 an der Technischen Hochschule Darmstadt über Reihenfolgeprobleme gehaltenen Vorlesung.

Mit großer Sorgfalt haben Herr cand. rer. pol. Rainer Süß die Zeichnungen angefertigt und Frau Gertrud Müller und meine Sekretärin, Fräulein Hannelore Müller, das Manuskript erstellt. Ihnen danke ich besonders herzlich.

Dem Springer-Verlag bin ich für die Sorgfalt und Mühe bei der Ausstattung und Herstellung des Buches dankbar.

Mainz, Herbst 1969 HEINER MÜLLER-MERBACH

Inhaltsverzeichnis

KAPITEL 6

Das Traveling Salesman Problem

KAPITEL 7

Das Chinese Postman's Problem

KAPITEL 8

Raumzuordnungsprobleme

KAPITEL 9

Probleme der Maschinenbelegungsplanung

KAPITEL 10

Optimale Reihenfolge innerhalb mathematischer Algorithmen

KAPITEL 1

Reihenfolgeprobleme

Unter *Reihenfolgeproblemen* werden hier solche Probleme verstanden, bei denen Elemente in eine optimale Reihenfolge gebracht werden sollen, wobei eine Auswahl zwischen mehreren möglichen Anordnungen zu treffen ist. Dabei wird unterstellt, daß sich für jede Reihenfolge ein Zielfunktionswert berechnen läßt. Optimal ist die Reihenfolge mit dem minimalen bzw. maximalen Zielfunktionswert. Die Elemente können Orte sein; gesucht sei dann beispielsweise die kürzeste Rundreise durch diese Orte (Traveling Salesman Problem). Die Elemente können Währungen verschiedener Länder sein; gesucht ist die günstigste Wechselkursfolge von einer Währung in die andere (Arbitrage-Problem). Die Elemente können Produkte oder Aufträge sein; gefragt ist nach der optimalen Bearbeitungsreihenfolge (Maschinenbelegungsproblem). Die Elemente können auch Eckpunkte in einem n-dimensionalen, linear begrenzten Raum sein; gefragt ist nach dem optimalen Weg zu einem bestimmten Eckpunkt (Pivot-Auswahlproblem der Simplex-Methode).

In diesem Buch sollen Verfahren zur Lösung von Reihenfolgeproblemen, d.h. Verfahren zur Bestimmung optimaler Reihenfolgen beschrieben werden. Da die meisten Reihenfolgeprobleme eine Struktur haben, die sich als Graph darstellen läßt, und da einige von den Lösungsmethoden auf Graphen aufbauen, wird im Kapitel 2 ein kurzer Überblick über die für Reihenfolgeprobleme relevanten Begriffe der *Graphentheorie* gegeben.

Viele Verfahren zur Lösung von Reihenfolgeproblemen bauen auf Methoden der *linearen Planungsrechnung* auf. Von besonderer Bedeutung sind dabei die Methoden zur Lösung des sog. *Zuordnungsproblems.* Im Kapitel 3 werden die Lösungsansätze und die für die Reihenfolgeprobleme wichtigen Methoden der linearen Planungsrechnung kurz dargestellt.

Eine allgemeine Übersicht über die wesentlichen Methodenkomplexe zur Berechnung optimaler Reihenfolgen wird im Kapitel 4 gegeben.

In den weiteren Kapiteln werden spezielle Problemgruppen behandelt. *Optimale Wege* in Netzen werden im Kapitel 5 besprochen. Es folgen das *Traveling Salesman Problem* im Kapitel 6 und das *Chinese Postman's Problem* im Kapitel 7. *Raumzuordnungsproblemen* und Problemen der

Triangulierung von *Input-Output-Matrizen* ist das Kapitel 8 gewidmet. Die als Reihenfolgeprobleme aufzufassenden Probleme der *Maschinenbelegungsplanung* sind Gegenstand des Kapitels 9. Einige Reihenfolgeprobleme, die in mathematischen *Rechenverfahren* auftreten, werden im Kapitel 10 behandelt.

Reihenfolgeprobleme gehören zu der größeren Gruppe der *kombinatorischen Probleme.* Eine genaue Abgrenzung zwischen Reihenfolgeproblemen und sonstigen kombinatorischen Problemen ist allerdings nicht möglich. Viele Probleme treten bei bestimmter Formulierung als typische Reihenfolgeprobleme auf, bei anderer Formulierung dagegen nicht. Die Auswahl der in diesem Buch behandelten Probleme konnte daher nicht ganz ohne Willkür geschehen. Der Verfasser hat jedoch darauf geachtet, daß die für die Praxis wichtigsten und typischsten Reihenfolgeprobleme zur Sprache kommen. Für weitere Probleme kann man die hier behandelten Methoden dann relativ leicht abwandeln.

Bei der Beurteilung der verschiedenen Verfahren zur Lösung von Reihenfolgeproblemen wird die Eignung für elektronische Rechenautomaten der heute vorherrschenden Größe und Arbeitsgeschwindigkeit als Maßstab verwendet. Dieses sind Geräte mit einem Kernspeicher, in dem 32 K bis 128 K Festkommaworte (K = 1024) zu speichern sind, und einer Übertragungsgeschwindigkeit von etwa 10^6 bis 10^7 Bytes pro Sekunde. Die zu einigen Verfahren durchgeführten Tests sind an der IBM 7040 der Technischen Hochschule Darmstadt vorgenommen worden.

Um die Beziehungen und Ähnlichkeiten zwischen den verschiedenen Reihenfolgeproblemen erkennen zu können, soll der Versuch einer Typologie der Reihenfolgeprobleme vorgenommen werden.

Zunächst seien die *Typen A*, *B* und *U* unterschieden. Bei den *Typen A* und *B* seien die zu durchlaufenden Elemente bekannt. Beim *Typ A* wird ferner verlangt, daß *alle* Elemente in die Reihenfolge aufgenommen werden. Beim *Typ B* brauchen nicht alle Elemente, sondern können *beliebig viele* Elemente in der Reihenfolge auftauchen. Beim *Typ U* sind dagegen die möglicherweise zu durchlaufenden Elemente a priori ihrer Lage und eventuell auch ihrer Anzahl nach *unbekannt*. Ein Beispiel für den *Typ A* bildet das *Traveling Salesman Problem*, bei dem ein optimaler Weg von einem Ort durch alle anderen angegebenen Orte zurück zum Ausgangsort gesucht wird. Der *Typ B* taucht im *Problem des optimalen Weges* auf, in dem der beste Weg von einem bestimmten Ort zu einem anderen bestimmten Ort durch beliebig viele Zwischenorte gesucht wird. Für den *Typ U* bildet die *Simplex-Methode* ein Beispiel, bei der der Weg von einem Eckpunkt eines Polyeders zu einem (a priori unbekannten) Optimalpunkt gesucht wird. Die optimale Reihenfolge der durchlaufenen Eckpunkte ist diejenige, bei der der gesamte Rechenaufwand am geringsten ist.

Die Probleme vom *Typ A* lassen sich zweckmäßigerweise weiter in die vom *Typ AK* und die vom Typ *AV* untergliedern. Mit *K* seien solche Probleme gekennzeichnet, bei denen die Kosten (oder die hinsichtlich des Zielkriteriums maßgebenden Größen wie Zeiten, Entfernungen etc.) zwischen zwei Elementen *konstant* und a priori bekannt sind. Das bedeutet, daß die Kosten zwischen zwei Elementen nur von diesen beiden Elementen abhängen, nicht aber von den übrigen. Das ist beim *Traveling Salesman Problem* der Fall. Hängen sie auch von den übrigen Elementen ab, sind die Kosten also *variabel*, so wird ein Problem als vom *Typ AV* bezeichnet. Ein Beispiel dafür bilden die *Raumzuordnungsprobleme*.

In der Tabelle 1.1 sind die wichtigsten der in diesem Buch behandelten Probleme dieser Typologie unterworfen.

Tabelle 1.1. *Typologie der in diesem Buch behandelten Probleme*

Typ	Problem	Behandelt in Kapitel bzw. Abschnitt
B	Optimale Wege in Netzen	5
	Devisenarbitrage	5.5.3
AK	Traveling Salesman Problem	6
	Chinese Postman's Problem	7
	Multiplikation mehrerer Matrizen	10.4
AV	Raumzuordnungsprobleme	8
	Triangulierung von Matrizen	8.4.1
	Maschinenbelegungsplanung	9
U	Inversion von Matrizen	10.2
	Simplex-Methode	10.3

Einige Reihenfolgeprobleme sind verhältnismäßig leicht, andere dagegen nur mit sehr großem Rechenaufwand zu lösen. Es erfordert einige Erfahrung, einem Problem von vornherein anzusehen, zu welcher Klasse es gehört. Häufig erfordern gerade die einfach aussehenden Probleme sehr große Rechenzeiten. Dazu gehört u.a. das *Traveling Salesman Problem*. Die Gründe für die leichte oder schwere Lösbarkeit eines Problems sind jedoch heute wohlbekannt. Der Leser wird nach einiger Einarbeitung und nach Zurkenntnisnahme dieser Gründe in der Beurteilung von Reihenfolgeproblemen eine ausreichende Sicherheit erhalten.

KAPITEL 2

Graphentheoretische Grundlagen

2.1. Grundbegriffe

Sehr viele Reihenfolgeprobleme lassen sich durch *Graphen* veranschaulichen. Zum Verständnis der späteren Ausführungen ist daher die Kenntnis der Grundbegriffe der *Graphentheorie* nützlich. Sie sollen in diesem Kapitel skizziert werden.

Ein Graph besteht aus einer Menge von Elementen und einer Abbildung dieser Menge in sich selbst. Anschaulich darstellen lassen sich *endliche Graphen*. Das sind Graphen, bei denen die Menge der Elemente endlich ist. Dabei werden die Elemente als *Knoten* und die Beziehungen zwischen ihnen als *Kanten* dargestellt. In diesem Buch soll nur von endlichen Graphen die Rede sein. Die Abb. 2.1 bis 2.9 zeigen einige endliche Graphen, an denen die weiteren Grundbegriffe erläutert werden. Synonym mit *Graph* werden in diesem Buch die Begriffe *Netz* und *Netzwerk* verwandt.

Wenn einige oder alle Kanten eines Graphen in einer Richtung orientiert sind, spricht man von einem *gerichteten Graphen* (Abb. 2.1). Die gerichteten Kanten werden auch als *Pfeile* bezeichnet.

Ein Graph, in dem jeder Knoten direkt oder indirekt mit jedem anderen Knoten verbunden ist, heißt *zusammenhängender Graph.* Ist

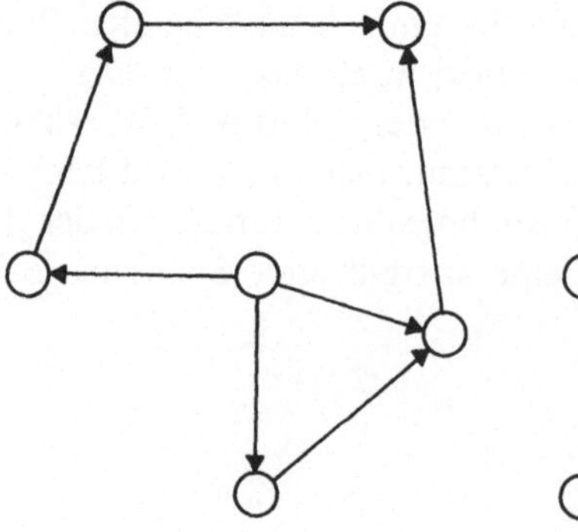

Abb. 2.1. Gerichteter Graph

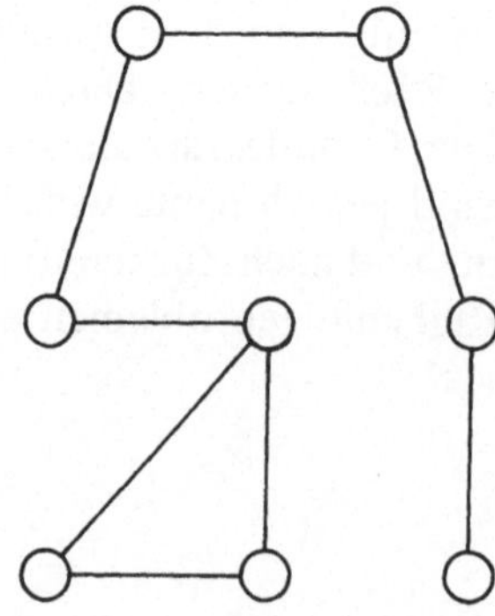

Abb. 2.2. Ungerichteter Graph

jeder Knoten direkt mit jedem anderen Knoten verbunden, so spricht man von einem *vollständigen Graphen* (Abb. 2.3).

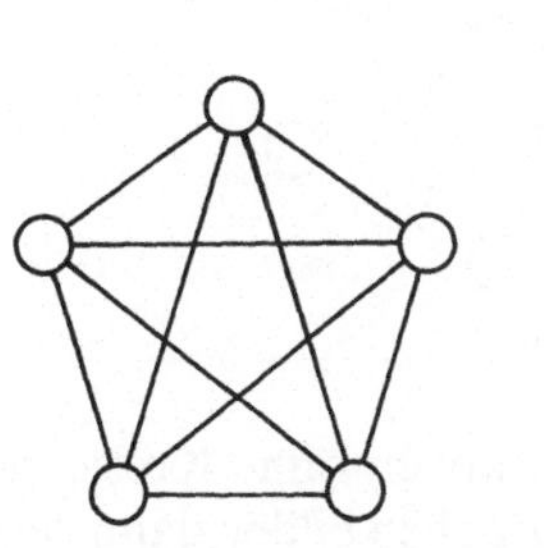

Abb. 2.3. Vollständiger Graph

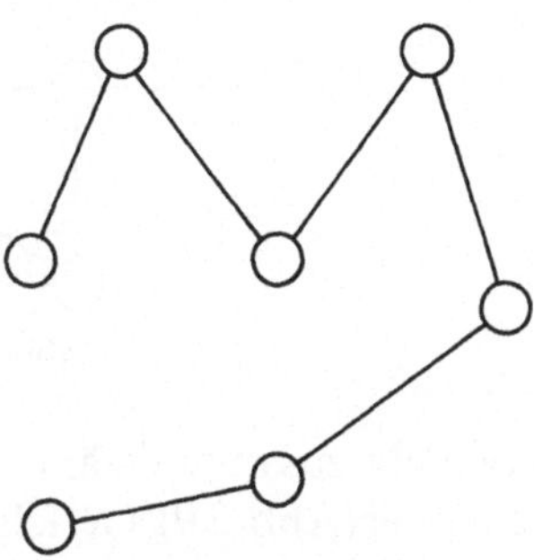

Abb. 2.4. Kette

Eine Folge von Knoten und ungerichteten Kanten, in der an jedem Knoten außer den beiden Endknoten genau zwei Kanten enden, d.h. ein offener ungerichteter Kantenzug, sei als *Kette* bezeichnet (Abb. 2.4). Ein geschlossener ungerichteter Kantenzug sei *Kreis* genannt (Abb. 2.5).

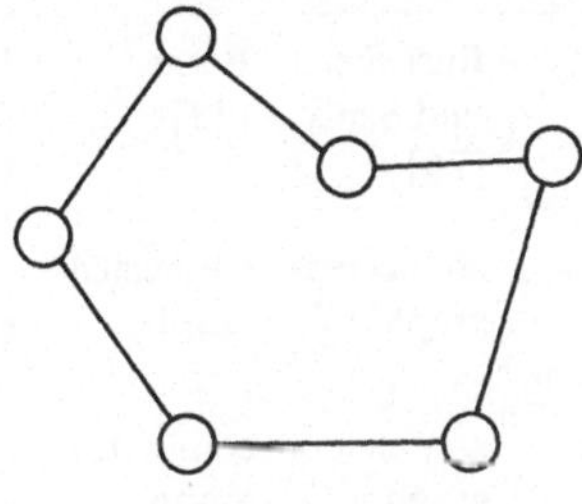

Abb. 2.5. Kreis

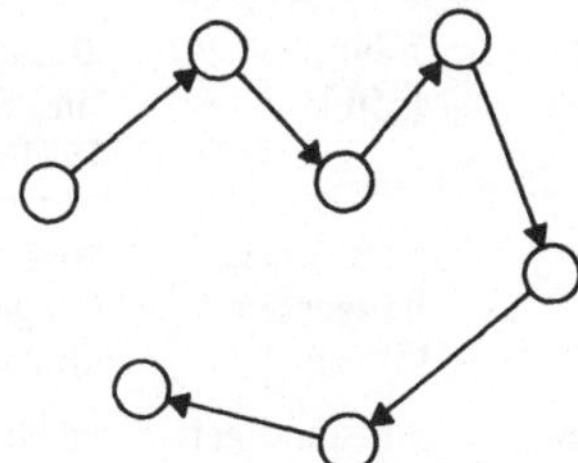

Abb. 2.6. Pfad

Bei gerichteten Kanten sei ein offener gleichgerichteter Kantenzug als *Pfad* (Abb. 2.6) und ein geschlossener gleichgerichteter Kantenzug als *Schleife* (Abb. 2.7) bezeichnet. Laufen in einem gerichteten Graphen zwei Pfade parallel von einem gemeinsamen Anfangsknoten zu einem gemeinsamen Endknoten, so bilden sie eine *Masche* (Abb. 2.8).

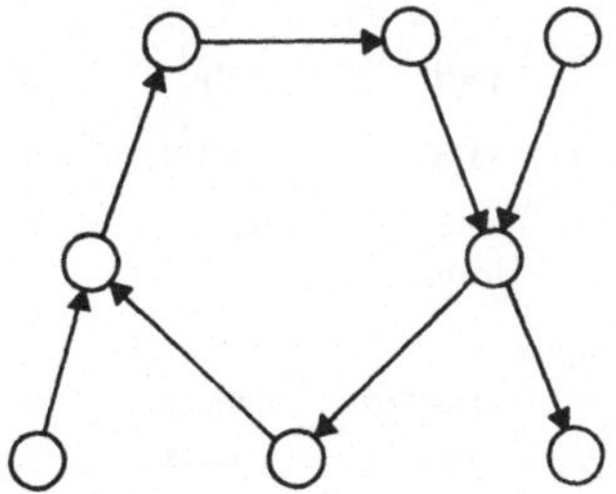

Abb. 2.7. Gerichteter Graph mit Schleife

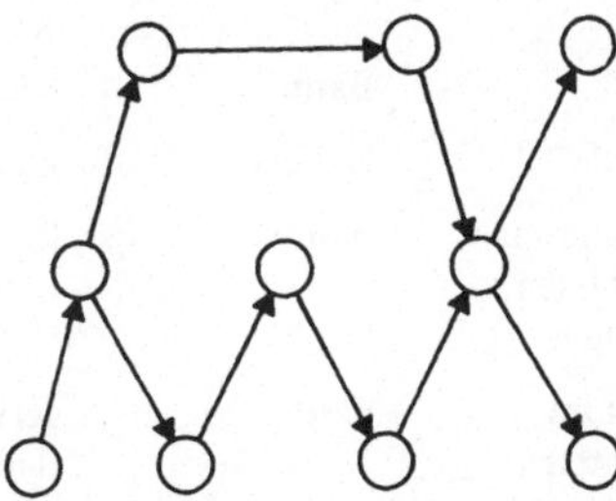

Abb. 2.8. Gerichteter Graph mit Masche

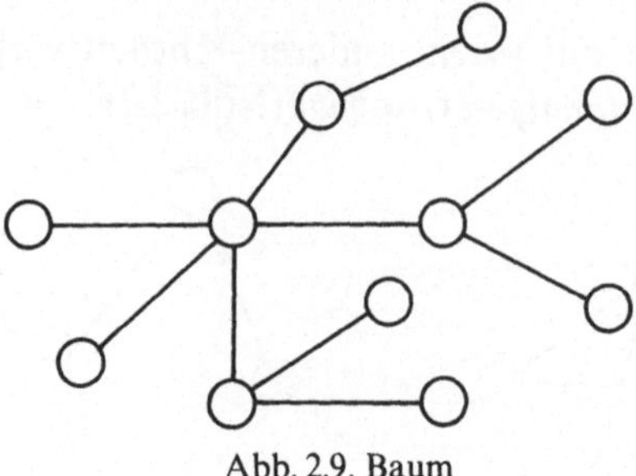

Abb. 2.9. Baum

Ungerichtete zusammenhängende Graphen ohne Kreise werden als *Baum* bezeichnet (Abb. 2.9). Gerichtete Graphen bilden dann einen Baum, wenn sie unter Vernachlässigung der Richtung der Kanten ebenfalls einen Baum darstellen würden. Sie sind immer frei von Schleifen und Maschen.

Tabelle 2.1. *Übersicht über einige wichtige graphentheoretische Begriffe in der Literatur. Mit * sind solche Begriffe gekennzeichnet, für die von den einzelnen Autoren teilweise weitere Unterteilungen vorgenommen sind oder bei denen keine ganz genaue Übereinstimmung der Begriffsinhalte vorliegt; soweit verschiedene Begriffe nur teilweise deckungsgleich mit den in diesem Buch verwendeten Begriffen sind, ist der markanteste unter ihnen gewählt*

Hier verwendeter Begriff	König [101]	Busacker und Saaty [27]	Busacker und Saaty [26]	Berge [18]	Kaufmann [96]
zusammenhängender Graph	zusammenhängender Graph	zusammenhängender Graph	connected graph	connected graph	connected graph
vollständiger Graph	vollständiger Graph	vollständiger Graph	complete graph	complete graph	complete graph
Knoten	Knotenpunkt, Punkt	Knoten	vertex	point, vertex	vertex
Kante	Kante	Kante	edge	edge	link
Pfeil	gerichtete Kante	(gerichtete) Kante	arc	arc	arc
Kette *	Weg	Kette	chain	chain	chain
Kreis *	Kreis	geschlossener Kantenzug	circuit	cycle	cycle
Pfad *	Bahn	Weg	path	path	path
Schleife *	Zyklus	Zyklus	cycle	circuit	circuit
Baum im ungerichteten Graphen	Baum	Baum	tree, forest	tree	tree
Baum im gerichteten Graphen *	Baum	gerichteter Baum	directed tree	arborescence	arborescence

Die genannten Begriffe werden in der Literatur nicht einheitlich verwendet. In der Tabelle 2.1 sind die Begriffe einiger Autoren zusammengestellt.

2.2. Einige Eigenschaften von Graphen

Nachdem nun die im Zusammenhang mit Reihenfolgeproblemen wichtigsten Typen von Graphen erklärt sind, sollen einige Eigenschaften von ungerichteten Graphen diskutiert werden.

Ein *Baum* mit n Knoten hat immer $(n-1)$ Kanten. Das gleiche gilt für den *offenen Kantenzug* (*Kette* und *Pfad*), der nichts anderes ist als ein „Baum ohne Äste“. Ein *geschlossener Kantenzug* (*Kreis* und *Schleife*) mit n Knoten hat immer n Kanten. Ein *vollständiger Graph* mit n Knoten hat immer $\binom{n}{2}=\frac{n}{2}(n-1)$ Kanten.

Von besonderer Bedeutung ist die Zahl der Wege in vollständigen Graphen. Im folgenden werden einige Fälle betrachtet. Dabei soll vorerst unter einem Weg immer ein solcher Kantenzug verstanden werden, der jeden Knoten maximal einmal berührt. Die Zahl der Wege von einem bestimmten Knoten i zu einem bestimmten anderen Knoten j, die jeden anderen Knoten genau einmal berühren, ist $(n-2)!$. Die Zahl der Wege von einem bestimmten Knoten i über alle anderen Knoten zum Ausgangsknoten i zurück beträgt $(n-1)!$. Für alle n verschiedenen Ausgangsknoten zusammen gibt es dann $n!$ Rundwege. Diese Zahlen lassen sich leicht erklären, was für den letzten Fall hier angedeutet werden soll. Es gibt n Startknoten. Von jedem lassen sich $(n-1)$ Knoten erreichen. Von diesen aus lassen sich $(n-2)$ noch nicht in die Folge aufgenommene Knoten erreichen, von diesen wiederum noch $(n-3)$ usw. Insgesamt sind das also $n\cdot(n-1)\cdot(n-2)\cdot(n-3)\cdot\dots\cdot 2\cdot 1=n!$ verschiedene Möglichkeiten einer Rundreise.

Größer als die Zahl der Wege durch *alle* Knoten ist die Zahl der Wege durch *beliebig viele* Knoten. Die Zahl der Wege von einem bestimmten Knoten i zu einem bestimmten anderen Knoten j über beliebig viele der $(n-2)$ übrigen Knoten, die aber höchstens je einmal berührt werden dürfen, beträgt $\sum_{k=0}^{n-2}\binom{n-2}{k}k!=\sum_{k=0}^{n-2}\frac{(n-2)!}{k!}$. Die Zahl der Rundwege von einem bestimmten Knoten i über beliebige der $(n-1)$ übrigen Knoten zurück zum Ausgangsknoten ist $\sum_{k=0}^{n-1}\binom{n-1}{k}k!=\sum_{k=0}^{n-1}\frac{(n-1)!}{k!}$. Für alle n verschiedenen Knoten als Ausgangsknoten gibt es dann zusammen $n\sum_{k=0}^{n-1}\binom{n-1}{k}k!=\sum_{k=0}^{n-1}\frac{n!}{k!}$ Rundwege. Auch diese Zahlen sind leicht verständlich, was am ersten Fall erklärt werden soll. Es gibt

$\binom{n-2}{k}$ verschiedene Kombinationen von k aus $(n-2)$ Knoten. Die Knoten jeder Kombination kann man in $k!$ verschiedenen Folgen aneinanderreihen. Es gibt also $\binom{n-2}{k}k!$ verschiedene Wege vom Knoten i zum Knoten j über k beliebige Zwischenknoten. Da k zwischen Null (direkter Weg von i nach j) und $n-2$ (Weg über alle möglichen Zwischenknoten) variieren kann, ist die Summe über die Wegzahlen für $k=0$ bis $k=(n-2)$ zu bilden. Man erhält $\sum_{k=0}^{n-2}\binom{n-2}{k}k!$. Nun kann man $\binom{n-2}{k}k!$ ersetzen durch $\frac{(n-2)!\,k!}{(n-2-k)!\,k!}=\frac{(n-2)!}{(n-2-k)!}$. Die Summierung von $k=0$ bis $k=(n-2)$ bedeutet, daß der Nenner von $(n-2)!$ bis $0!$ läuft. Man kann daher folgende Ausdrücke gleichsetzen:

$$\sum_{k=0}^{n-2}\binom{n-2}{k}k!=\sum_{k=0}^{n-2}\frac{(n-2)!}{(n-2-k)!}=\sum_{k=0}^{n-2}\frac{(n-2)!}{k!}.$$

Da $\sum_{k=0}^{\infty}\frac{1}{k!}=e=2{,}71828\ldots$ ist, gilt:

$$\sum_{k=0}^{n-2}\frac{(n-2)!}{k!}\leqq e(n-2)!,$$

$$\sum_{k=0}^{n-1}\frac{(n-1)!}{k!}\leqq e(n-1)!,$$

$$\sum_{k=0}^{n-1}\frac{n!}{k!}\leqq e\,n!.$$

Für große n ist die Zahl der Wege durch *beliebig viele* Knoten also angenähert e-mal so groß wie die Zahl der Wege durch *alle* Knoten.

In der Tabelle 2.2 sind für einige Werte n die Werte $\binom{n}{2}$, $n!$ und $\sum_{k=0}^{n-1}\frac{n!}{k!}$ angegeben. Es sei vermerkt, daß $\sum_{k=0}^{n}\frac{n!}{k!}=\sum_{k=0}^{n-1}\frac{n!}{k!}+1$ ist.

Bei nicht vollständigen Graphen ist die Zahl der Wege geringer als bei vollständigen Graphen. Je weniger ein Graph *vermascht* ist, d.h. je weniger Kanten er im Verhältnis zu den Knoten hat, desto weniger Wege gibt es. Im ungerichteten Graphen der Abb. 2.10 mit 7 Knoten und 12 Kanten gibt es beispielsweise vom Knoten 1 zum Knoten 7 nur 21 verschiedene Wege. Wäre der Graph vollständig, so wären bei $\binom{7}{2}=21$ Kan-

Tabelle 2.2. *Werte für die Anzahl an Kanten und Rundwegen in vollständigen Graphen*

n	Zahl der Kanten $\binom{n}{2}=\frac{n}{2}(n-1)$	Zahl der Wege durch *alle* Knoten $n!$	Zahl der Wege durch *beliebig viele* Knoten $\sum_{k=0}^{n-1}\frac{n!}{k!}$
2	1	2	4
3	3	6	15
4	6	24	64
5	10	120	325
6	15	720	1956
7	21	5040	13699
8	28	40320	109600
10	45	3628800	9864100
12	66	479001600	$>1{,}3\cdot10^{9}$
15	105	$>1{,}3\cdot10^{12}$	$>3{,}5\cdot10^{12}$
20	190	$>2{,}4\cdot10^{18}$	$>6{,}5\cdot10^{18}$
30	435	$>2{,}6\cdot10^{33}$	$>7{,}0\cdot10^{33}$

ten genau $\sum_{k=0}^{5}\frac{5!}{k!}=326$ Wege möglich, bei denen jeder Knoten höchstens einmal berührt wird. Im gerichteten Graphen gibt es meistens noch weniger Wege. Für den Graphen der Abb. 2.11 mit 7 Knoten und 12 Pfeilen bestehen vom Knoten 1 zum Knoten 7 nur 11 verschiedene Wege.

Die Berechnung der Zahl der Wege im nicht vollständigen Graphen ist im allgemeinen aufwendig. Einfach ist sie nur in Sonderfällen. Ein trivialer Sonderfall ist ein Baum. Ein anderer Sonderfall ist ein gerichteter Graph ohne Schleifen. Hier kann man, ausgehend vom Startknoten i, die Pfeile mit der Anzahl der Wege, auf denen sie zu erreichen sind, versehen. Man setzt diese Markierung jeweils von solchen Knoten

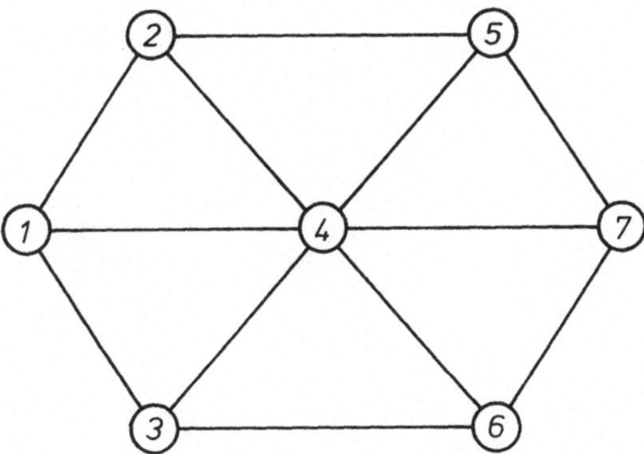

Abb. 2.10. Ungerichteter zusammenhängender Graph mit 7 Knoten und 12 Kanten

aus fort, bei denen sämtliche eingehenden Pfeile mit einer Marke versehen sind. Im Beispiel der Abb. 2.11 ist das durch Nummern an den Pfeilspitzen angedeutet.

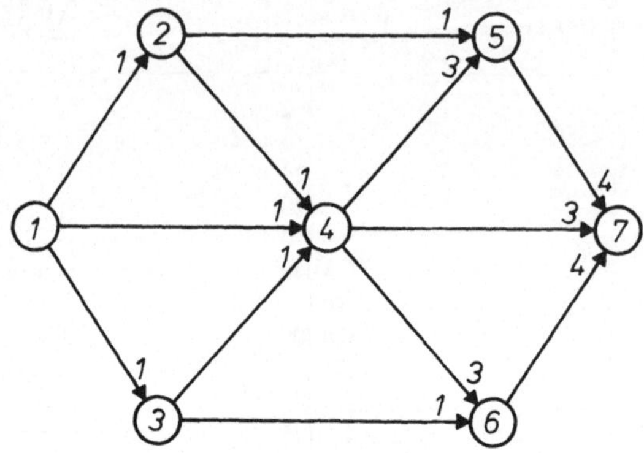

Abb. 2.11. Gerichteter zusammenhängender Graph mit 7 Knoten und 12 Kanten

KAPITEL 3

Methoden und Modelle der linearen Planungsrechnung

3.1. Allgemeines

Einige Reihenfolgeprobleme lassen sich mit Methoden der *linearen Planungsrechnung* lösen. Viele andere sind eng verwandt mit Problemen, die mit linearer Planungsrechnung zu lösen sind. Und fast alle Reihenfolgeprobleme lassen sich als Probleme der *ganzzahligen Planungsrechnung* formulieren.

Aus diesem Grund sollen hier kurz die für Reihenfolgeprobleme wichtigsten Methoden und Modelle der linearen Planungsrechnung umrissen werden. Die größte Bedeutung für die Lösung von Reihenfolgeproblemen hat das leicht lösbare *Zuordnungsproblem* der linearen Planungsrechnung. Da bei der Lösung insbesondere des Traveling Salesman Problems sehr häufig (quasi in Unterprogramm-Technik) die Lösung von Zuordnungsproblemen erforderlich wird, sind im Abschnitt 3.2 das Zuordnungsproblem und eine schnelle Lösungsmethode ausführlich beschrieben.

Eine wesentlich geringere Rolle für Reihenfolgeprobleme spielt das sog. *Transportproblem* der linearen Planungsrechnung (vgl. Abschnitt 7.4). Es ist hier daher nur kurz als Modellansatz im Abschnitt 3.3 skizziert.

Viele Reihenfolgeprobleme kann man als Probleme der allgemeinen linearen Planungsrechnung formulieren und lösen. Aber gerade diese Probleme lassen sich auch mit anderen (direkten) Methoden leicht und schnell lösen, so daß ein Umweg über die lineare Planungsrechnung überflüssig ist. Daher spielt der allgemeine Ansatz der linearen Planungsrechnung für die praktische Berechnung optimaler Reihenfolgen keine Rolle. Der Vollständigkeit halber werden später die Formulierungen einzelner Probleme angegeben. Im Abschnitt 3.4 wird nur der allgemeine Ansatz dargestellt. Im Abschnitt 3.5 folgen einige Bemerkungen zur *ganzzahligen Planungsrechnung*. Sie spielt insofern im Rahmen dieses Buches eine Rolle, als sich fast alle Reihenfolgeprobleme als Problem der ganzzahligen Planungsrechnung formulieren lassen. Für die praktische Lösung von Reihenfolgeproblemen sind diese Ansätze aber unbedeutend, da es keine effizienten Verfahren zur Lösung von Problemen der ganzzahligen Planungsrechnung gibt.

3.2. Das Zuordnungsproblem

Das Zuordnungsproblem der linearen Planungsrechnung läßt sich wie folgt formulieren. Zu minimieren sei der Wert von D, der sich aus der Zielfunktion ergibt:

$$D=\sum_{i=1}^{n}\sum_{j=1}^{n} d_{ij}\,x_{ij}.$$

Dabei gelten die Restriktionen:

$$\sum_{j=1}^{n} x_{ij}=1 \qquad \text{für } i=1,2,\ldots,n,$$

$$\sum_{i=1}^{n} x_{ij}=1 \qquad \text{für } j=1,2,\ldots,n.$$

Es sind die Koeffizienten d_{ij} vorgegeben. Die Variablen x_{ij} dürfen nur die Werte 0 oder 1 annehmen.

Zur Lösung dieses Problems sind verschiedene Verfahren entwickelt worden. Sie beruhen überwiegend auf dem Prinzip der Reduzierung der Koeffizienten oder Kostenelemente d_{ij}. Diese werden so reduziert, daß kein Koeffizient negativ, aber genügend Koeffizienten gleich Null werden, um an ihnen die Zuordnungen $x_{ij}=1$ vornehmen zu können. Die Reduzierung der Koeffizienten wird so vollzogen, daß sich die Lösung des Problems nicht ändert (lösungsneutrale Reduktion). Wenn die Zuordnungen an den Nullkoeffizienten vorgenommen sind und kein reduzierter Koeffizient negativ ist, kann keine bessere Lösung existieren.

Eine lösungsneutrale Reduktion der d_{ij} läßt sich einfach erreichen, indem man die Restriktionen von der Zielfunktion subtrahiert. Subtrahiert man die Restriktionen des ersten Typs u_i-mal und die Restriktionen des zweiten Typs v_j-mal von der Zielfunktion, so erhält man:

$$D=\sum_{i=1}^{n}\sum_{j=1}^{n}(d_{ij}-u_i-v_j)\,x_{ij}+\sum_{i=1}^{n}u_i+\sum_{j=1}^{n}v_j.$$

Da die beiden letzten Glieder nur Konstanten enthalten, haben sie keinen Einfluß auf die Lösung. Man kann die Zielfunktion daher auch ersetzen durch:

$$D^*=\sum_{i=1}^{n}\sum_{j=1}^{n}(d_{ij}-u_i-v_j)\,x_{ij}=\sum_{i=1}^{n}\sum_{j=1}^{n}d^*_{ij}\,x_{ij}.$$

Dabei sind die $d^*_{ij}=(d_{ij}-u_i-v_j)$ die reduzierten Koeffizienten. Wenn für alle $x_{ij}=1$ die $d^*_{ij}=0$ und für alle $x_{ij}=0$ die $d^*_{ij}\geqq 0$ (*Complementary Slackness*) und wenn alle Restriktionen erfüllt sind, dann ist die Lösung optimal. Für die Optimallösung ist daher $D^*=0$. Der Zielfunktionswert D lautet entsprechend:

$$D=\sum_{i=1}^{n} u_i+\sum_{i=1}^{n} v_j.$$

Zur Berechnung der *Reduktionskonstanten* u_i und v_j eignet sich u.a. das von Ford und Fulkerson [56, 57] entwickelte Flußmaximierungsverfahren, das auf der dualen Simplex-Methode aufbaut. Es soll hier mit geringfügigen Änderungen beschrieben werden (vgl. [130]).

Das Verfahren beginnt mit einer ersten Reduktion:

$$\left.\begin{aligned} d'_{ij}&=d_{ij}-u_i \\ \text{mit}\quad u_i&=\min_j\{d_{ij}\}\end{aligned}\right\}\quad \text{für } i=1,2,\ldots,n,$$

$$\left.\begin{aligned} d^*_{ij}&=d'_{ij}-v_j \\ \text{mit}\quad v_j&=\min_i\{d'_{ij}\}\end{aligned}\right\}\quad \text{für } j=1,2,\ldots,n.$$

Das bedeutet, es werden erst von allen Zeilen der Matrix (d_{ij}) die Zeilenminima subtrahiert. Dadurch entstehen mindestens n Elemente $d'_{ij}=0$. Dann werden von allen Spalten der Matrix (d'_{ij}) die Spaltenminima subtrahiert. Danach sind insgesamt mindestens n, höchstens n^2, im Normalfall zwischen n und $2n$ Elemente $d^*_{ij}=0$. Statt mit der Zeilenreduktion kann man auch mit der Spaltenreduktion beginnen.

Auf diese Nullelemente werden nun möglichst viele Zuordnungen $x_{ij}=1$ verteilt, wobei wegen der Restriktionen keine Zeile oder Spalte mehr als eine Zuordnung erhalten darf. Man beginnt mit der Verteilung zweckmäßigerweise in solchen Zeilen und Spalten, in denen nur ein einziges Element $d^*_{ij}=0$ für eine Zuordnung in Frage kommt. Man erreicht dadurch eine größtmögliche Zahl von Zuordnungen. Nur wenn ausschließlich Zeilen und Spalten mit mehr als einem in Frage kommenden Element $d^*_{ij}=0$ vorhanden sind, erhält ein beliebiges von ihnen eine Zuordnung. Dabei werden als „in Frage kommende" Elemente solche bezeichnet, deren Zeile und deren Spalte noch keine Zuordnung erhalten haben.

Sind auf diese Weise n Zuordnungen $x_{ij}=1$ verteilt, ist das Verfahren beendet. Anderenfalls müssen weitere Nullelemente erzeugt werden. Man ändert dafür die Reduktion, d.h. die Reduktionskonstanten u_i und v_j und damit die d^*_{ij} so, daß erstens alle $d^*_{ij}=0$ mit einer Zuordnung $x_{ij}=1$ unverändert bleiben, zweitens keine d^*_{ij} negativ werden und drittens neue $d^*_{ij}=0$ hinzukommen. Diese neuen $d^*_{ij}=0$ sind vor allem in den Zeilen erwünscht, in denen noch keine Zuordnung vorliegt. Die Reduktionskonstante u_i dieser Zeilen wird dazu um den zunächst noch nicht bestimmten Wert Δ erhöht. Das bedeutet, daß alle Elemente d^*_{ij} dieser

Zeilen um Δ vermindert werden. Dabei würden alle d_{ij}^* dieser Zeilen, die bisher gleich Null waren, negativ werden. Um das zu verhindern, wird die Reduktionskonstante v_j der entsprechenden Spalten um Δ verringert. Das bedeutet, daß Δ zu allen Elementen d_{ij}^* dieser Spalten addiert wird. Dadurch bleiben die $d_{ij}^*=0$ in den zu reduzierenden Zeilen erhalten. Gleichzeitig werden aber einige Elemente $d_{ij}^*=0$ mit einer Zuordnung $x_{ij}=1$ positiv. Um das wiederum zu vermeiden, erhöht man die Reduktionskonstanten u_i der entsprechenden Zeilen um Δ, d.h. man subtrahiert Δ von den Elementen d_{ij}^* dieser Zeilen. Dadurch kann wieder aus obigen Gründen die Verkleinerung der Reduktionskonstanten v_j anderer Spalten notwendig werden usw. Der Prozeß endet, wenn erstens in den Zeilen i mit vergrößerter Reduktionskonstanten u_i kein Element $d_{ij}^*=0$ enthalten ist, für das nicht gleichzeitig die Reduktionskonstante v_j der Spalte j verkleinert wird, und wenn zweitens in keiner Spalte j mit verkleinerter Reduktionskonstanten v_j eine Zuordnung $x_{ij}=1$ (mit entsprechendem $d_{ij}^*=0$) steht, in deren Zeile i nicht gleichzeitig die Reduktionskonstante u_i vergrößert wird. Das entspricht der obigen Forderung, daß keine d_{ij}^* negativ werden dürfen und andererseits die $d_{ij}^*=0$ mit einer Zuordnung $x_{ij}=1$ erhalten bleiben sollen. Der Betrag Δ, um den die betroffenen Elemente geändert werden, ist gleich dem größten d_{ij}^*, das effektiv weiter reduziert wird, d.h. welches in einer Zeile steht, deren u_i vergrößert wird, und in einer Spalte, deren v_j unverändert bleibt.

Ein solcher Schritt, bei dem einige u_i, v_j und d_{ij}^* geändert werden, wird allgemein als *Non-Breakthrough* bezeichnet. Man erhält dabei mindestens ein neues Element $d_{ij}^*=0$.

Eine neue Zuordnung $x_{ij}=1$ wird dagegen beim *Breakthrough* vorgenommen, der im folgenden beschrieben wird. Stößt man beim eben beschriebenen Verfahren der Bestimmung der zu ändernden Zeilen und Spalten auf eine Spalte ohne Zuordnung, so ist dieses das Zeichen dafür, daß man in der bestehenden Matrix eine neue Zuordnung einfügen kann. In diesem Fall liegt ein Durchbruch (*Breakthrough*) von einer Zeile ohne Zuordnung zu einer Spalte ohne Zuordnung vor. Dieser Durchbruch kann über mehrere verschiedene Zeilen und Spalten gehen. Kennzeichnend ist jedoch, daß er aus einer Kette von Matrixelementen besteht, die abwechselnd aus einem Element $d_{ij}^*=0$ mit $x_{ij}=0$ und einem Element $d_{ij}^*=0$ mit $x_{ij}=1$ bestehen. Dieses Phänomen erklärt sich daraus, daß für diejenigen Spalten j eine Verkleinerung von v_j vorgesehen war, die ein Element $d_{ij}^*=0$ (mit $x_{ij}=0$) in einer Zeile i enthielten, in der u_i vergrößert werden sollte, und daß umgekehrt für diejenigen Zeilen i eine Vergrößerung von u_i vorgesehen war, die eine Zuordnung $x_{ij}=1$ (bei $d_{ij}^*=0$) in einer Spalte j enthielten, in der v_j verkleinert werden sollte.

Bei einem solchen *Breakthrough* liegt eine Kette von k Elementen $d_{ij}^*=0$ mit $x_{ij}=0$ und $(k-1)$ Elementen $d_{ij}^*=0$ mit $x_{ij}=1$ zwischen einer

Zeile ohne Zuordnung und der Spalte ohne Zuordnung, an der der Breakthrough bemerkt wurde. Dabei ist $1 \leqq k \leqq l+1$, wobei $l<n$ die Anzahl der vorliegenden Zuordnungen $x_{ij}=1$ ist. Durch eine Verschiebung der Zuordnungen entlang dieser Kette (d.h. aus den $x_{ij}=0$ werden $x_{ij}=1$ und umgekehrt) läßt sich die Zahl der Zuordnungen um Eins erhöhen, ohne daß eine Änderung der u_i, v_j oder d_{ij}^* erforderlich ist. Um im Falle eines *Breakthrough* die Umverteilungskette schnell zu finden, merkt man sich in den Spalten, deren v_j zu verringern sind, die Zeile, in der ein $d_{ij}^*=0$ zu dieser Reduzierung den Anlaß gab. Ferner merkt man sich in den Zeilen, deren u_i zu vergrößern sind, die Spalte, in der eine Zuordnung diese Vergrößerung veranlaßt hatte. Dieses Merken von Zeilen und Spalten sei im folgenden als Markierung bezeichnet.

Bei jedem *Non-Breakthrough* ändern sich Elemente d_{ij}^* und der Zielfunktionswert D als Folge der geänderten u_i und v_j. Dagegen ändern sich bei jedem *Breakthrough* nur die Zuordnungen; die Zahl der Zuordnungen erhöht sich jeweils um Eins. Die Zahl der erforderlichen *Breakthroughs* ist gleich der Differenz der benötigten Zuordnungen n und der anfangs vorhandenen Zuordnungen. Die Zahl der *Non-Breakthroughs* liegt in der gleichen Größenordnung. Sehr häufig wechseln sich die *Non-Breakthroughs* und *Breakthroughs* alternierend ab. Es können aber auch zwei oder mehr Breakthroughs oder Non-Breakthroughs direkt aufeinander folgen.

Bevor das Verfahren an einem Beispiel vorgeführt werden soll, seien im folgenden die einzelnen Schritte zusammengestellt. Dabei bedeutet *markieren* jeweils, daß in einer Zeile die Reduktionskonstante u_i vergrößert oder in einer Spalte die Reduktionskonstante v_j verkleinert werden soll. Als *neu markiert* werden solche Zeilen und Spalten bezeichnet, die noch nicht dazu verwendet wurden, Marken für andere Spalten oder Zeilen zu suchen.

Schritt 1: Reduktion der Matrixelemente d_{ij}:

$$\left.\begin{array}{r}d'_{ij}=d_{ij}-u_i\\ \text{mit}\quad u_i=\min\limits_j\{d_{ij}\}\end{array}\right\}\quad \text{für } i=1,2,\ldots,n,$$

$$\left.\begin{array}{r}d_{ij}^*=d'_{ij}-v_j\\ \text{mit}\quad v_j=\min\limits_i\{d'_{ij}\}\end{array}\right\}\quad \text{für } j=1,2,\ldots,n.$$

Schritt 2: Erste Zuordnungen $x_{ij}=1$ zu Elementen $d_{ij}^*=0$; je Zeile und Spalte höchstens eine Zuordnung. Die Vorgehensweise ist grundsätzlich beliebig. Es wird empfohlen, die Zuordnungen in solchen Zeilen und Spalten zu beginnen, in denen nur je ein Element $d_{ij}^*=0$ für eine Zuordnung in Frage kommt.

Schritt 3: Markieren von Zeilen und Spalten:

a) Falls n Zuordnungen vorhanden sind, → **Ende**.

b) Anfangsmarke „*" in allen Zeilen i ohne Zuordnung.

c) Marke „i" in allen nicht markierten Spalten j, die ein Element $d_{ij}^*=0$ in einer neu markierten Zeile i haben. Hat eine dieser Spalten keine Zuordnung, → **Schritt 5** (*Breakthrough*). Ist keine neue Spalte zu markieren, → **Schritt 4** (*Non-Breakthrough*).

d) Marke „j" in allen Zeilen i, die eine Zuordnung in einer neu markierten Spalte j haben. Sprung → **c.**

Schritt 4: *Non-Breakthrough:*

(I = Menge der markierten Zeilen; J = Menge der markierten Spalten.)

a) Bestimmung des Reduktionsbetrages Δ:

$$\Delta = \min_{\substack{i \in I \\ j \notin J}} \{d_{ij}^*\}.$$

b) Reduktion:

$$d_{ij}^* := d_{ij}^* - \Delta \qquad \text{für alle } i \in I \text{ und } j \notin J,$$

$$d_{ij}^* := d_{ij}^* + \Delta \qquad \text{für alle } i \notin I \text{ und } j \in J,$$

$$D := D + z \cdot \Delta$$

mit z = Zahl der Elemente von I minus Zahl der Elemente von J.

c) Fortsetzung der Markierungen:
Marke „i" in allen nicht markierten Spalten j, die im Schritt 4b ein Element $d_{ij}^*=0$ neu erhalten haben. Hat eine dieser Spalten keine Zuordnung, → **Schritt 5** (*Breakthrough*). Anderenfalls → **Schritt 3d.**

Schritt 5: *Breakthrough:*

Umverteilung der Zuordnungen entlang der durch die Marken gegebenen Kette, beginnend an der den Breakthrough auslösenden Spalte j. (Die Marke der Spalte j gibt die korrespondierende Zeile i an. Die Marke dieser Zeile i enthält die nächste Spalte j usw. Die Kette endet in einer Zeile mit der Anfangsmarke „*".) Alle Marken löschen. Sprung → **Schritt 3a**.

Nun soll dieses Verfahren an einem Zahlenbeispiel vorgeführt werden. Die Tabelle 3.1 enthält die Matrix (d_{ij}) mit $n=7$ Zeilen und Spalten. Die

Zeilen und Spalten haben die Kennzeichnung *A* bis *G*. (Am gleichen Zahlenbeispiel werden im Kapitel 6 die Methoden zur Lösung des *Traveling Salesman Problems* erläutert.)

Tabelle 3.1. *Ausgangsmatrix* (d_{ij})

	A	B	C	D	E	F	G	u_i
A	∞	20	33	23	12	18	16	12
B	19	∞	24	31	20	14	20	14
C	35	25	∞	26	23	22	18	18
D	24	28	28	∞	16	16	11	11
E	13	23	22	17	∞	6	5	5
F	20	13	22	18	7	∞	6	6
G	19	19	17	12	6	6	∞	6

Nach der Reduktion der einzelnen Zeilen um insgesamt $\sum_{i=1}^{7} u_i = 72$ erhält man die in der Tabelle 3.2 gezeigte Matrix (d'_{ij}).

Tabelle 3.2. *Matrix* (d'_{ij}) *nach der Reduktion der Zeilen*

	A	B	C	D	E	F	G
A	∞	8	21	11	0	6	4
B	5	∞	10	17	6	0	6
C	17	7	∞	8	5	4	0
D	13	17	17	∞	5	5	0
E	8	18	17	12	∞	1	0
F	14	7	16	12	1	∞	0
G	13	13	11	6	0	0	∞
v_j	5	7	10	6	0	0	0

Die Reduktion der Spalten um $\sum_{j=1}^{7} v_j = 28$ ergibt die insgesamt um $D = (72 + 28) = 100$ reduzierte Matrix (d^*_{ij}) der Tabelle 3.3.

Tabelle 3.3. *Matrix* (d^*_{ij}) *nach der Reduktion der Zeilen und Spalten*

	A	B	C	D	E	F	G
A	∞	1	11	5	0	6	4
B	0	∞	0	11	6	0	6
C	12	0	∞	2	5	4	0
D	8	10	7	∞	5	5	0
E	3	11	7	6	∞	1	0
F	9	0	6	6	1	∞	0
G	8	6	1	0	0	0	∞

Der Schritt 1 ist nun abgeschlossen. Es folgt der Schritt 2 mit den ersten Zuordnungen. Der Zeile A wird die Spalte E zugeordnet ($x_{AE}=1$). Die Zeilen B und C mit mehreren in Frage kommenden Elementen $d_{ij}^{*}=0$ werden zunächst überschlagen. Es folgt die Zuordnung $x_{DG}=1$ in der Zeile D. In der Zeile E ist nun kein kandidierendes Element mehr vorhanden. In der Zeile F kommt nur noch das zweite Element ($x_{FB}=1$) in Frage. In der Zeile G sind es noch zwei Elemente. Nun kann man spaltenweise fortfahren. Ohne Zuordnung ist noch die Spalte A mit einem Nullelement ($x_{BA}=1$). Ohne Zuordnung, aber ohne Nullelemente ist die Spalte C. Die Spalte D hat ein einziges in Frage kommendes Element ($x_{GD}=1$). Ohne Zuordnung, aber auch ohne Nullelement ist nun noch die Spalte F.

In der Matrix der Tabelle 3.4 sind die fünf gefundenen Zuordnungen durch Unterstreichungen gekennzeichnet. Die Zeilen C und E sowie die Spalten C und F sind noch ohne Zuordnung.

Tabelle 3.4. *Matrix* (d_{ij}^{*}) *nach den ersten Zuordnungen und mit den ersten Marken*

	A	B	C	D	E	F	G	Zeilen-marken
A	∞	1	11	5	$\underline{0}$	6	4	
B	$\underline{0}$	∞	0	11	6	0	6	
C	12	0	∞	2	5	4	0	*
D	8	10	7	∞	5	5	$\underline{0}$	G
E	3	11	7	6	∞	1	0	*
F	9	$\underline{0}$	6	6	1	∞	0	B
G	8	6	1	$\underline{0}$	0	0	∞	
Spalten-marken		C					C	

Nun beginnt die Markierung der Zeilen und Spalten gemäß Schritt 3. Die Markierung ist in der Tabelle 3.4 durchgeführt. Im Schritt 3b erhalten die Zeilen C und E die Anfangsmarken „*". Im Schritt 3c werden nun die Spalten markiert, die in diesen beiden Zeilen Elemente $d_{ij}^{*}=0$ haben. Die Zeile C führt zu den Marken in den Spalten B und G. Die Zeile E bringt keine weiteren Spaltenmarken. Ein *Breakthrough* liegt nicht vor. Im Schritt 3d werden nun von der neu markierten Spalte B aus die Zeile F und von der neu markierten Spalte G aus die Zeile D markiert. Im Schritt 3c wird nun wieder die Markierung von Spalten von den neu markierten Zeilen D und F aus versucht. Da keine neue Spalte zu markieren ist, folgt ein Sprung zum Schritt 4 (*Non-Breakthrough*). Dabei wird zunächst aus den Elementen d_{ij}^{*}, die in einer markierten Zeile und einer nicht markierten Spalte stehen, das kleinste Element (Δ) ausgesucht. Hier ist $\Delta=1$. Dieser Betrag wird von den markierten Zeilen subtrahiert und zu den markierten Spalten addiert. Das bedeutet, daß es effektiv nur von den Elementen in einer markierten Zeile und nicht markierten Spalte subtrahiert und zu den Elementen in einer nicht markierten Zeile und markierten Spalte addiert wird. Man erhält dadurch die in der Tabelle 3.5 gezeigte Matrix. Die Gesamtreduktion ist um $2 \cdot \Delta$ auf $D = 102$ gestiegen. Die obige Markierung wird nun fortgesetzt. Sie führt auf die Marke *E* in der Spalte *F*, wodurch ein *Breakthrough* (Schritt 5) ausgelöst wird.

Tabelle 3.5. *Matrix* (d_{ij}^*) *nach dem ersten Non-Breakthrough und mit den ergänzten ersten Marken*

	A	*B*	*C*	*D*	*E*	*F*	*G*	Zeilen-marken
A	∞	2	11	5	$\underline{0}$	6	5	
B	$\underline{0}$	∞	0	11	6	0	7	
C	11	0	∞	1	4	3	0	*
D	7	10	6	∞	4	4	$\underline{0}$	*G*
E	2	11	6	5	∞	0	0	*
F	8	$\underline{0}$	5	5	0	∞	0	*B*
G	8	7	1	$\underline{0}$	0	0	∞	
Spalten-marken		*C*				*E*	*C*	

Im Schritt 5 wird eine Kette von der Spalte *F* aus gebildet. Die Marke der Spalte *F* führt zur Zeile *E*. Diese Zeile hat eine Anfangsmarke; also bildet sie das Kettenende. Die Kette besteht also nur aus dem Element $d_{EF}^* = 0$. Dieses Element erhält die neue Zuordnung $x_{EF} = 1$. Die Matrix mit dieser neuen Zuordnung ist in der Tabelle 3.6 gezeigt.

Ein neues Markieren führt von der Anfangsmarke (Schritt 3b) in der Zeile *C* zu den Marken *C* in den Spalten *B* und *G* (Schritt 3c), zu den Marken *B* und *G* in den Zeilen *F* und *D* (Schritt 3d), zu der Marke *F* in

Tabelle 3.6. *Matrix* (d_{ij}^*) *nach dem ersten Breakthrough und mit den zweiten Marken*

	A	*B*	*C*	*D*	*E*	*F*	*G*	Zeilen-marken
A	∞	2	11	5	$\underline{0}$	6	5	*E*
B	$\underline{0}$	∞	0	11	6	0	7	
C	11	0	∞	1	4	3	0	*
D	7	10	6	∞	4	4	$\underline{0}$	*G*
E	2	11	6	5	∞	$\underline{0}$	0	
F	8	$\underline{0}$	5	5	0	∞	0	*B*
G	8	7	1	$\underline{0}$	0	0	∞	
Spalten-marken		*C*			*F*		*C*	

Tabelle 3.7. *Matrix* (d_{ij}^*) *nach dem zweiten Non-Breakthrough und mit den ergänzten zweiten Marken*

	A	*B*	*C*	*D*	*E*	*F*	*G*	Zeilen-marken
A	∞	2	10	4	$\underline{0}$	5	5	*E*
B	$\underline{0}$	∞	0	11	7	0	8	
C	10	0	∞	0	4	2	0	*
D	6	10	5	∞	4	3	$\underline{0}$	*G*
E	2	12	6	5	∞	$\underline{0}$	1	*F*
F	7	$\underline{0}$	4	4	0	∞	0	*B*
G	8	8	1	$\underline{0}$	1	0	∞	*D*
Spalten-marken		*C*		*C*	*F*	*G*	*C*	

der Spalte *E* (Schritt 3c) und schließlich zu der Marke *E* in der Zeile *A* (Schritt 3d). Da nun keine weiteren Zeilen zu markieren sind, folgt ein *Non-Breakthrough* (Schritt 4). Es kann um $\Delta = 1$ reduziert werden. Man erhält die Matrix der Tabelle 3.7. Die Gesamtreduktion ist um Δ auf $D = 103$ gestiegen. Die Markierungsfortsetzung führt zu der neuen Marke *C* in der Spalte *D* (Schritt 4c), dann zur Marke *D* in der Zeile *G* (Schritt 3d), zur Marke *G* in der Spalte *F* (Schritt 3c) und schließlich zur Marke *F* in der Zeile *E* (Schritt 3d). Ein *Breakthrough* liegt nicht vor. Vielmehr ist ein neuer *Non-Breakthrough* erforderlich. Mit $\Delta = 1$ und $D = 104$ erreicht man die in der Tabelle 3.8 angegebene neue Matrix. Die Markierungsfortsetzung führt auf die neue Marke *G* in der Spalte *C* (Schritt 4c). Dabei wird ein *Breakthrough* erreicht, der im Schritt 5 vollzogen wird. Hier wird zunächst aus den Marken die Umverteilungskette gebildet, wobei von der Spalte *C* auszugehen ist: Spalte *C*, Zeile *G*, Spalte *D*, Zeile *C*. Nun wird die Umverteilung vorgenommen: $x_{GC} = 1$,

Tabelle 3.8. *Matrix* (d_{ij}^*) *nach dem dritten Non-Breakthrough und mit den wiederholt ergänzten zweiten Marken*

	A	*B*	*C*	*D*	*E*	*F*	*G*	Zeilen-marken
A	∞	2	9	4	$\underline{0}$	5	5	*E*
B	$\underline{0}$	∞	0	12	8	1	9	
C	9	0	∞	0	4	2	0	*
D	5	10	4	∞	4	3	$\underline{0}$	*G*
E	1	12	5	5	∞	$\underline{0}$	1	*F*
F	6	$\underline{0}$	3	4	0	∞	0	*B*
G	7	8	0	$\underline{0}$	1	0	∞	*D*
Spalten-marken		*C*	*G*	*C*	*F*	*G*	*C*	

$x_{GD}=0$, $x_{CD}=1$. Die neue Lösung ist in der Tabelle 3.9 enthalten. Da sie sieben Zuordnungen enthält, ist der Rechenvorgang abgeschlossen. Die Lösung lautet:

$$x_{AE}=x_{BA}=x_{CD}=x_{DG}=x_{EF}=x_{FB}=x_{GC}=1.$$

Der Zielfunktionswert beträgt $D=104$.

Tabelle 3.9. *Matrix* (d_{ij}^*) *nach dem zweiten Breakthrough; Optimallösung*

	A	*B*	*C*	*D*	*E*	*F*	*G*
A	∞	2	9	4	$\underline{0}$	5	5
B	$\underline{0}$	∞	0	12	8	1	9
C	9	0	∞	$\underline{0}$	4	2	0
D	5	10	4	∞	4	3	$\underline{0}$
E	1	12	5	5	∞	$\underline{0}$	1
F	6	$\underline{0}$	3	4	0	∞	0
G	7	8	$\underline{0}$	0	1	0	∞

Es gibt bei Zuordnungsproblemen dieser Art meistens mehrere verschieden reduzierte Matrizen (d_{ij}^*) mit jeweils der gleichen Optimallösung. Hier könnte man beispielsweise, ohne daß sich die Optimallösung ändert, die Zeile A um $\Delta=2$ stärker und gleichzeitig die Spalte E um den gleichen Betrag weniger reduzieren. Das Element $d_{AE}^*=0$ mit der Zuordnung $x_{AE}=1$ bleibt dabei erhalten.

3.3. Das Transportproblem

Dem Zuordnungsproblem verwandt ist das sog. *Transport-* oder *Verteilungsproblem* der linearen Planungsrechnung. Es läßt sich wie folgt formulieren. Zu minimieren sei der Wert von D, der sich ergibt aus der Zielfunktion:

$$D=\sum_{i=1}^{m}\sum_{j=1}^{n} d_{ij}\,x_{ij}.$$

Dabei sind die Restriktionen folgenden Typs einzuhalten:

$$\sum_{j=1}^{n} x_{ij}=a_i \qquad \text{für } i=1,2,\ldots,m,$$

$$\sum_{i=1}^{m} x_{ij}=b_j \qquad \text{für } j=1,2,\ldots,n.$$

Die Koeffizienten d_{ij}, a_i und b_j sind vorgegeben. Gesucht sind die Werte der Variablen x_{ij}, für die ferner die Nichtnegativitätsbedingung gilt:

$$x_{ij}\geqq 0 \qquad \text{für } i=1,2,\ldots,m \text{ und } j=1,2,\ldots,n.$$

Das Zuordnungsproblem unterscheidet sich vom Transportproblem dadurch, daß dort $m=n$ und alle $a_i=1$ sowie alle $b_j=1$ sind.

Zur Lösung dieses Transportproblems eignen sich einmal Erweiterungen des im Abschnitt 3.2 behandelten Verfahrens zur Lösung des Zuordnungsproblems. Das ist u.a. von Ford und Fulkerson [56, 57] und vom Verfasser [130] dargestellt. Ferner gibt es sog. primale Verfahren, die auch unter Namen wie Stepping-Stone-Methode und MODI-Methode (MOdified DIstribution) bekannt geworden sind. Sie sind in vielen Lehrbüchern des Operations Research und der linearen Planungsrechnung ausführlich beschrieben, u.a. von Dantzig [38], Gass [59], Hadley [71], Metzger [124], Reinfeld und Vogel [150] und vom Verfasser [129, 136]. Hier sollen diese Methoden nicht repetiert werden, da das Transportproblem in diesem Buch nur in Verbindung mit dem im Abschnitt 7.4 behandelten *Chinese Postman's Problem* im gerichteten Graphen eine Rolle spielt. Für alle anderen Reihenfolgeprobleme ist es ohne Bedeutung.

3.4. Der allgemeine Ansatz der linearen Planungsrechnung

Eine größere Zahl von Reihenfolgeproblemen läßt sich als Problem der *linearen Planungsrechnung* formulieren und lösen. Daher soll der allgemeine Ansatz hier kurz aufgezeigt werden. Er lautet wie folgt. Zu maximieren (oder zu minimieren) sei der Wert von D, der sich ergibt aus der Zielfunktion:

$$D=\sum_{j=1}^{n} d_j x_j .$$

Dabei sind Restriktionen der folgenden Typen einzuhalten:

$$\left.\begin{aligned} &\sum_{j=1}^{n} a_{ij} x_j \leqq b_i \\ \text{oder}\quad &\sum_{j=1}^{n} a_{ij} x_j = b_i \end{aligned}\right\} \qquad i=1,2,\ldots,m.$$

Hier sind die a_{ij}, d_j und b_i Konstanten. Die x_j sind Variablen, deren Werte gesucht sind. Für die Variablen gilt üblicherweise die Nichtnegativitätsbedingung:

$$x_j \geqq 0 .$$

Neben den genannten „$\leqq$"- und „$=$"-Restriktionen gibt es auch „$\geqq$"-Restriktionen, die jedoch durch Multiplikation mit minus Eins in „$\leqq$"-Restriktionen umgewandelt werden können.

Meistens stellt man Probleme der *linearen Planungsrechnung* im sog. *Simplex-Tableau* dar. Es enthält dieselbe Information wie die Gleichungen und Ungleichungen. Nur erscheinen die Namen der Variablen in der

Kopfzeile des Tableaus über den zugehörigen Koeffizienten. Dadurch wird lediglich die Schreibweise vereinfacht. In der Tabelle 3.10 ist ein *Simplex-Tableau* in allgemeiner Schreibweise angegeben. In entsprechender Form werden in den späteren Abschnitten dieses Buches die *Simplex-Tableaus* für einzelne Beispiele dargestellt. Sie sind jeweils als Gleichungssystem zu interpretieren.

Tabelle 3.10. *Schema des Simplex-Tableaus*

x_1	x_2	…	x_j	…	x_n		
d_1	d_2	…	d_j	…	d_n	Min! (oder Max!)	
a_{11}	a_{12}	…	a_{1j}	…	a_{1n}		b_1
a_{21}	a_{22}	…	a_{2j}	…	a_{2n}		b_2
⋮	⋮		⋮		⋮		⋮
a_{i1}	a_{i2}	…	a_{ij}	…	a_{in}	$\leqq$ $=$ $\geqq$	b_i
⋮	⋮		⋮		⋮		⋮
a_{m1}	a_{m2}	…	a_{mj}	…	a_{mn}		b_m

Zur Lösung von Problemen der *linearen Planungsrechnung* verwendet man überwiegend die von Dantzig entwickelte *Simplex-Methode*. Sie soll hier nicht repetiert werden, da sie in vielen Lehrbüchern über Operations Research und über lineare Planungsrechnung ausführlich beschrieben ist. Einführungen in die Simplex-Methode bieten u.a. Collatz und Wetterling [31], Dantzig [38], Dorfman, Samuelson und Solow [45], Garvin [58], Gass [59], Hadley [71], Hillier und Lieberman [83], Metzger [121], Reinfeld und Vogel [150], Vajda [166, 167] und der Verfasser [129, 130].

3.5. Die ganzzahlige Planungsrechnung

Bei den üblichen Problemen der *linearen Planungsrechnung* dürfen die Variablen jeden realen Wert annehmen, der die Restriktionen (einschließlich der Nichtnegativitätsbedingungen) erfüllt. Die optimalen Werte der Variablen sind mit der Simplex-Methode einfach zu bestimmen. Es gibt jedoch auch viele Probleme, bei denen nur ganzzahlige Variablenwerte erlaubt sind. Von wenigen Ausnahmen abgesehen, sind solche Probleme der *ganzzahligen* (linearen und nichtlinearen) *Planungsrechnung* nur mit großem Rechenaufwand zu lösen. Viele verschiedene Verfahren sind entwickelt worden. Aber mit jedem von ihnen lassen sich nur relativ kleine Probleme in vertretbarer Rechenzeit lösen. Bekannt sind vor allem die Verfahren von Gomory [65, 66], Land und Doig [109], Dakin [37], Driebeek [46], Balas [8, 9] und Healy [75] geworden. Neuere Verfahren sind von Harris [74], Kreuzberger [105] und anderen

Autoren dargestellt worden. Einige dieser Verfahren sind *Entscheidungsbaumverfahren.* Das Arbeitsprinzip von Entscheidungsbaumverfahren wird im Abschnitt 4.3 erläutert. Zusammenstellende Übersichten über die Methoden der *ganzzahligen Planungsrechnung* sind von Balinsky [10], Beale [13] und Lawler und Wood [112] veröffentlicht worden.

Fast alle Reihenfolgeprobleme lassen sich als Probleme der *ganzzahligen Planungsrechnung* formulieren, die meistens nur sog. „0–1"-Variablen enthalten. Diese können nur die Werte 0 oder 1 annehmen. Beispielsweise kann der Wert einer Variablen $x_{ij}=1$ bedeuten, daß das Element j in einer Reihenfolge auf das Element i folgt, während $x_{ij}=0$ das Nichtaufeinanderfolgen kennzeichnet.

Da die Methoden der *ganzzahligen Planungsrechnung* sehr hohe Rechenzeiten erfordern, hat es sich nicht bewährt, sie zur Lösung von Reihenfolgeproblemen anzuwenden. Das erscheint auch aus folgendem Grund plausibel. Die Methoden zur Lösung von „0–1"-Problemen arbeiten überwiegend mit *Entscheidungsbaumverfahren.* Diese Verfahren kann man aber auch direkt auf die Reihenfolgeprobleme anwenden (Abschnitt 4.3), ohne den Umweg über ein Modell der *ganzzahligen Planungsrechnung* einschlagen zu müssen. Die direkte Anwendung arbeitet meistens wesentlich effizienter als die Anwendung auf das umformulierte und oft umständliche „0–1"-Problem.

Viele Dissertationen der letzten Jahre bestehen darin, daß lediglich Reihenfolgeprobleme in „0–1"-Probleme umgewandelt wurden, deren Lösung jedoch nicht Gegenstand der Arbeit war. Damit wurde jedoch das eigentliche Problem seiner Lösung in keiner Weise nähergebracht.

Es gibt einige „0–1"-Probleme und auch allgemeinere Probleme der *ganzzahligen Planungsrechnung*, die sich mit der Simplex-Methode lösen lassen. Bei ihnen ist die ohne Berücksichtigung der Ganzzahligkeitsforderung gefundene Optimallösung automatisch immer ganzzahlig. Meistens sieht man diese Eigenschaft der Struktur der Probleme leicht an. Ihr Kennzeichen ist, daß man die Restriktionen so umwandeln kann, daß jede Variable in höchstens einer Restriktion den Koeffizienten Eins und in höchstens einer Restriktion den Koeffizienten minus Eins und in allen übrigen Restriktionen den Koeffizienten Null besitzt. Einzelheiten über derartige Strukturen sind in Arbeiten über die Theorie der Graphen und über die lineare Planungsrechnung zu finden (u.a. Berge [18], Dantzig [38], Ford und Fulkerson [56]). Zu diesen Problemen gehören u.a. das *Zuordnungsproblem* (Abschnitt 3.2) und das *Transportproblem* (Abschnitt 3.3). Bei ihrer obigen Beschreibung ist auf die Ganzzahligkeitsbedingung daher nicht mit Nachdruck hingewiesen worden. Ferner gehört das Problem optimaler Wege in Netzen ohne „wesentliche Kreise oder Schleifen" (Abschnitt 5.2) zu dieser Gruppe von Problemen.

KAPITEL 4

Die wichtigsten Methoden zur Berechnung optimaler Reihenfolgen

4.1. Allgemeines

Zur Berechnung optimaler Reihenfolgen gibt es viele Methoden. Die Prinzipien der verschiedenen Lösungsmethoden sollen in diesem Kapitel skizziert werden.

Die in ihrer Arbeitsweise einfachste Methode ist die *Enumeration* (Abschnitt 4.2), die zur Abgrenzung gegenüber der *begrenzten Enumeration* auch als *Vollenumeration* bezeichnet werden soll. Sie besteht im Ausrechnen aller möglichen Lösungen und in der Auswahl der besten. Diese Methode ist schon bei relativ kleinen Problemen sehr aufwendig.

Eine Verringerung des Rechenaufwandes gegenüber der Vollenumeration bringen die *Entscheidungsbaumverfahren*, die sich in das Verfahren der *dynamischen Planungsrechnung* (Abschnitt 4.3.1), das *Branching and Bounding*-Verfahren (Abschnitt 4.3.2) und in die *begrenzte Enumeration* (Abschnitt 4.3.3) gliedern.

Häufig sind auch die *Entscheidungsbaumverfahren* noch zu rechenaufwendig. Man ist dann gezwungen, sich mit *Näherungsverfahren* (auch *heuristische Verfahren* genannt) zu begnügen (Abschnitt 4.4). Sie werden unterteilt in *Eröffnungsverfahren* und *suboptimierende Iterationsverfahren.* Heuristische Verfahren sind dadurch gekennzeichnet, daß sie nicht mit Sicherheit auf das Optimum führen. Ihre Eignung wird häufig mit Hilfe der *Simulation* getestet.

Für einige Reihenfolgeprobleme sind *spezielle Rechenverfahren* entwickelt worden, die sich den genannten Verfahrenstypen nicht zuordnen lassen. Hierzu gehören u.a. der Dijkstra-Algorithmus zur Bestimmung *optimaler Wege in Netzen* (Abschnitt 5.2.1) und der Algorithmus von Floyd zur Berechnung *optimaler Netze* (Abschnitt 5.3). Die meisten Reihenfolgeprobleme vom *Typ B* lassen sich mit derartigen Spezialverfahren lösen, die überwiegend sehr einfacher Natur sind.

4.2. Die Vollenumeration

Das Verfahren der *Vollenumeration* besteht im Berechnen aller Lösungen und der Auswahl der besten. Es hat den Vorteil der Einfachheit. Es läßt sich aber nur bei Problemen mit relativ wenigen Lösungen anwenden, da anderenfalls der Rechenaufwand auf ein nicht mehr vertretbares Maß anwächst.

Den Enumerationsprozeß organisiert man im allgemeinen sequentiell, d.h. es wird eine Reihenfolge voll aufgebaut, dann wieder schrittweise abgebaut und zu einer neuen Folge komplettiert. Parallel dazu wird der Wert der Folgen berechnet. In der Tabelle 4.1 ist das für ein Beispiel vom *Typ AK* mit den fünf Elementen 1 bis 5 durchgeführt. In der Abb. 4.1 ist der Enumerationsprozeß zur Veranschaulichung als Baum skizziert.

Tabelle 4.1. *Durchführung der Vollenumeration an einem Beispiel vom Typ AK mit $n=5$ Elementen*

Nr.	Folge	Wert D
1	1	0
2	1−2	d_{12}
3	1−2−3	$d_{12}+d_{23}$
4	1−2−3−4	$d_{12}+d_{23}+d_{34}$
5	1−2−3−4−5	$d_{12}+d_{23}+d_{34}+d_{45}$
6	1−2−3−5	$d_{12}+d_{23}+d_{35}$
7	1−2−3−5−4	$d_{12}+d_{23}+d_{35}+d_{54}$
8	1−2−4	$d_{12}+d_{24}$
9	1−2−4−3	$d_{12}+d_{24}+d_{43}$
10	1−2−4−3−5	$d_{12}+d_{24}+d_{43}+d_{35}$
11	1−2−4−5	$d_{12}+d_{24}+d_{45}$
12	1−2−4−5−3	$d_{12}+d_{24}+d_{45}+d_{53}$
13	1−2−5	$d_{12}+d_{25}$
14	1−2−5−3	$d_{12}+d_{25}+d_{53}$
⋮		
320	5−4−2−3−1	$d_{54}+d_{42}+d_{23}+d_{31}$
321	5−4−3	$d_{54}+d_{43}$
322	5−4−3−1	$d_{54}+d_{43}+d_{31}$
323	5−4−3−1−2	$d_{54}+d_{43}+d_{31}+d_{12}$
324	5−4−3−2	$d_{54}+d_{43}+d_{32}$
325	5−4−3−2−1	$d_{54}+d_{43}+d_{32}+d_{21}$

Man kann den Enumerationsprozeß auch parallel organisieren. Hier werden in der ersten Stufe gleichzeitig alle n einstufigen Folgen, dann in der zweiten Stufe alle $n(n-1)$ zweistufigen Folgen aufgebaut usw. Die *dynamische Planungsrechnung* baut auf der Parallelorganisation auf. Diese Organisation ist aber oft unzweckmäßig, da der Speicherbedarf zur gleichzeitigen Speicherung aller Folgen sehr groß ist.

Jede alle Elemente umfassende Folge der Tabelle 4.1 ist eine zulässige Lösung; alle derartigen Folgen zusammen können als *vollständiger Graph* dargestellt werden.

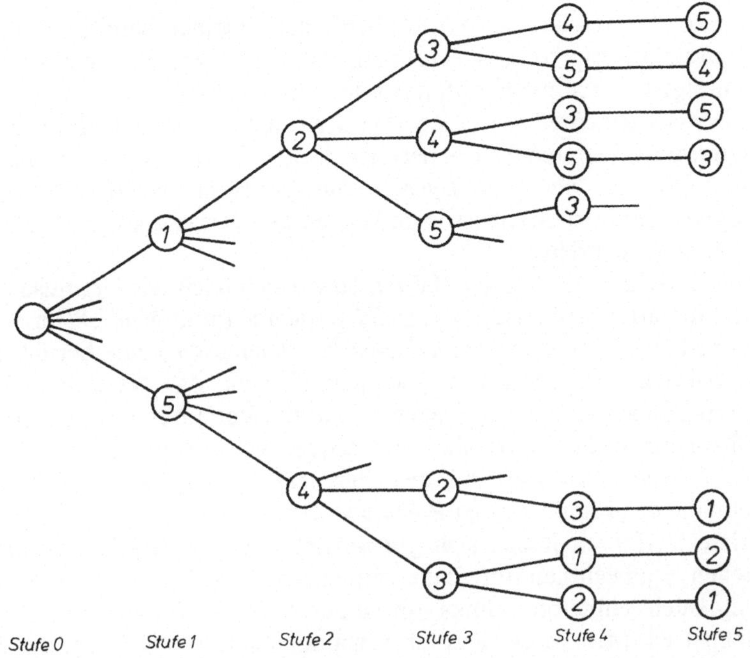

Abb. 4.1. Verkürzte Darstellung des Enumerationsprozesses der Tabelle 4.1 als Baum

Die Zahl der zulässigen Lösungen ist gleich der Zahl der alle Knoten berührenden Rundwege durch einen vollständigen Graphen, ist also bei $n=5$ Elementen (bzw. Knoten) gleich $n!=5!=120$ (vgl. Abschnitt 2.2). Die Zahl der Bauschritte (Zeilen in der Tabelle 4.1) ist gleich der Anzahl der beliebig viele Knoten des Graphen berührenden Rundwege, d.h. gleich $\sum_{k=0}^{n-1} \frac{n!}{k!}$. Bei $n=5$ ist diese Zahl gleich 325.

Da die Zahl der Bauschritte mit steigendem n sehr rasch steigt (vgl. Tabelle 2.2), erreicht die Vollenumeration schnell die Grenze ihrer Anwendbarkeit. Bei $n=10$ Elementen sind schon fast 10 Millionen Bauschritte durchzuführen. Bei $n=20$ sind es bereits mehr als 6,5 Drillionen. Wenn 100000 Bauschritte auf einem Elektronenrechner pro Sekunde durchgeführt werden könnten, wären zur Vollenumeration schon $6{,}5 \cdot 10^{13}$ Sekunden oder mehr als zwei Millionen Jahre Rechenzeit erforderlich!

4.3. Entscheidungsbaumverfahren

Das Verfahren der *Vollenumeration* eignet sich nur zur Lösung sehr kleiner Probleme. Bei größeren Problemen steigt der Rechenaufwand unverhältnismäßig stark an, was aus der Tabelle 2.2 abzulesen ist. Nun kann man aber bei den meisten Reihenfolgeproblemen bereits während des Enumerationsprozesses erkennen, daß einige im Bau befindliche Reihenfolgen sicher nicht optimal sein können. Diese brauchen dann nicht weiter betrachtet zu werden. Auf der Elimination der frühzeitig als nicht optimal erkannten Folgen beruhen die *Entscheidungsbaumverfahren.* Sie sind also nur *verkürzte Enumerationsverfahren.* Der Begriff „Entscheidungsbaumverfahren" ist nach Wissen des Verfassers von H. Herrmann geprägt worden.

Die Entscheidungsbaumverfahren lassen sich nach der Organisation des Enumerationsprozesses in *parallel*, *sequentiell* und *gemischt* organisierte Verfahren einteilen. Die *dynamische Planungsrechnung* beruht auf einer parallelen Organisation. Sequentiell geht das Verfahren der *begrenzten Enumeration* vor. Dagegen sind die Verfahren des *Branching and Bounding* gemischt parallel und sequentiell aufgebaut. Die *dynamische Planungsrechnung* und die *begrenzte Enumeration* sind damit Extremfälle des *Branching and Bounding.*

Diese Verfahren lassen sich gut an den sog. *Entscheidungsbäumen* darstellen. Sie beginnen mit einem gemeinsamen Anfangsknoten, der in diesem Buch einheitlich links (in anderen Darstellungen oft oben) gezeichnet ist. Mit diesem Knoten verbunden sind die Knoten, die die Teillösungen der ersten Stufe repräsentieren. Von diesen aus werden die Knoten der zweiten Stufe erreicht usw. Von jedem Knoten einer beliebigen Stufe gibt es immer nur *eine* Verbindung zum Anfangsknoten zurück. Diese beschreibt die Teillösung, die durch den Knoten repräsentiert wird. Die Abb. 4.1 zeigte einen Baum für die *Vollenumeration.* Die *Entscheidungsbäume* unterscheiden sich von solchen Bäumen dadurch, daß diejenigen Zweige nicht fortgesetzt werden, die als nicht zum Optimum führend erkannt sind.

4.3.1. Die dynamische Planungsrechnung

Das älteste *Entscheidungsbaumverfahren* ist die *dynamische Planungsrechnung.* Hier werden die Lösungen parallel zueinander aufgebaut. Das Verfahren arbeitet *stufenweise.* Auf jeder *Stufe* sind gewisse *Zustände* möglich, die durch einzelne Knoten repräsentiert werden. Die Zustände einer Stufe k ergeben sich aus den auf der Stufe $(k-1)$ erreichten Zuständen. Bei Problemen, in denen die Kosten D (oder eine entsprechende andere Größe) minimiert werden sollen, werden auf jeder Stufe diejenigen Knoten ausgewählt, die mit den geringsten Kosten zu den einzelnen Zuständen führen. Die Minimalkosten, die zu dem Zustand j in der k-ten Stufe führen, seien mit $D_j^{(k)}$ bezeichnet. Entsprechend sind mit $D_i^{(k-1)}$ die Minimalkosten angegeben, die zur Erreichung des Zustands i in der $(k-1)$-ten Stufe erforderlich sind. Ferner werden mit $d_{ij}^{(k)}$ die Kosten bezeichnet, die für den Übergang von dem Zustand i der $(k-1)$-ten Stufe zum Zustand j in der k-ten Stufe entstehen. Grundsätzlich kann man einen bestimmten Zustand j der Stufe k von mehreren Zuständen i der $(k-1)$-ten Stufe aus erreichen. Dabei ergeben sich die unterschiedlichen Kosten von $(D_i^{(k-1)}+d_{ij}^{(k)})$. Aber nur der Weg, der mit den geringsten Kosten zu diesem Zustand führt, kommt für die Optimallösung in Frage. Seine Kosten betragen:

$$D_j^{(k)}=\min_i \{D_i^{(k-1)}+d_{ij}^{(k)}\}.$$

Nur der auf diese Minimalkosten führende Weg geht in den Entscheidungsbaum ein. Und nur diese Minimalkosten werden als Grundlage für die Zustands- und Kostenberechnung der nächsten Stufe gespeichert.

Im folgenden ist das Verfahren der *dynamischen Planungsrechnung* in einem allgemeinen Schema zusammengefaßt.

Schritt 1: Definition der möglichen Ausgangszustände. Stufe $z:=1$.

Schritt 2: Berechnen aller Zustandsübergänge von den Zuständen i der Stufe $(z-1)$ zu den Zuständen j der Stufe z. Unter den zum gleichen Zustand j führenden Übergängen wird nur der kostenminimale gespeichert.

Schritt 3: Falls z die höchste Stufennummer erreicht hat, → **Ende**. Sonst $z:=z+1$ und → **Schritt 2.**

Falls statt der Minimierung der Kosten (Zeiten, Entfernungen etc.) die Zielgröße (z.B. der Gewinn) maximiert werden soll, gelten analoge Regeln.

Das Prinzip der *dynamischen Planungsrechnung* geht auf Bellman zurück. Unzählige Anwendungsbeispiele dieses Verfahrens sind inzwischen veröffentlicht worden. Zusammengefaßt dargestellt sind das Verfahren und seine Anwendungen u.a. von Bellman [14], Bellman und Dreyfus [16], Hadley [72], Howard [85], Kaufmann [96], Künzi, Müller und Nievergelt [106], Nemhauser [144] und Wentzel [173].

4.3.2. Das Verfahren des Branching and Bounding

Im Gegensatz zur *dynamischen Planungsrechnung* arbeitet das Verfahren des *Branching and Bounding* (auch *Branch and Bound* genannt) nicht parallel, sondern gemischt sequentiell und parallel.

Obwohl das Verfahren ein *Enumerationsverfahren* ist, bauten die ersten Arbeiten darüber nicht auf dem Enumerationsprozeß auf. Vielmehr gingen sie von der Menge aller (zunächst unbekannten) Lösungen aus und unterteilten sie stufenweise in disjunkte Untermengen. Für jede

Untermenge wird eine Kostenuntergrenze berechnet. Sie gibt die Mindestkosten für alle in der Untermenge enthaltenen Lösungen an und ist problemindividuell unterschiedlich zu bestimmen. Das Aufspalten in Untermengen wird so lange fortgesetzt, bis in einer Untermenge eine Lösung bekannt ist, deren Kosten nicht größer sind als die Kostenuntergrenzen aller anderen, nicht weiter unterteilten Mengen. Diese Lösung ist die Optimallösung.

Das Aufspalten einer Lösungsmenge wird als *Branching* bezeichnet, das Berechnen der Untergrenze als *Bounding*.

Es gibt viele verschiedene Versionen des *Branching and Bounding*. Sie unterscheiden sich u. a. in der Auswahl der aufzuspaltenden Lösungsmenge. Sehr häufig wird jeweils diejenige Untermenge gewählt, die die niedrigste Kostenuntergrenze aufweist. In einigen Fällen wird aber auch die Untermenge mit der höchsten Untergrenze gewählt. Ferner unterscheiden sich die einzelnen Versionen im Aufspaltungskriterium für die Untermengen. Häufig strebt man eine Aufspaltung in eine Untermenge mit niedriger Grenze und eine mit hoher Grenze an. Teilweise wird nur in je zwei, manchmal in drei oder mehr Untermengen aufgespalten. Am stärksten unterscheiden sich die Versionen des *Branching and Bounding* hinsichtlich der verschiedenen Probleme, auf die das Verfahren angewendet wird. Die bekanntesten Anwendungen betreffen das *Traveling Salesman Problem* und Probleme der *ganzzahligen Planungsrechnung*.

Im folgenden ist das Verfahren des *Branching and Bounding* in einem allgemeinen Schema zusammengefaßt:

Schritt 1: Definition der Menge aller Lösungen (und Bestimmung einer Kostenuntergrenze).

Schritt 2: Auswahl einer noch nicht aufgespaltenen Lösungs(unter)-menge, z.B. der mit der niedrigsten Kostenuntergrenze.

Schritt 3: Aufspaltung dieser Lösungs(unter)menge in mindestens zwei disjunkte Untermengen und Bestimmung der Kostenuntergrenzen für jede neue Untermenge.

Schritt 4: Falls in einer Untermenge eine Lösung bekannt ist, deren Kosten nicht größer sind als die Kostenuntergrenzen aller nicht aufgespaltenen Untermengen, dann ist diese die optimale Lösung, → **Ende**. Sonst → **Schritt 2**.

Falls statt der Minimierung eine Maximierung angestrebt wird, gelten die Regeln analog.

Das Rechenprinzip des *Branching and Bounding* wurde erstmals 1960 von Land und Doig [109] zur Lösung von Problemen der *ganzzahligen Planungsrechnung* entwickelt. Bekannt wurde es besonders nach 1963 durch die Anwendung auf das *Traveling Salesman Problem* von Little, Murty, Sweeney und Karel [116]. Seitdem sind sehr viele Veröffentlichungen darüber erschienen. Zusammenfassungen geben insbesondere Jaeschke [90], Lawler und Wood [112] sowie Weinberg [172].

4.3.3. Die begrenzte Enumeration

Das Verfahren der *begrenzten Enumeration* baut direkt auf der sequentiell organisierten *Vollenumeration* auf, wie sie in der Tabelle 4.1 und in der Abb. 4.1 gezeigt ist. Dabei werden dem Enumerationsprozeß im allgemeinen *heuristische Verfahren* vorgeschaltet, mit denen eine Anfangslösung berechnet wird. Sie dient als anfängliche Obergrenze der Kosten (*Enumerationsgrenze*). Erreicht oder überschreitet beim Enumerieren eine im Bau befindliche Lösung die Obergrenze, so wird der Bau dieser Lösung abgebrochen und eine andere Lösung zu bauen begonnen. Es werden also Gruppen von Bauschritten der *Vollenumeration* übersprungen. Wird nun im Verlauf des Enumerierens eine Lösung gefunden, deren Kosten unterhalb der bisherigen Obergrenze liegen, so wird mit diesen Kosten als neuer Obergrenze die Rechnung fortgesetzt. Nach Abschluß der Enumeration ist diejenige Lösung die Optimallösung, deren Kosten die letzte Obergrenze bildeten.

Sehr wichtig für die Arbeitsweise der *begrenzten Enumeration* ist die „Reduzierung" des Problems. Sie entspricht der Bestimmung von Kostenuntergrenzen beim *Branching and Bounding*. Durch die Reduzierung wird eine Trennung von Grundkosten, die in jedem Fall entstehen, und lösungsabhängigen Kosten vorgenommen. Sie soll bewirken, daß die Kosten beim enumerativen Aufbau von Lösungen von einem hohen Niveau aus möglichst rasch steigen, so daß man nichtoptimale Lösungen früh erkennen und dadurch große Gruppen von Bauschritten der Vollenumeration überspringen kann.

Im folgenden ist das allgemeine Arbeitsprinzip der *begrenzten Enumeration* schematisch dargestellt:

Schritt 1: Anwendung mindestens eines *heuristischen Verfahrens* zur Bestimmung einer guten Näherungslösung. Die Kosten der besten Näherungslösung dienen als anfängliche Enumerationsgrenze.

Schritt 2: Reduzierung des Problems (in problemindividuell unterschiedlicher Weise); Bestimmung der Grundkosten.

Schritt 3: Beginn des Enumerationsprozesses durch Definition des Ausgangszustandes und Einsetzen der Grundkosten. Stufe $z := 1$.

Schritt 4: **a)** Anbau eines noch nicht in der Folge befindlichen und noch nicht an die gleiche Folge angebauten Elementes und Berechnung der Kosten. Falls kein derartiges Element existiert, → **b**. Falls die Kosten unter der Enumerationsgrenze liegen, → **c**. Sonst Abbau des Elementes der Stufe z und Fortsetzung mit **a**.

b) $z := z - 1$. Falls $z = 0$, → **Ende**. Sonst Abbau des Elementes der neuen Stufe z und → **a**.

c) Falls z = maximale Zahl der Elemente, dann ist eine verbesserte Lösung gefunden, die an die Stelle der bisherigen Bestlösung tritt; Korrektur der Enumerationsgrenze; Abbau des Elementes der Stufe z und → **a**. Sonst $z := z + 1$, → **a**.

Die *begrenzte Enumeration* wurde vom Verfasser in [135] (damals noch als verkürzte Enumeration bezeichnet), [129, 138, 139] und [140] an verschiedenen Problemen vorgeführt. Eine weitere Anwendung hat Mertens [123] beschrieben. Ein ALGOL-Programm für die Anwendung auf das *Traveling Salesman Problem* ist von Barth [12] veröffentlicht worden.

4.3.4. Vergleich der Entscheidungsbaumverfahren

Die *Entscheidungsbaumverfahren* eignen sich zur Lösung von Reihenfolgeproblemen nur, wenn sie eine sehr starke Reduktion der zu durchlaufenden Bauschritte gegenüber der Vollenumeration bringen. Bei Problemen mit $n = 20$ Elementen und über $6{,}5 \cdot 10^{18}$ Bauschritten (Tabelle 2.2) war für die Vollenumeration (Abschnitt 4.2) eine Rechenzeit von über zwei Millionen Jahren geschätzt worden. Selbst eine Reduzierung der Rechenzeit auf 0,0000001%, d.h. auf ein Milliardstel, wäre noch nicht ausreichend, um den Rechenaufwand auf ein erträgliches Maß zu reduzieren. Denn es wären immer noch etwa 18 Std Rechenzeit erforderlich.

Die Kunst der Entwicklung von *Entscheidungsbaumverfahren* für spezielle Probleme liegt daher in der Reduzierung der Zahl der Bauschritte, d.h. der zu errechnenden Knoten des Entscheidungsbaumes. Dieses Ziel ist bei den meisten Reihenfolgeproblemen nur bis zu einer recht eng begrenzten Problemgröße erreicht worden.

Am wenigsten hat sich bei der Lösung der meisten Reihenfolgeprobleme das Verfahren der *dynamischen Planungsrechnung* bewährt. Hier ist die Reduzierung der Knotenzahl oft gegenüber der *Vollenumeration* am geringsten im Vergleich zu den anderen *Entscheidungsbaumverfahren*. Eine zweite Einschränkung der Anwendung dieses Verfahrens ergibt sich aus der begrenzten Speicherkapazität der verfügbaren Rechenautomaten. Wegen der Parallelorganisation müssen alle Zustände einer Stufe gleichzeitig gespeichert werden. Gerade bei Reihenfolgeproblemen ist aber die Zahl der Zustände pro Stufe oft so groß, daß schon bei relativ kleinen Problemen die Speicherkapazität überschritten wird. Vorzüglich eignet sich die *dynamische Planungsrechnung* dagegen bei Problemen mit schmalen (und fast beliebig langen) Entscheidungsbäumen, d.h. bei einer kleinen Zahl von Zuständen pro Stufe. Solche Probleme sind unter den Reihenfolgeproblemen, wie sie in diesem Buch behandelt werden, selten.

Für Probleme mit verhältnismäßig kurzen, aber breiten Entscheidungsbäumen, d.h. mit wenigen Stufen, aber vielen Zuständen pro Stufe, eignet sich vor allem die *begrenzte Enumeration.* Bei Bäumen mit wenigen Stufen lassen sich meistens gute Kriterien finden, mit denen nicht zum Optimum führende Teillösungen frühzeitig erkannt werden. Die Breite der Bäume geht nur proportional in die Rechenzeit ein, hat aber keinen Einfluß auf den Speicherbedarf. Die Qualität des Verfahrens hängt wesentlich von der Möglichkeit ab, nichtoptimale Lösungen frühzeitig zu erkennen. Dazu ist eine vorausgehende Problemreduzierung wichtig.

Die gemischt parallele und sequentielle Organisation des *Branching and Bounding* eignet sich vor allem für Probleme mit weder extrem langen noch extrem breiten Enumerationsbäumen. Da alle nicht verzweigten Teillösungen, d.h. alle nicht in Untermengen aufgespaltenen Lösungsmengen gleichzeitig gespeichert werden müssen, kann es bei großen Problemen Speicherschwierigkeiten geben. Die Zahl der gleichzeitig zu speichernden Teillösungen läßt sich oft durch geschicktes Verzweigen niedrig halten, indem die jeweils gewählte Lösungs-(unter)-menge in eine Untermenge mit einer niedrigen Kostengrenze und eine Untermenge mit einer hohen Kostengrenze aufgespalten wird. Es wird damit ein fast sequentieller Ablauf erreicht.

Unter den Reihenfolgeproblemen lassen sich bis zu einer bestimmten Problemgröße vor allem Probleme vom *Typ AK* mit *begrenzter Enumeration* und *Branching and Bounding* lösen. Bei Problemen vom *Typ AV* ist dagegen die Einsparung an Rechenschritten gegenüber der *Vollenumeration* gering. Das liegt daran, daß keine geeigneten Kriterien zur Reduktion des Problems (Schritt 2 der begrenzten Enumeration) bzw. zur Berechnung wirksamer Untergrenzen (Schritt 3 des Branching and Bounding) entwickelt werden können.

Die *dynamische Planungsrechnung* eignet sich auch für Reihenfolgeprobleme vom *Typ AK*, aber bei weitem nicht so gut wie die beiden anderen Entscheidungsbaumverfahren. Überlegen ist sie ihnen nur bei bestimmten Problemen vom *Typ B*, die sich mit den im Abschnitt 4.1 genannten einfachen Spezialverfahren nicht lösen lassen, insbesondere beim Problem des längsten Weges mit „Knotenrestriktion“ (Abschnitt 5.4.1). Für Probleme vom *Typ AV* eignet sich die *dynamische Pla-*

nungsrechnung ebensowenig wie die beiden anderen *Entscheidungsbaumverfahren.* Und auch Probleme vom *Typ U* sind mit keinem *Entscheidungsbaumverfahren* sinnvoll zu lösen.

In einigen Fällen können auch Kombinationen der verschiedenen Entscheidungsbaumverfahren sinnvoll sein. Beispielsweise könnte man bei der *dynamischen Planungsrechnung* in gleicher Weise wie bei der *begrenzten Enumeration* eine Enumerationsgrenze einsetzen. Andererseits könnte man sich bei der *begrenzten Enumeration* wie bei der *dynamischen Planungsrechnung* die einzelnen Zustände merken und zum Vergleich mit später errechneten inhaltsgleichen Zuständen heranziehen.

4.4. Heuristische Verfahren

In vielen praktischen Fällen arbeiten die *Entscheidungsbaumverfahren* so langsam, daß der Rechenaufwand durch das Ergebnis nicht mehr gerechtfertigt wird. Hier ist man meistens gezwungen, mit *heuristischen Verfahren* (*Näherungsverfahren*) zu arbeiten. Diese führen zwar nicht mit Sicherheit zum Optimum, häufig aber zu guten Lösungen, die dem Optimum sehr nahe sind.

Zwei Gruppen von *heuristischen Verfahren* sollen unterschieden werden: die *Eröffnungsverfahren* und die *suboptimierenden Iterationsverfahren.* Mit den *Eröffnungsverfahren* wird jeweils eine einzige Lösung auf direktem Weg, d.h. ohne den Umweg über andere Lösungen ermittelt. Sie sind die *heuristischen Verfahren im engeren Sinne*, die von vielen Autoren auch als die *„eigentlichen“ heuristischen Verfahren* angesehen werden. Dagegen wird mit den *suboptimierenden Iterationsverfahren* die schrittweise Verbesserung bestehender Lösungen versucht. Die *Eröffnungsverfahren* bringen also eine erste Lösung, die dann iterativ zu verbessern versucht wird, ohne daß man dadurch eine garantiert optimale Lösung erreicht (vgl. [129], Kapitel 9).

Da die *heuristischen Verfahren* nicht mit Sicherheit zum Optimum, teilweise nicht einmal in die Nähe des Optimums führen, müssen sie vor ihrem praktischen Einsatz sorgfältig hinsichtlich ihrer Eignung getestet werden. Das geschieht mit Hilfe von Testdaten. Dieses Testen bezeichnet man als *Simulation*, wenn dabei die Prozeßabläufe der Realität nachgebildet werden. Der begriffliche Übergang zwischen Simulation und gewöhnlichem Testen ist fließend.

Es gibt eine Reihe von Problemen, in denen man bisher nur *Eröffnungsverfahren* angewendet hat. Beispielsweise gehören dazu die mit Prioritätsregelverfahren behandelten Probleme der Maschinenbelegungsplanung (Abschnitt 9.3.2). Der Verzicht auf eine Lösungsverbesserung mit *suboptimierenden Iterationsverfahren* ist dabei aus drei Gründen gerechtfertigt: Erstens sind diese Probleme oft so umfangreich, daß die iterative Verbesserung sehr rechenaufwendig ist. Zweitens existieren häufig viele gleich (oder fast gleich) gute Lösungen, von denen man nur eine zu kennen braucht; hier ist die Wahrscheinlichkeit groß, eine dieser Lösungen mit Eröffnungsverfahren zu finden. Drittens lassen sich die Eröffnungsverfahren oft dezentral anwenden, was organisatorische Vorteile hat.

Bei den meisten Reihenfolgeproblemen, die heuristisch gelöst werden, führen die *Eröffnungsverfahren* jedoch nicht mit hinreichender Sicherheit auf zufriedenstellende Lösungen. Hier sind *suboptimierende Iterationsverfahren* unbedingt erforderlich. Dabei ist das Zusammenspiel der *heuristischen Verfahren* untereinander verschieden organisierbar. Das betrifft die *Eröffnungsverfahren* und die *suboptimierenden Iterationsverfahren*. Man kann entweder nur ein *Eröffnungsverfahren* oder mehrere verschiedene anwenden. Fast jedes *Eröffnungsverfahren* kann man ferner von verschiedenen Ausgangspunkten starten lassen. Man erhält dadurch eine oder mehrere Ausgangslösungen. Von diesen kann man dann die beste oder die ersten k besten zur iterativen Verbesserung auswählen. Da die *Eröffnungsverfahren* meistens nur geringe Rechenzeiten erfordern, lohnt es sich fast immer, eine große Zahl von Ausgangslösungen zu berechnen, um mit der iterativen Verbesserung von solchen Lösungen aus beginnen zu können, die dem Optimum möglichst nahe sind. Auch bei den *suboptimierenden Iterationsverfahren* lohnt es sich meistens, verschiedene Verfahren oder verschiedene Verfahrensmodifikationen einzusetzen. Jedes Verfahren führt zu verfahrensindividuellen *Suboptima*, von denen man nicht weiß, ob sie gleich dem gesuchten *Globaloptimum* sind. Häufig kann man ein mit einem Verfahren gefundenes Suboptimum noch mit anderen Verfahren verbessern. Die Umschaltung zwischen den einzelnen *suboptimierenden Iterationsverfahren* wird unterschiedlich organisiert. Es gibt Fälle, in denen eine hierarchische Gliederung sinnvoll ist. Hier erhält das Verfahren, mit dem pro Rechenzeiteinheit die größten (zweitgrößten usw.) Lösungsverbesserungen festgestellt worden sind, die höchste (zweithöchste usw.) Priorität. Man arbeitet so lange mit dem Verfahren der höchsten Priorität, bis man zu einem Suboptimum gekommen ist. Nun wird das Verfahren der nächsthöchsten Priorität eingesetzt. Wird mit diesem eine weitere Verbesserung erreicht, folgt immer ein sofortiger Rücksprung auf das erste Verfahren. Wird dagegen keine Verbesserung erzielt, folgt die Umschaltung auf das nächste Verfahren. Erst wenn mit dem letzten Verfahren keine Verbesserung zu erreichen ist, wird die Rechnung abgebrochen. Wenn man dagegen über die Qualität der einzelnen Verfahren nichts weiß, wird man sie in einer zyklischen Reihenfolge nacheinander in Einsatz bringen. Dabei sind u.a. zwei Organisationsformen denkbar. Im ersten Fall wendet man jedes

Verfahren so lange an, bis es zu einem Suboptimum gekommen ist, und schaltet dann zum nächsten Verfahren um. Im zweiten Fall schaltet man nach jedem Verbesserungsversuch zum nächsten Verfahren um, unabhängig von Erfolg oder Mißerfolg.

Das folgende Schema gibt die Vorgehensweise beim Einsatz von heuristischen Verfahren in einer allgemeinen Form an:

Schritt 1: Anwendung von mindestens einem *Eröffnungsverfahren* mit mindestens einem Startpunkt zur Erzielung von mindestens einer möglichst guten Ausgangslösung. Bei mehreren Lösungen werden die beste oder die k besten für eine iterative Lösungsverbesserung ausgewählt.

Schritt 2: (Erste Version.)

a) Verfahrenszähler $r := 1$.

b) Anwendung des r-ten *suboptimierenden Iterationsverfahrens.*

c) Falls erfolgreich, → **a**. Sonst → **d**.

d) Falls $r =$ Nummer des letzten Verfahrens, → **Ende**. Sonst $r := r + 1$ und → **b**.

Schritt 2: (Zweite Version.)

a) Verfahrenszähler $r := 1$.

b) Anwendung des r-ten *suboptimierenden Iterationsverfahrens.*

c) Falls erfolgreich, → **b**. Sonst → **d**.

d) Falls nacheinander jedes Verfahren ohne Erfolg angewendet wurde, → **Ende**. Sonst falls $r =$ Nummer des letzten Verfahrens, $r := 1$ und → **b**. Sonst $r := r + 1$ und → **b**.

Schritt 2: (Dritte Version.)

a) Verfahrenszähler $r := 1$.

b) Anwendung des r-ten *suboptimierenden Iterationsverfahrens.*

c) Falls nacheinander jedes Verfahren ohne Erfolg angewendet wurde, → **Ende**. Sonst falls $r =$ Nummer des letzten Verfahrens, $r := 1$ und → **b**. Sonst $r := r + 1$ und → **b**.

Weiterhin kann eine „lernende“ Organisation der *suboptimierenden Iterationsverfahren* vorteilhaft sein, wenn die Zahl der Iterationsschritte groß ist. Hier werden anfangs die einzelnen Verfahren mit etwa gleicher

Häufigkeit ausgewählt und Aufzeichnungen über Erfolgsfälle und Mißerfolgsfälle vorgenommen. Je nach der dabei festgestellten Eignung der einzelnen Verfahren werden dann später während des Ablaufs der Rechnung einige Verfahren mit großer und andere mit geringer Häufigkeit eingesetzt.

Für Reihenfolgeprobleme finden *heuristische Verfahren* einen vielfältigen Einsatz. Probleme vom *Typ U* kann man wegen der mangelnden *a priori*-Information über die Problemstruktur grundsätzlich nur heuristisch behandeln. Beispielsweise ist auch das Problem, in welcher Weise man die *suboptimierenden Iterationsverfahren* aneinanderkoppelt, ein Reihenfolgeproblem vom *Typ U*. Die angegebenen Regeln dazu sind heuristischer Natur.

Auch für Reihenfolgeprobleme vom *Typ AV* kommen praktisch nur *heuristische Verfahren* in Frage. Die *Entscheidungsbaumverfahren* und erst recht die *Vollenumeration* sind für praktische Probleme fast immer zu aufwendig.

Reihenfolgeprobleme vom *Typ AK* lassen sich bis zu einer bestimmten Größe mit *Entscheidungsbaumverfahren* lösen. Soweit man eine anfängliche Enumerationsgrenze benötigt (vor allem bei der *begrenzten Enumeration*), ist die Vorschaltung von *heuristischen Verfahren* erforderlich. Große Probleme vom *Typ AK* lassen sich nicht mehr mit *Entscheidungsbaumverfahren* lösen. Hier ist man ganz auf *heuristische Verfahren* angewiesen.

Für die meisten Reihenfolgeprobleme vom *Typ B* spielen die *heuristischen Verfahren* keine besondere Rolle.

KAPITEL 5

Optimale Wege in Netzen

5.1. Allgemeines

Ein häufiges, in verschiedenen Anwendungen auftretendes Reihenfolgeproblem ist das der Bestimmung von *optimalen Wegen in Netzen*, wobei die Zahl der benutzten Elemente (Knoten oder Kanten) beliebig ist. Es liegt also ein Problem vom *Typ B* vor. Je nach der Zielsetzung kann u.a. nach kürzesten, längsten, schnellsten, kostenminimalen, risikominimalen oder gewinnmaximalen Wegen gefragt sein. Im folgenden wird, soweit nichts anderes angegeben ist, jeweils vom kürzesten bzw. längsten Weg stellvertretend für die nach anderen Kriterien optimalen Wegen gesprochen.

Zwei Fragestellungen sind zu unterscheiden. Im ersten Fall wird nach dem optimalen Weg zwischen einem bestimmten Knoten h und einem bestimmten Knoten l gefragt. Im zweiten Fall ist gefragt nach den optimalen Wegen zwischen allen Knoten. Die Gesamtheit der optimalen Wege zwischen allen Knoten sei als *optimales Netz* bezeichnet.

Die Bestimmung optimaler Wege ist immer einfach, wenn das Netz keine Kreise oder Schleifen enthält, deren Durchlaufen den Wert der Zielfunktion verbessert. Solche Kreise bzw. Schleifen haben bei Maximierungsproblemen eine positive und bei Minimierungsproblemen eine negative Länge. Sie werden hier als „*wesentliche Kreise*“ bzw. „*wesentliche Schleifen*“ bezeichnet.

In der naiven optimalen Lösung eines Problems mit wesentlichen Kreisen oder Schleifen würden diese Kreise und Schleifen unendlich oft durchlaufen werden. Eine solche Lösung ist aber im allgemeinen unerwünscht. Daher wird man meistens als Restriktion vorschreiben, daß die Zahl der insgesamt durchlaufenen Knoten oder Kanten (bzw. Pfeile) begrenzt ist oder daß jeder Knoten oder jede Kante (bzw. jeder Pfeil) nur einmal durchlaufen werden darf. Aber gerade diese einschränkenden Bedingungen erschweren die Lösung beträchtlich. Darauf wird im Abschnitt 5.4 ausführlicher eingegangen.

Zunächst werden in den Abschnitten 5.2 und 5.3 die Verfahren zum Berechnen optimaler Wege für Netze ohne wesentliche Kreise oder Schleifen beschrieben.

5.2. Optimale Wege zwischen zwei Knoten in Netzen ohne wesentliche Kreise und Schleifen

5.2.1. Die Berechnung kürzester Wege mit dem Dijkstra-Algorithmus

Von besonderer Bedeutung für die Berechnung kürzester Wege in Netzen ohne Kreise oder Schleifen ist der Algorithmus von Dijkstra [43]. Er soll hier an einem Beispiel beschrieben werden.

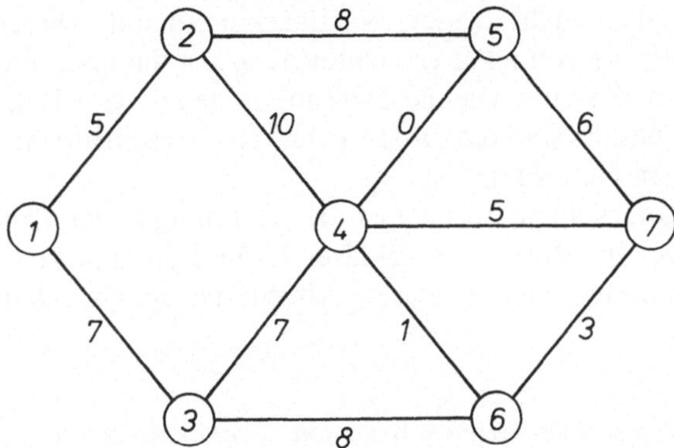

Abb. 5.1. Netz mit 7 Knoten und 11 Kanten. (Die Knoten sind numeriert. Die Zahlen an den Kanten geben die Entfernungen d_{ij} zwischen den Knoten i und j an)

Gegeben sei ein Verkehrsnetz mit n Knoten. Die Entfernungen d_{ij} zwischen den Knoten i und j sind bekannt. Sie sind nichtnegativ, d.h. es sind alle $d_{ij} \geqq 0$. In der Abb. 5.1 und der Tabelle 5.1 ist ein Beispiel mit $n=7$ Knoten angegeben. Gesucht sei der kürzeste Weg vom Knoten 1 zum Knoten 7.

Tabelle 5.1. *Entfernungen zwischen den Knoten im Netz von Abb. 5.1*

von \ nach	1	2	3	4	5	6	7
1	0	5	7	–	–	–	–
2	5	0	–	10	8	–	–
3	7	–	0	7	–	8	–
4	–	10	7	0	0	1	5
5	–	8	–	0	0	–	6
6	–	–	8	1	–	0	3
7	–	–	–	5	6	3	0

Der Algorithmus von Dijkstra arbeitet wie folgt. Man beginnt am Startknoten und berechnet die Entfernungen zu den Nachbarknoten. Unter diesen wählt man den mit der kürzesten Entfernung vom Startknoten aus. Soweit alle $d_{ij} \geqq 0$ sind, weiß man, daß zu diesem Knoten kein kürzerer als der bereits bekannte Weg führen kann. Nun sucht man von diesem Umwegknoten aus die Nachbarknoten auf und berechnet die Entfernungen zu ihnen vom Startknoten über den Umwegknoten. Ist ein solcher Weg kürzer als der kürzeste bisher bekannte Weg, wird der alte Weg durch den neuen ersetzt. Nun wählt man aus allen Knoten, für die eine Entfernung vom Startknoten bestimmt ist und die noch nicht Umwegknoten waren, wiederum den mit der kürzesten Entfernung vom Startknoten und sucht dessen Nachbarknoten auf. Dieses Verfahren setzt sich fort, bis von allen erreichten Knoten, die noch nicht Umwegknoten waren, der vorgegebene Zielknoten die kürzeste Entfernung vom Startknoten hat. Es sind maximal so viele Rechenschritte durchzuführen, wie Kanten im Netz sind.

Für das angegebene Beispiel ist die Rechnung in der Tabelle 5.2 protokolliert. Der Inhalt ist selbsterklärend. Die Löschmarke kennzeichnet die Zeilennummer eines besseren Alternativweges zu dem jeweiligen Knoten.

Tabelle 5.2. *Berechnung des kürzesten Weges vom Knoten 1 zum Knoten 7 des Netzes der Abb. 5.1*

Nr.	Bezugs-Nr.	Kantenfolge	Länge	Löschmarke
1	–	1–2	5	
2		1–3	7	
3	1	1–2–4	15	5
4		1–2–5	13	
5	2	1–3–4	14	7
6		1–3–6	15	9
7	4	1–2–5–4	13	
8		1–2–5–7	19	10
9	7	1–2–5–4–6	14	
10		1–2–5–4–7	18	11
11	9	1–2–5–4–6–7	17	

Führt man die Rechnung bis zum letzten Knoten, d.h. evtl. über den vorgegebenen Zielknoten hinweg, fort, so erhält man nicht nur den kürzesten Weg vom Startknoten zum Zielknoten, sondern gleichzeitig die kürzesten Wege vom Startknoten zu allen anderen Knoten. Die Gesamtheit dieser kürzesten (optimalen) Wege sei als *optimaler Baum* bezeichnet. Er ist für das Beispiel in der Abb. 5.2 durch die dick ausgezogenen Kanten gekennzeichnet.

Wenn das Netz ganz oder teilweise aus gerichteten Kanten besteht, ändert sich an dem Algorithmus von Dijkstra nichts. Man muß lediglich

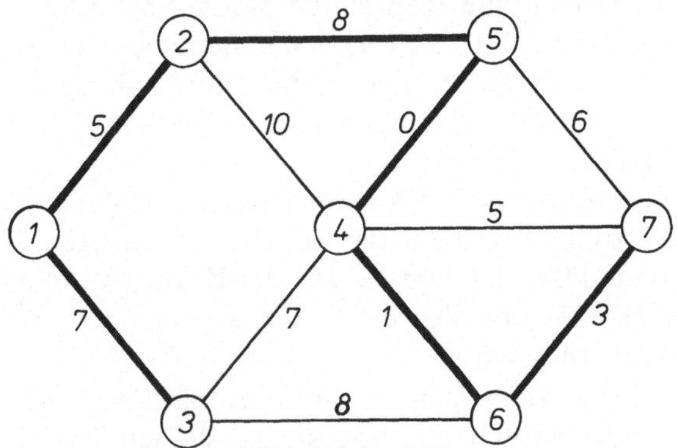

Abb. 5.2. Optimaler Baum vom Knoten 1 aus

beachten, daß bei einem Pfeil von *i* nach *j* nicht automatisch die Gegenrichtung ebenfalls benutzbar ist.

Bei gewissen Anwendungsfällen können Kanten mit negativer Länge auftreten. Sind diese Kanten ungerichtet, so bestehen die naiven kürzesten Wege aus einem unendlich oft wiederholten Durchlaufen dieser Kanten in Hin- und Gegenrichtung. In diesem Fall hilft der Dijkstra-Algorithmus beim Auffinden von Kanten negativer Länge, führt jedoch nicht zu der im Unendlichen liegenden Lösung.

Sind jedoch die Kanten negativer Länge gerichtet (Pfeile), so kann es durchaus endliche kürzeste Wege geben. Sie gibt es immer dann, wenn durch die Pfeile negativer Länge keine Schleifen negativer Länge (*wesentliche Schleifen*) entstehen. Ein Beispiel dazu ist in der Abb. 5.3 gegeben. Die Pfeile vom Knoten 5 zum Knoten 2 und vom Knoten 7 zum Knoten 4 haben eine negative Länge. Sie führen aber nicht zu Schleifen von negativer Länge.

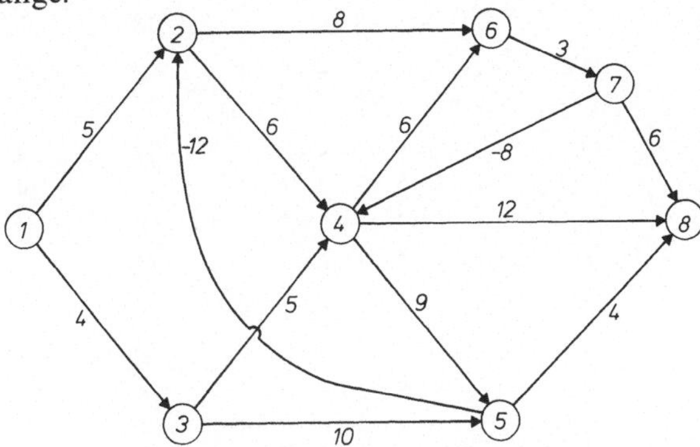

Abb. 5.3. Netz mit 8 Knoten und 14 Pfeilen

Bei der Berechnung des kürzesten Weges in Netzen mit gerichteten Kanten negativer Länge geht man wie bei dem obigen Beispiel vor. Nur kann es sich ergeben, daß man einige Knoten mehrmals als Umwegknoten benutzen muß, falls sich nach der Benutzung eines Knotens als Umwegknoten die Entfernung vom Startknoten zu ihm verkürzt. Dadurch kann die Zahl der Rechenschritte wesentlich größer werden als die Zahl der Pfeile.

Für das Beispiel der Abb. 5.3 ist die Berechnung des kürzesten Weges vom Knoten 1 zum Knoten 8 in der Tabelle 5.3 vollzogen. Hier wird der Knoten 2 zweimal (Nr. 5, 6 und 13, 14), der Knoten 4 dreimal (Nr. 7 – 9, 15 – 17 und 21 – 23) und der Knoten 6 zweimal (Nr. 10 und 18) als Umwegknoten berücksichtigt.

Falls ein Netz *wesentliche Schleifen* enthält, so fördert sie dieser Algorithmus automatisch ans Tageslicht. Wesentliche Schleifen sind

Tabelle 5.3. *Berechnung des kürzesten Weges vom Knoten 1 zum Knoten 8 des Netzes der Abb. 5.3*

Nr.	Bezugs-Nr.	Kantenfolge	Länge	Löschmarke
1	–	1 – 2	5	11
2		1 – 3	4	
3	2	1 – 3 – 4	9	13
4		1 – 3 – 5	14	
5	1	1 – 2 – 4	11	3
6		1 – 2 – 6	13	14
7	3	1 – 3 – 4 – 5	18	4
8		1 – 3 – 4 – 6	15	6
9		1 – 3 – 4 – 8	21	12
10	6	1 – 2 – 6 – 7	16	18
11	4	1 – 3 – 5 – 2	2	
12		1 – 3 – 5 – 8	18	23
13	11	1 – 3 – 5 – 2 – 4	8	19
14		1 – 3 – 5 – 2 – 6	10	
15	13	1 – 3 – 5 – 2 – 4 – 5	17	4
16		1 – 3 – 5 – 2 – 4 – 6	14	14
17		1 – 3 – 5 – 2 – 4 – 8	20	12
18	14	1 – 3 – 5 – 2 – 6 – 7	13	
19	18	1 – 3 – 5 – 2 – 6 – 7 – 4	5	
20		1 – 3 – 5 – 2 – 6 – 7 – 8	19	12
21	19	1 – 3 – 5 – 2 – 6 – 7 – 4 – 5	14	4
22		1 – 3 – 5 – 2 – 6 – 7 – 4 – 6	11	14
23		1 – 3 – 5 – 2 – 6 – 7 – 4 – 8	17	

immer dann vorhanden, wenn eine Kantenfolge einen Knoten mehrmals enthält und kürzer als die anderen betrachteten, zum gleichen Knoten führenden Kantenfolgen ist. Wenn z.B. die Kante 5 – 2 die Länge – 13 statt – 12 hätte, so enthielte die optimale Lösung den unendlichfachen Durchlauf der Schleife 5 – 2 – 6 – 7 – 4 – 5. Hier würde die Entfernung vom Knoten 1 zum Knoten 5 bei jedem Durchlauf um 1 vermindert. Der Knoten 5 würde dabei (ebenso wie 2, 6, 7 und 4) unendlich oft in den Kantenfolgen auftreten.

5.2.2. Die Berechnung längster Wege

Die Berechnung *längster Wege* in Netzen ohne wesentliche Kreise und Schleifen läßt sich ähnlich durchführen wie die Berechnung kürzester Wege.

Wenn man in Problemen, in denen längste Wege gesucht sind, alle Kantenlängen (Entfernungen) mit minus Eins multipliziert, so wird aus dem Problem des längsten Weges ein Problem des kürzesten Weges. Daraus folgen sehr einfache Aussagen:

1) In ungerichteten Netzen hat der längste Weg zwischen zwei Knoten eine endliche Länge, wenn keine Strecke zwischen zwei Knoten positiv ist ($d_{ij} \leqq 0$). Sowie nur eine Strecke eine positive Länge hat, bestehen die längsten Wege aus einem unendlich häufigen Durchlaufen dieser Strecke in Hin- und Gegenrichtung.

2) In gerichteten Netzen hat der längste Weg zwischen zwei Knoten eine endliche Länge, wenn keine Schleifen von positiver Länge (*wesentliche Schleifen*) auftreten.

3) Die Zahl der Rechenschritte für ungerichtete und gerichtete Netze mit m Kanten und allen $d_{ij} \leqq 0$ ist maximal gleich m, aber meistens kleiner. Bei gerichteten Netzen, in denen nicht alle $d_{ij} \leqq 0$, aber keine *wesentlichen Schleifen* enthalten sind, ist die Zahl der Rechenschritte meistens wesentlich größer als m.

In der Praxis haben gerichtete Netze mit nur (oder überwiegend) nichtnegativen Pfeilen eine besondere Bedeutung. Sie treten u.a. bei der *Netzplantechnik* (Abschnitt 5.5.1) auf und sind fast immer schleifenfrei. Im Falle der Schleifenfreiheit wird ein ähnlicher Algorithmus wie der Dijkstra-Algorithmus verwendet. Er unterscheidet sich durch das Auswahlkriterium für den jeweiligen Umwegknoten. Das Kriterium der geringsten Entfernung vom Startknoten läßt sich hier nicht verwenden. Vielmehr wählt man jeweils einen Knoten, dessen längste Entfernung vom Startknoten bereits festliegt. Das trifft für alle solche Knoten zu, für die alle eingehenden Pfeile bereits berücksichtigt sind. Wegen der Schleifenfreiheit muß es immer mindestens einen solchen Knoten geben. Die Zahl der Rechenschritte ist genau gleich der Zahl der Pfeile. Für das

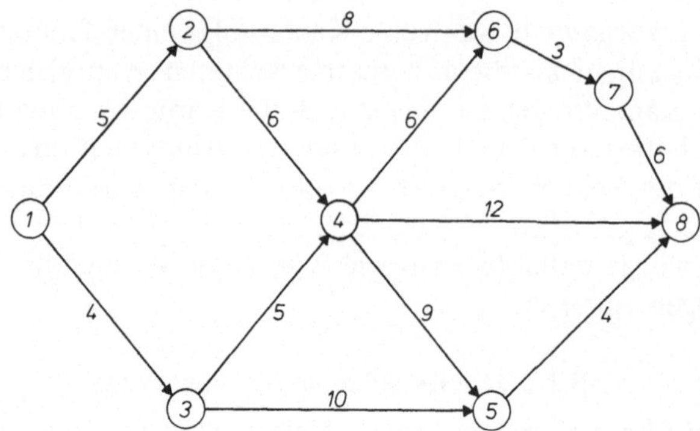

Abb. 5.4. Netz mit 8 Knoten und 12 Pfeilen. (Die Knoten sind numeriert. Die Zahlen an den Pfeilen geben die Entfernungen d_{ij} zwischen den Knoten i und j an)

in der Abb. 5.4 gezeigte Beispiel ist in der Tabelle 5.4 der längste Weg vom Knoten 1 zum Knoten 8 berechnet. Die möglichen Rechenreihenfolgen sind:

$$1-\begin{Bmatrix}2-3\\3-2\end{Bmatrix}-4-\begin{Bmatrix}5-6-7\\6-5-7\\6-7-5\end{Bmatrix}-8.$$

Tabelle 5.4. *Berechnung des längsten Weges vom Knoten 1 zum Knoten 8 des Netzes der Abb. 5.4*

Nr.	Bezugs-Nr.	Kantenfolge	Länge	Löschmarke
1	–	1 – 2	5	
2		1 – 3	4	
3	1	1 – 2 – 4	11	
4		1 – 2 – 6	13	8
5	2	1 – 3 – 4	9	3
6		1 – 3 – 5	14	7
7	3	1 – 2 – 4 – 5	20	
8		1 – 2 – 4 – 6	17	
9		1 – 2 – 4 – 8	23	10
10	7	1 – 2 – 4 – 5 – 8	24	12
11	8	1 – 2 – 4 – 6 – 7	20	
12	11	1 – 2 – 4 – 6 – 7 – 8	26	

Enthält das Netz Schleifen (mit nichtpositiver Gesamtlänge), so ist das Rechenverfahren etwas zu modifizieren. Wegen der Schleifen ist es nicht immer möglich, jeweils einen Knoten zu finden, bei dem alle eingehenden Pfeile berücksichtigt sind. Man muß also gegebenenfalls

Umwegknoten wählen, deren endgültige Entfernung vom Startknoten noch nicht festliegt. Da die Schleifen eine nichtpositive Gesamtlänge haben, müssen in ihnen Pfeile mit nichtpositiver Länge enthalten sein. Würde man diese Pfeile entfernen, so wäre der Graph schleifenfrei, so daß die Wahl eines Umwegknotens unproblematisch wäre. Entfernt man diese Pfeile nicht, so sind die gleichen Umwegknoten dadurch gekennzeichnet, daß nur noch eingehende Pfeile mit nichtpositiver Länge unberücksichtigt sind. Diese Knoten wählt man als Umwegknoten, soweit keine Knoten vorhanden sind, deren eingehende Pfeile *alle* berücksichtigt sind. Man muß dann allerdings diejenigen Knoten erneut als Umwegknoten wählen, für die sich im weiteren Verlauf der Rechnung eine größere Entfernung vom Startknoten ergibt. Das hat zur Folge, daß die Zahl der Rechenschritte sehr oft größer als die Zahl der Pfeile ist.

Wenn unter mehreren Knoten, für die nur die positiven, nicht aber alle nichtpositiven eingehenden Pfeile berücksichtigt sind, der Umwegknoten zu wählen ist, dann kann es vorteilhaft sein, den mit der größten Entfernung vom Startknoten zu nehmen. Dadurch wird häufig die Zahl der Rechenschritte günstig beeinflußt.

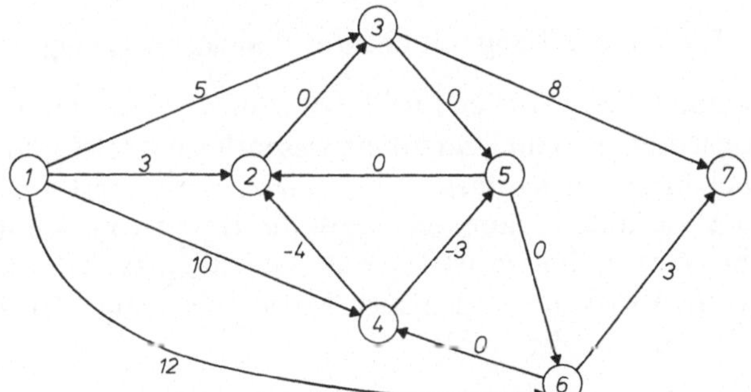

Abb. 5.5. Netz mit 7 Knoten und 13 Pfeilen

In der Abb. 5.5 ist ein Beispiel gezeigt, für das in der Tabelle 5.5 der längste Weg vom Knoten 1 zum Knoten 7 berechnet ist. Nach den ersten vier Rechenschritten sind für die Knoten 2, 3, 4 und 6 alle eingehenden Pfeile positiver Länge berücksichtigt. Der Knoten 6 mit der größten Entfernung vom Startknoten wird als Umwegknoten gewählt. Ihm folgt der Knoten 4 als Umwegknoten, dessen eingehende Pfeile jetzt alle berücksichtigt sind. Nun stehen die Knoten 2, 3 und 5 zur Auswahl. Es wird der Knoten 5 mit der größten Entfernung vom Startknoten genommen. Es folgen die Knoten 2 und 3. Da sich dabei für keinen der früher gewählten Knoten die Entfernung vom Startknoten vergrößert, stehen der längste (optimale) Weg von 1 nach 7 und ferner der optimale Baum von 1 aus fest. Anderenfalls hätte die Rechnung fortgesetzt werden müssen.

Tabelle 5.5. *Berechnung des längsten Weges vom Knoten 1 zum Knoten 7 des Netzes der Abb. 5.5*

Nr.	Bezugs-Nr.	Kantenfolge	Länge	Lösch-marke
1	–	1–2	3	7
2		1–3	5	11
3		1–4	10	5
4		1–6	12	
5	4	1–6–4	12	
6		1–6–7	15	13
7	5	1–6–4–2	8	9
8		1–6–4–5	9	
9	8	1–6–4–5–2	9	
10		1–6–4–5–6	9	4
11	9	1–6–4–5–2–3	9	
12	11	1–6–4–5–2–3–5	9	8
13		1–6–4–5–2–3–7	17	

5.2.3. Die Lösung mit linearer Planungsrechnung

Der optimale Weg zwischen zwei Knoten in Netzen mit ungerichteten und/oder gerichteten Kanten und ohne wesentliche Kreise und Schleifen läßt sich auch mit Hilfe der *linearen Planungsrechnung* bestimmen. Dabei sei durch die Variable x_{ij} angegeben, ob die Kante vom Knoten i zum Knoten j im Weg enthalten ist ($x_{ij}=1$) oder nicht ($x_{ij}=0$). Für nicht-existente Kanten ist kein x_{ij} definiert. Mit d_{ij} als Länge der existenten Kanten lautet nun die Zielfunktion:

$$\text{Minimiere (bzw. maximiere)} \quad D = \sum_i \sum_j d_{ij} x_{ij}.$$

Dabei sind die folgenden Nebenbedingungen einzuhalten. Erstens müssen die Zahl der vom Anfangsknoten h ausgehenden benutzten Kanten und die Zahl der in den Zielknoten l einmündenden benutzten Kanten gleich Eins sein:

$$\sum_j x_{hj} = 1,$$

$$\sum_i x_{il} = 1.$$

Ferner muß für jeden anderen Knoten die Zahl der eingehenden benutzten Kanten gleich der Zahl der ausgehenden benutzten Kanten sein. Für jeden Knoten k ($k \neq h$, $k \neq l$) gilt also:

$$\sum_i x_{ik} = \sum_j x_{kj}.$$

Ferner gilt für alle Variablen die Nichtnegativitätsbedingung:

$$x_{ij} \geqq 0.$$

Außerdem gilt für alle Variablen die „0–1“-Bedingung als spezielle Ganzzahligkeitsbedingung:

$$x_{ij} = \begin{Bmatrix} 0 \\ 1 \end{Bmatrix}.$$

Dieses Problem hat eine solche Struktur, daß die Simplex-Methode auch ohne Berücksichtigung dieser Ganzzahligkeitsbedingung nur auf Lösungen führt, die diese Bedingung erfüllen. Daher ist die explizite Formulierung der „0–1“-Bedingung nicht erforderlich (vgl. Abschnitt 3.5).

In der Tabelle 5.6 ist für das Minimierungsbeispiel der Abb. 5.1 das Simplex-Tableau der Ausgangslösung angegeben. Für Maximierungsprobleme lassen sich entsprechende Tableaus aufstellen.

Tabelle 5.6. *Simplex-Tableau zur Berechnung des kürzesten Weges vom Knoten 1 zum Knoten 7 des Netzes von Abb. 5.1*

x_{12}	x_{13}	x_{24}	x_{25}	x_{34}	x_{36}	x_{42}	x_{43}	x_{45}	x_{46}	x_{47}	x_{52}	x_{54}	x_{57}	x_{63}	x_{64}	x_{67}	
5	7	10	8	7	8	10	7	0	1	5	8	0	6	8	1	3	Min!
1	1																=1
1		−1	−1			1					1						=0
	1			−1	−1		1							1			=0
		1		1		−1	−1	−1	−1	−1		1			1		=0
			1					1			−1	−1	−1				=0
					1				1					−1	−1	−1	=0
										1			1			1	=1

5.3. Optimale Wege zwischen allen Knoten in Netzen ohne wesentliche Kreise und Schleifen

Sehr häufig ist nicht nur nach den optimalen Wegen zwischen *zwei bestimmten* Knoten eines Netzes gefragt, sondern nach den optimalen Wegen zwischen *allen* Knoten. Man könnte dazu die optimalen Bäume von allen Knoten aus berechnen und hätte damit alle optimalen Wege. Das ist jedoch sehr aufwendig.

Vielmehr ist hier ein Verfahren von Floyd [55] vorzuziehen, als dessen Urheber teilweise auch Hu genannt wird (vgl. u.a. Mori und Nishimura [127]). Das 1962 von Floyd beschriebene Verfahren blieb lange Zeit unbekannt, worauf u.a. Farbey, Land und Murchland [52] hingewiesen haben. Bei n Knoten erfordert das Verfahren von Floyd höchstens n^3 Rechenschritte. Andere Verfahren erfordern $n^3 \cdot {}^2\log n$ Schritte (vgl. Mori und Nishimuro [127]) bzw. $2n^3$ Schritte (vgl. Hu [86]).

Das Verfahren von Floyd soll am Problem der Bestimmung der kürzesten Wege zwischen allen Knoten eines Netzes beschrieben werden. Floyd geht von einer Entfernungsmatrix aus, wie sie in der Tabelle 5.1 gezeigt ist, und setzt die Entfernungen der nichtexistierenden Direktverbindungen gleich unendlich (Tabelle 5.7). Schrittweise wird nun jeder Knoten $k=1, 2, \ldots, n$ nacheinander als Umwegknoten gewählt. Für jede Verbindung von einem Knoten i zu einem Knoten j wird geprüft, ob die direkte Entfernung (bzw. der bisher errechnete kürzeste Weg) kürzer ist als die Summe der Entfernungen von i nach k und von k nach j. Wenn der Umweg kürzer ist, tritt er an die Stelle des bisherigen Weges.

Formelmäßig läßt sich das zusammenfassen in dem Ausdruck:

$$d_{ij}^{(k)} = \min \{d_{ij}^{(k-1)}; d_{ik}^{(k-1)} + d_{kj}^{(k-1)}\} \qquad \text{für alle } i \text{ und } j.$$

Dabei ist k ein Interationsindex und gleichzeitig der Index des jeweiligen Umwegknotens. Er läuft von 1 bis n. Die Matrix $D^{(0)} = (d_{ij}^{(0)})$ ist die Ausgangsmatrix mit den Entfernungen der einzelnen Knoten.

Am Beispiel soll dieses Verfahren erläutert werden. Die Ausgangsmatrix $D^{(0)}$ ist in der Tabelle 5.7 gezeigt. Nun werden die Umwege über den Knoten $k=1$ berechnet. Nur für die Verbindungen $2-3$ und $3-2$ erhält man dabei nach der obigen Formel Verkürzungen. Sie sind in der Tabelle 5.9 durch einen Punkt gekennzeichnet. Als nächstes werden die Umwege über den Knoten $k=2$ berechnet. Die neue Matrix $D^{(2)}$ mit sechs (durch einen Punkt markierten) verkürzenden Umwegen ist in der Tabelle 5.11 gezeigt. Die Tabellen 5.13, 5.15, ..., 5.21 enthalten die in der Fortsetzung des Verfahrens berechneten Matrizen $D^{(3)}$ bis $D^{(7)}$.

Meistens interessiert nicht nur die Länge des kürzesten Weges zwischen den verschiedenen Orten, sondern auch der Weg selber. Es müssen also die auf den kürzesten Wegen berührten Zwischenknoten gespeichert werden. Das ist für das obige Beispiel in den Matrizen $T^{(k)} = (t_{ij}^{(k)})$ in den Tabellen 5.8, 5.10, ..., 5.20 durchgeführt. Die Matrix $T^{(7)}$ der Tabelle 5.20 enthält alle optimalen Bäume. Die einzelnen Elemente $t_{ij}^{(7)}$ geben an, zu welchen Knoten man zunächst geht, wenn man auf dem kürzesten Weg vom Knoten i zum Knoten j will. Wenn man z.B. vom Knoten 1 zum Knoten 6 will, so geht man erst zum Knoten $t_{16}^{(7)}=2$, von hier aus zu $t_{26}^{(7)}=5$, dann zu $t_{56}^{(7)}=4$ und schließlich zu $t_{46}^{(7)}=6$.

Zur Berechnung der $t_{ij}^{(k)}$ geht man von der Matrix $T^{(0)}$ aus, deren Elemente $t_{ij}^{(0)}=j$ sind, falls die Verbindung $i-j$ existiert. Alle übrigen Elemente $t_{ij}^{(0)}$ sind gleich Null (oder undefiniert). Wenn bei der Betrachtung eines Umweges zwischen i und j über k der Umweg kürzer ist als der direkte Weg $(d_{ik}^{(k-1)} + d_{kj}^{(k-1)} < d_{ij}^{(k-1)})$, wird in der Matrix $D^{(k)}$ die neue Weglänge eingetragen und in der Matrix $T^{(k)}$ der Umweg durch $t_{ij}^{(k)} := t_{ik}^{(k-1)}$ markiert.

Tabelle 5.7. *Matrix* $D^{(0)}$

	1	2	3	4	5	6	7
1	0	5	7	∞	∞	∞	∞
2	5	0	∞	10	8	∞	∞
3	7	∞	0	7	∞	8	∞
4	∞	10	7	0	0	1	5
5	∞	8	∞	0	0	∞	6
6	∞	∞	8	1	∞	0	3
7	∞	∞	∞	5	6	3	0

Tabelle 5.8. *Matrix* $T^{(0)}$

	1	2	3	4	5	6	7
1	1	2	3				
2	1	2		4	5		
3	1		3	4		6	
4		2	3	4	5	6	7
5		2		4	5		7
6			3	4		6	7
7				4	5	6	7

Tabelle 5.9. *Matrix* $D^{(1)}$

	1	2	3	4	5	6	7
1	0	5	7	∞	∞	∞	∞
2	5	0	12.	10	8	∞	∞
3	7	12.	0	7	∞	8	∞
4	∞	10	7	0	0	1	5
5	∞	8	∞	0	0	∞	6
6	∞	∞	8	1	∞	0	3
7	∞	∞	∞	5	6	3	0

Tabelle 5.10. *Matrix* $T^{(1)}$

	1	2	3	4	5	6	7
1	1	2	3				
2	1	2	1.	4	5		
3	1	1.	3	4			
4		2	3	4	5	6	7
5		2		4	5		7
6			3	4		6	7
7				4	5	6	7

Tabelle 5.11. *Matrix* $D^{(2)}$

	1	2	3	4	5	6	7
1	0	5	7	15.	13.	∞	∞
2	5	0	12	10	8	∞	∞
3	7	12	0	7	20.	8	∞
4	15.	10	7	0	0	1	5
5	13.	8	20.	0	0	∞	6
6	∞	∞	8	1	∞	0	3
7	∞	∞	∞	5	6	3	0

Tabelle 5.12. *Matrix* $T^{(2)}$

	1	2	3	4	5	6	7
1	1	2	3	2.	2.		
2	1	2	1	4	5		
3	1	1	3	4	1.	6	
4	2.	2	3	4	5	6	7
5	2.	2	2.	4	5		7
6			3	4		6	7
7				4	5	6	7

Tabelle 5.13. *Matrix* $D^{(3)}$

	1	2	3	4	5	6	7
1	0	5	7	14.	13	15.	∞
2	5	0	12	10	8	20.	∞
3	7	12	0	7	20	8	∞
4	14.	10	7	0	0	1	5
5	13	8	20	0	0	28.	6
6	15.	20.	8	1	28.	0	3
7	∞	∞	∞	5	6	3	0

Tabelle 5.14. *Matrix* $T^{(3)}$

	1	2	3	4	5	6	7
1	1	2	3	3.	2	3.	
2	1	2	1	4	5	1.	
3	1	1	3	4	1	6	
4	3.	2	3	4	5	6	7
5	2	2	2	4	5	2.	7
6	3.	3.	3	4	3.	6	7
7				4	5	6	7

Tabelle 5.15. *Matrix* $D^{(4)}$

	1	2	3	4	5	6	7
1	0	5	7	14	13	15	19
2	5	0	12	10	8	11.	15.
3	7	12	0	7	7.	8	12.
4	14	10	7	0	0	1	5
5	13	8	7.	0	0	1.	5.
6	15	11.	8	1	1.	0	3
7	19.	15.	12.	5	5.	3	0

Tabelle 5.16. *Matrix* $T^{(4)}$

	1	2	3	4	5	6	7
1	1	2	3	3	2	3	3.
2	1	2	1	4	5	4.	4.
3	1	1	3	4	4.	6	4.
4	3	2	3	4	5	6	7
5	2	2	4.	4	5	4.	4.
6	3	4.	3	4	4.	6	7
7	4.	4.	4.	4	4.	6	7

Tabelle 5.17. *Matrix* $D^{(5)}$

	1	2	3	4	5	6	7
1	0	5	7	13.	13	14.	18.
2	5	0	12	8.	8	9.	13.
3	7	12	0	7	7	8	12
4	13.	8.	7	0	0	1	5
5	13	8	7	0	0	1	5
6	14.	9.	8	1	1	0	3
7	18.	13.	12	5	5	3	0

Tabelle 5.18. *Matrix* $T^{(5)}$

	1	2	3	4	5	6	7
1	1	2	3	2.	2	2.	2.
2	1	2	1	5.	5	5.	5.
3	1	1	3	4	4	6	4
4	5.	5.	3	4	5	6	7
5	2	2	4	4	5	4	4
6	4.	4.	3	4	4	6	7
7	4.	4.	4	4	4	6	7

Tabelle 5.19. *Matrix* $D^{(6)}$

	1	2	3	4	5	6	7
1	0	5	7	13	13	14	17.
2	5	0	12	8	8	9	12.
3	7	12	0	7	7	8	11.
4	13	8	7	0	0	1	4.
5	13	8	7	0	0	1	4.
6	14	9	8	1	1	0	3
7	17.	12.	11.	4.	4.	3	0

Tabelle 5.20. *Matrix* $T^{(6)} = T^{(7)}$

	1	2	3	4	5	6	7
1	1	2	3	2	2	2	2.
2	1	2	1	5	5	5	5.
3	1	1	3	4	4	6	6.
4	5	5	3	4	5	6	6.
5	2	2	4	4	5	4	4.
6	4	4	3	4	4	6	7
7	6.	6.	6.	6.	6.	6.	7

Tabelle 5.21. *Matrix* $D^{(7)}$

	1	2	3	4	5	6	7
1	0	5	7	13	13	14	17
2	5	0	12	8	8	9	12
3	7	12	0	7	7	8	11
4	13	8	7	0	0	1	4
5	13	8	7	0	0	1	4
6	14	9	8	1	1	0	3
7	17	12	11	4	4	3	0

Im folgenden ist ein ALGOL-Programm (vgl. Floyd [55]) skizziert, das dieses Vorgehen beschreibt. Für symmetrische Fälle ist das Verfahren zu vereinfachen; das soll hier aber nicht weiter erläutert werden.

```
⋮
for k:=1 step 1 until n do
for i:=1 step 1 until n do
if d[i, k] < infinity then
for j:=1 step 1 until n do
if d[i, j] > d[i, k] + d[k, j] then
begin d[i, j]:=d[i, k] + d[k, j];
        t[i, j]:=t[i, k]
end;
⋮
```

Die Gesamtheit der optimalen Wege zwischen allen Knoten läßt sich als Netz darstellen, das als *optimales Netz* bezeichnet werden soll. Für das berechnete Beispiel ist das optimale Netz in der Abb. 5.6 gezeigt. Es ist ein vollständiger Graph.

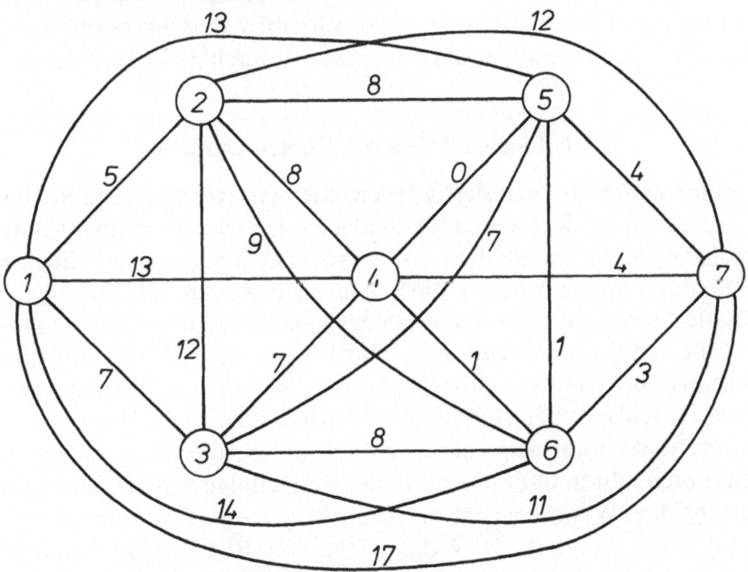

Abb. 5.6. Optimales Netz für das Beispiel von Abb. 5.1

Falls das Netz wesentliche Kreise oder Schleifen enthält, werden sie bei dem Verfahren von Floyd dadurch erkannt, daß die entsprechenden Entfernungen d_{ii} negative (bei Minimierungsproblemen) bzw. positive (bei Maximierungsproblemen) Werte annehmen.

5.4. Optimale Wege zwischen zwei Knoten in Netzen mit wesentlichen Schleifen

Die Bestimmung optimaler Wege in Netzen wird sehr aufwendig, wenn *wesentliche Kreise* oder *Schleifen* vorhanden sind. Als wesentlich wurden im Abschnitt 5.1 solche geschlossenen Kantenzüge bezeichnet, deren Durchlaufen den Wert der Zielfunktion verbessert. Üblicherweise treten solche Schleifen bei Problemen auf, in denen längste Wege gesucht werden. Man identifiziert daher meistens auch das Problem *optimaler Wege bei wesentlichen Kreisen oder Schleifen* mit dem Problem des *längsten Weges*. In diesem Fall besteht ein wesentlicher Kreis bzw. eine wesentliche Schleife aus einem geschlossenen Kantenzug mit positiver Kantenlängensumme.

Bei Vorhandensein von wesentlichen Kreisen oder Schleifen enthält eine Lösung die unendlich häufige Wiederholung dieser Kantenzüge, soweit das nicht durch bestimmte Restriktionen ausgeschlossen ist. Die übliche Restriktion besteht in dem Verbot, daß kein Knoten mehr als einmal durchlaufen werden darf (*Knotenrestriktion*). Es ist ebenfalls möglich, die Häufigkeit der Benutzung jeder Kante zu begrenzen (*Kantenrestriktion*). Ferner könnte man vorschreiben, daß insgesamt nur eine bestimmte Anzahl von Knoten oder Kanten durchlaufen werden darf.

5.4.1. Längste Wege mit Knotenrestriktion

Im folgenden soll skizziert werden, wie man längste Wege in Netzen mit wesentlichen Kreisen oder Schleifen berechnen kann, wenn die *Knotenrestriktion* einzuhalten ist, wenn also jeder Knoten höchstens einmal durchlaufen werden darf. Am geeignetsten scheint dafür die Methode der *dynamischen Planungsrechnung* (Abschnitt 4.3.1). Man baut dazu alle möglichen Wege vom Startknoten aus parallel zueinander stufenweise auf. Man verwirft dabei unter „*inhaltlich identischen*" Wegen die jeweils schlechteren. Inhaltlich identisch sind solche Wege, die vom gleichen Startknoten zum gleichen Endknoten über die gleichen Zwischenknoten führen und sich nur in der Reihenfolge der Zwischenknoten unterscheiden. Wenn beispielsweise der Weg $1-2-3-4$ die Länge von 19 und der Weg $1-3-2-4$ die Länge von 10 hat, wird der letztere verworfen. Ferner kann man plausiblerweise Wege verwerfen, die längere Wege „*inhaltlich umfassen*". Wenn beispielsweise der Weg $1-2-4-5$ die Länge von 16 Einheiten und der Weg $1-2-5$ die Länge von 17 Einheiten haben, dann umfaßt der erste Weg den letzteren, der länger ist. Der erste Weg kann verworfen werden. Schließlich können unter den Wegen, die zum Zielknoten führen, alle die verworfen werden, die nicht länger als der jeweils längste unter den berechneten Wegen sind.

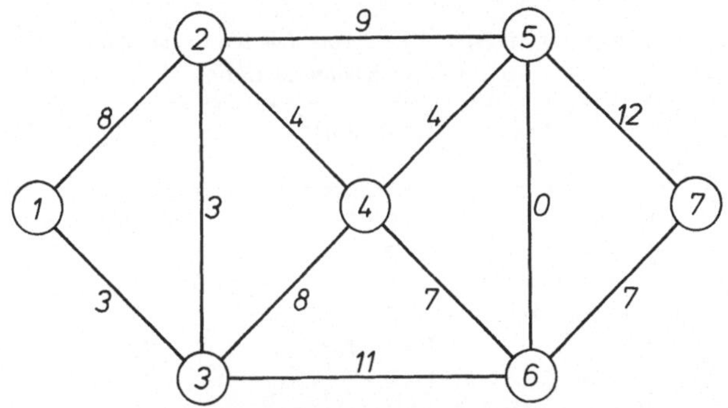

Abb. 5.7. Netz mit 7 Knoten und 12 Kanten. (Die Knoten sind numeriert. Die Zahlen an den Kanten sind die Kantenlängen)

Die Rechnung verläuft stufenweise. Die nicht verworfenen Wege einer Stufe bilden (in der Terminologie der dynamischen Planungsrechnung) die *Zustände* der Stufe.

Für das in der Abb. 5.7 gezeigte Netz ist in der Tabelle 5.22 die Berechnung des längsten Weges vom Knoten 1 zum Knoten 7 berechnet. Er lautet 1 – 2 – 5 – 4 – 3 – 6 – 7 und hat die Länge von 47 Einheiten.

Man kann das gleiche Problem in ein Problem der *ganzzahligen linearen Planungsrechnung* umformulieren. Das bringt allerdings keine besonderen Vorteile, da die Methoden der ganzzahligen Planungsrechnung (Abschnitt 3.5) sehr langsam arbeiten. Allgemein würde man die folgende Problemstruktur erhalten. Die Zielfunktion lautet:

$$\text{Maximiere} \quad D = \sum_i \sum_j d_{ij} x_{ij}$$

$$\text{mit} \quad x_{ij} = \begin{cases} 1, & \text{wenn die Kante } (i,j) \text{ in der Lösung ist} \\ 0, & \text{sonst} \end{cases}$$

und d_{ij} = Länge der Kante (i, j).

Einzuhalten wären wie bei dem im Abschnitt 5.2.3 behandelten Beispiel zunächst die Restriktionen der Bilanzen der Eingangs- und Ausgangsmengen:

$$\sum_j x_{hj} = 1,$$

$$\sum_i x_{ik} = \sum_j x_{kj} \qquad \text{für alle } k \text{ außer } h \text{ und } l,$$

$$\sum_i x_{il} = 1.$$

Ferner ist die Knotenrestriktion einzuhalten:

$$\sum_i x_{ik} \leqq 1 \qquad \text{für alle } k \text{ außer } h \text{ und } l.$$

Tabelle 5.22. *Berechnung des längsten Weges vom Knoten 1 zum Knoten 7 des Netzes der Abb. 5.7 mit Knotenrestriktion*

Stufe	Nr.	Bezugs-Nr.	Kantenfolge	Länge	Löschmarke
1	1	–	1 – 2	8	
	2		1 – 3	3	
2	3	1	1 – 2 – 3	11	
	4		1 – 2 – 4	12	
	5		1 – 2 – 5	17	
	6	2	1 – 3 – 2	6	
	7		1 – 3 – 4	11	
	8		1 – 3 – 6	14	
3	9	3	1 – 2 – 3 – 4	19	
	10		1 – 2 – 3 – 6	22	
	11	4	1 – 2 – 4 – 3	20	
	12		1 – 2 – 4 – 5	16	5
	13		1 – 2 – 4 – 6	19	
	14	5	1 – 2 – 5 – 4	21	
	15		1 – 2 – 5 – 6	17	
	16		1 – 2 – 5 – 7	29	52
	17	6	1 – 3 – 2 – 4	10	9
	18		1 – 3 – 2 – 5	15	5
	19	7	1 – 3 – 4 – 2	15	
	20		1 – 3 – 4 – 5	15	
	21		1 – 3 – 4 – 6	18	
	22	8	1 – 3 – 6 – 4	21	
	23		1 – 3 – 6 – 5	14	
	24		1 – 3 – 6 – 7	21	16
4	25	9	1 – 2 – 3 – 4 – 5	23	39
	26		1 – 2 – 3 – 4 – 6	26	30
	27	10	1 – 2 – 3 – 6 – 4	29	
	28		1 – 2 – 3 – 6 – 5	22	
	29		1 – 2 – 3 – 6 – 7	29	16
	30	11	1 – 2 – 4 – 3 – 6	31	
	31	13	1 – 2 – 4 – 6 – 3	30	
	32		1 – 2 – 4 – 6 – 5	19	
	33		1 – 2 – 4 – 6 – 7	26	16
	34	14	1 – 2 – 5 – 4 – 3	29	
	35		1 – 2 – 5 – 4 – 6	28	
	36	15	1 – 2 – 5 – 6 – 3	28	
	37		1 – 2 – 5 – 6 – 4	24	
	38		1 – 2 – 5 – 6 – 7	24	16
	39	19	1 – 3 – 4 – 2 – 5	24	

Tabelle 5.22 (Fortsetzung)

Stufe	Nr.	Bezugs-Nr.	Kantenfolge	Länge	Löschmarke
	40	20	1–3–4–5–2	24	
	41		1–3–4–5–6	15	21
	42		1–3–4–5–7	27	16
	43	21	1–3–4–6–5	18	46
	44		1–3–4–6–7	25	16
	45	22	1–3–6–4–2	25	
	46		1–3–6–4–5	25	
	47	23	1–3–6–5–2	23	
	48		1–3–6–5–4	18	22
	49		1–3–6–5–7	26	16
5	50	27	1–2–3–6–4–5	33	63
	51	28	1–2–3–6–5–4	26	27
	52		1–2–3–6–5–7	34	54
	53	30	1–2–4–3–6–5	31	50
	54		1–2–4–3–6–7	38	67
	55	32	1–2–4–6–5–7	31	54
	56	34	1–2–5–4–3–6	40	
	57	35	1–2–5–4–6–3	39	
	58		1–2–5–4–6–7	35	54
	59	36	1–2–5–6–3–4	36	
	60	37	1–2–5–6–4–3	32	57
	61	39	1–3–4–2–5–6	24	56
	62		1–3–4–2–5–7	36	54
	63	45	1–3–6–4–2–5	34	
	64	46	1–3–6–4–5–2	34	
	65		1–3–6–4–5–7	37	54
	66	47	1–3–6–5–2–4	27	59
6	67	56	1–2–5–4–3–6–7	47	
	68	63	1–3–6–4–2–5–7	46	67

Weiterhin muß verhindert werden, daß isolierte Rundwege entstehen. So könnten im obigen Beispiel der Weg 1–2–5–7 mit der Länge von 29 und der Rundweg 3–4–6–3 mit der Länge von 26 gleichzeitig auftreten. Alle Rundwege müssen durch Restriktionen ausgeschlossen werden. Die einfachsten Rundwege bestehen aus dem Hin- und Rückweg zwischen zwei Knoten. Sie lassen sich ausschalten durch:

$$x_{ij} + x_{ji} \leqq 1$$

für alle Kanten, deren Benutzung in beiden Richtungen zugelassen ist.

Für Rundwege, die über drei Knoten (i, j, k) laufen, gilt entsprechend:

$$x_{ij}+x_{jk}+x_{ki}\leqq 2$$

und

$$x_{ik}+x_{kj}+x_{ji}\leqq 2.$$

Je nach der Struktur eines Netzes sind auch Rundwege höherer Knotenzahl explizit auszuschließen. Bei p Knoten der Reihenfolge $i_1, i_2, \ldots, i_p$ lauten die Restriktionen allgemein:

$$x_{i_1 i_2}+x_{i_2 i_3}+\cdots+x_{i_{p-1} i_p}+x_{i_p i_1}\leqq p-1$$

und

$$x_{i_1 i_p}+x_{i_p i_{p-1}}+\cdots+x_{i_3 i_2}+x_{i_2 i_1}\leqq p-1.$$

Für das obige Beispiel sind die Zielfunktion und die Restriktionen im Simplex-Tableau der Tabelle 5.23 dargestellt. Eine Lösung ist wegen der „0–1"-Bedingung sehr aufwendig.

Tabelle 5.23. *Simplex-Tableau zur Berechnung des längsten Weges vom Knoten 1 zum Knoten 7 des Netzes der Abb. 5.7 unter Erfüllung der Knotenrestriktion. (Alle Variablen unterliegen der „0–1"-Bedingung!)*

x_{12}	x_{13}	x_{23}	x_{24}	x_{25}	x_{32}	x_{34}	x_{36}	x_{42}	x_{43}	x_{45}	x_{46}	x_{52}	x_{54}	x_{56}	x_{57}	x_{63}	x_{64}	x_{65}	x_{67}	
8	3	3	4	9	3	8	11	4	8	4	7	9	4	0	12	11	7	0	7	Max!
1	1																			=1
1		−1	−1	−1	1			1				1								=0
	1	1			−1	−1	−1		1							1				=0
			1			1		−1	−1	−1	−1		1				1			=0
				1						1		−1	−1	−1	−1			1		=0
							1				1			1		−1	−1	−1	−1	=0
															1				1	=1
1					1			1				1								≦1
	1	1							1							1				≦1
			1			1							1				1			≦1
				1						1								1		≦1
							1				1			1						≦1
		1			1															≦1
			1					1												≦1
				1								1								≦1
						1			1											≦1
							1									1				≦1
										1			1							≦1
											1						1			≦1
														1				1		≦1
						1					1					1				≦2
							1		1								1			≦2
			1							1		1								≦2
				1				1					1							≦2

Die Berechnung längster Wege in Netzen mit wesentlichen Kreisen oder wesentlichen Schleifen unter Einhaltung der Knotenrestriktion ist sehr aufwendig. Die bisher bekannten Methoden eignen sich nur für sehr kleine Probleme. Größere Probleme sind nach dem heutigen Entwicklungsstand praktisch unlösbar.

Wie man am Beispiel erkennt, ist bei dynamischer Planungsrechnung die Zahl der Rechenschritte sehr groß. Das ist immer dann der Fall, wenn das Netz relativ stark „vermascht" ist, d.h. wenn es sehr viel mehr Kanten als Knoten hat. Die dynamische Planungsrechnung ist bei Problemen dieser Art fast mit der Vollenumeration identisch; das Beispiel zeigt dies deutlich. Das bedeutet, daß die Zahl der verworfenen Wege relativ klein ist.

5.4.2. Längste Wege mit Kantenrestriktion

Die Berechnung längster Wege ist einfacher, wenn statt der *Knotenrestriktion* nur die *Kantenrestriktion* gilt. Sie besagt, daß jede Kante maximal einmal durchlaufen werden darf. Wie Euler bereits 1736 gezeigt hat, besteht dann und nur dann ein Weg durch alle Kanten eines Netzes, wenn die Zahl der Kanten, die in den Startknoten und in den Zielknoten münden, ungerade ist und wenn die Zahl der Kanten, die in jeden anderen Knoten münden, gerade ist. Das ist im Kapitel 7 über das *Chinese Postman's Problem* ausführlicher behandelt. In diesem Fall kann man alle Kanten zu einem Weg zusammenfügen (vgl. Abschnitt 7.2), soweit der Graph zusammenhängend ist.

Ist diese *Euler-Bedingung* jedoch nicht erfüllt, so läßt sich ein Verfahren anwenden, das in ähnlicher Form von Kwan [108] zur Lösung des Chinese Postman's Problems vorgeschlagen wurde (vgl. Abschnitt 7.3.1). Hier beginnt man mit einem beliebigen Weg vom Start- zum Zielknoten und fügt iterativ Verlängerungen ein, bis keine Verlängerung mehr zu finden ist. Die Verlängerungen findet man durch Bilden von Kreisen bzw. Schleifen.

Wenn in einem zusammenhängenden Graphen ein Weg besteht, der nicht alle Kanten enthält, so lassen sich Kreise oder Schleifen bilden, die den Weg an mindestens einem Knoten berühren, aber andererseits mindestens eine Kante enthalten, die im Weg nicht vorkommt. Wenn man diejenigen Kanten aus dem Weg entfernt, die auch in dem Kreis bzw. in der Schleife vorkommen, und diejenigen Kanten hinzufügt, die nur in dem Kreis bzw. der Schleife enthalten sind, so läßt sich ein neuer Weg vom gleichen Start- zum gleichen Zielknoten bilden. Dieser Weg kann entweder aus allen diesen Kanten bestehen oder nur aus einigen von ihnen. Er wird immer *dann* aus nur einigen von ihnen bestehen *können*, wenn die Menge der sich durch Entfernen und Hinzufügen vom bzw. zum bisherigen Weg ergebenden Kanten nicht zusammenhängend ist. Wenn dagegen die Menge dieser Kanten zusammenhängend ist, gibt es trivialerweise immer einen Weg, der alle diese Kanten enthält.

Um eine Wegverlängerung zu finden, braucht man also nur alle Kreise oder Schleifen zu bilden, die erstens den Weg an mindestens einem Knoten berühren, zweitens mindestens eine Kante enthalten, die nicht im bisherigen Weg vorkommt, und deren Verquickung mit dem bisherigen Weg drittens einen zusammenhängenden Graphen bildet. Dabei bedeutet Verquickung, daß die Kanten, die sowohl im Weg als auch im Kreis bzw. in der Schleife vorkommen, eliminiert werden, und die Kanten, die nur in dem Kreis bzw. der Schleife enthalten sind, zum Weg hinzugefügt werden. Wenn die Verquickung eine Wegverlängerung ergibt, wird sie durchgeführt. Die Höhe der Wegverlängerung ist gleich der Differenz der Kantenlängen der hinzukommenden Kanten und der Kantenlängen der eliminierten Kanten. Es ist für das Ergebnis gleichgültig, in welcher Reihenfolge die Schleifen oder Kreise gebildet werden. Beispielsweise können sie in einer Zufallsreihenfolge erzeugt werden.

An dem Netz der Abb. 5.7 soll das Vorgehen veranschaulicht werden. Es ist der längste Weg vom Startknoten 1 zum Zielknoten 7 gesucht, wobei jede Kante höchstens einmal benutzt werden darf. Die Knoten 1 und 7 erfüllen die *Euler-Bedingung* nicht. Also gibt es keinen Weg durch alle Kanten.

Als anfänglichen Weg kann man z.B. den Kantenzug $1-3-6-7$ mit der Länge von 21 Einheiten wählen. Nun beginnt das Bilden von Kreisen. Beispielsweise kann man zuerst den Kreis $1-2-3-1$ mit dem Kantenlängensaldo von $(8+3-3)=8$ Einheiten betrachten. Er bringt eine Verbesserung und führt zu dem Weg $1-2-3-6-7$ mit der Länge von 29 Einheiten. Nun kann man z.B. den Kreis $2-4-3-2$ mit dem Kantenlängensaldo von $(4+8-3)=9$ Einheiten wählen und den Weg verlängern zu $1-2-4-3-6-7$. Er ist 38 Einheiten lang. Ein weiterer Kreis ist $2-4-5-2$ mit dem Saldo von $(-4+4+9)=9$ Einheiten. Mit ihm erhält man den 47 Einheiten langen Weg $1-2-5-4-3-6-7$. Der Kreis $4-5-6-4$ führt zu einer weiteren Verlängerung um $(-4+0+7)=$ 3 Einheiten. Der neue Weg von 50 Einheiten Länge lautet $1-2-5-6-4-3-6-7$. Als nächsten Kreis könnte man beispielsweise $5-6-7-5$ mit dem Kantenlängensaldo von $(-0-7+12)=5$ Einheiten wählen. Dieser Kreis führt jedoch zu zwei disjunkten Kantenmengen, die zu dem Weg $1-2-5-7$ und dem davon getrennten Rundweg $3-6-4-3$ führen würden. Diese Lösung kommt nicht in Betracht. Ein anderer Kreis ist $4-5-7-6-4$ mit dem Kantenlängensaldo von $(4+12-7-7)=2$ Einheiten. Der damit erhaltene neue Weg von 52 Einheiten Länge lautet $1-2-5-4-3-6-5-7$. Eine Verbesserung um weitere $(4+7-11+3)=3$ Einheiten bringt der Kreis $2-4-6-3-2$. Mit ihm ergibt sich der Weg $1-2-5-4-2-3-4-6-5-7$ mit der Länge von

55 Einheiten. Eine weitere Wegverlängerung ist nicht möglich, da sich keine Kreise mit einem positiven Kantenlängensaldo mehr aufstellen lassen. Unbenutzt sind die Kanten 1 – 3, 3 – 6 und 6 – 7.

Die hier skizzierte Methode hat den Vorteil besonders einfacher Durchführbarkeit. Der kritische Punkt der Methode liegt im Bestimmen der Kreise bzw. der Schleifen. Theoretisch wäre es denkbar, daß jeweils viele von ihnen berechnet werden müssen, bis eine Verbesserung zu erzielen ist. Die Erfahrung beim Lösen von Beispielen zeigt jedoch, daß erstens immer dann, wenn noch viele Kanten nicht im Weg enthalten sind, Lösungsverbesserungen sehr rasch zu finden sind und zweitens dann, wenn nur noch wenige Kanten übrig sind, relativ wenige Kreise oder Schleifen noch in Betracht kommen. Diese günstigen Verhältnisse liegen beim *Chinese Postman's Problem* nicht vor, so daß die Methode von Kwan dort weniger vorteilhaft ist.

Neben der hier beschriebenen Methode kann man auch Entscheidungsbaumverfahren sowie die lineare Planungsrechnung zur Lösung verwenden. Allerdings ist der damit verbundene Rechenaufwand im allgemeinen höher.

5.5. Anwendungen

Es gibt eine sehr große Zahl verschiedener Anwendungen der Methoden zur Bestimmung optimaler Wege in Netzen. Besonders in der Transport- und Verkehrsplanung ist häufig nach optimalen Wegen gefragt. So treten derartige Probleme bei der Planung von Verkehrsnetzen und auch bei deren Benutzung auf. Bei der Planung geht es darum, solche Verkehrsnetze zu schaffen, die den erwarteten Verkehrsströmen am besten entsprechen. Bei der Benutzung geht man von den bestehenden Netzen aus und fragt nach den optimalen Wegen. Das erwartete Benutzerverhalten geht dann wiederum in die Planung neuer Verkehrsnetze ein.

Häufig geht die Berechnung optimaler Wege der Lösung anderer Probleme voran oder dient der Datenaufbereitung für andere Probleme. Beispielsweise schaltet man die Wegoptimierung nach Floyd oft der Lösung von *Traveling Salesman Problemen* vor, wie sie im Kapitel 6 behandelt werden. Ein Traveling Salesman Problem ist oft nur dann sinnvoll formuliert, wenn die *Dreiecksbedingung* erfüllt ist. Diese besagt, daß der Weg d_{ij} zwischen zwei Knoten i und j nicht größer sein darf als der Umweg $(d_{ik}+d_{kj})$ über einen beliebigen Knoten k. Die Dreiecksbedingung wird durch Anwendung des Verfahrens von Floyd (Abschnitt 5.3) oder gleichwertiger Verfahren erfüllt.

Andere Anwendungen betreffen die Berechnung kritischer Wege in Terminplanungsnetzen. Darauf wird im Abschnitt 5.5.1 hingewiesen.

Ferner könnte man sich Probleme vorstellen, in denen ein risikominimaler Weg durch ein Netz gesucht wird (Abschnitt 5.5.2). Eine weitere Anwendung besteht in der Berechnung der optimalen Devisenarbitrage (Abschnitt 5.5.3). Viele andere Anwendungen sind denkbar.

5.5.1. Die Bestimmung kritischer Wege in Terminplanungsnetzen

Die Methoden zur Berechnung optimaler Wege werden besonders häufig in der *Netzplantechnik* angewendet, die hier als bekannt vorausgesetzt wird. Häufig verwendet werden u. a. die Netzplantechnikmethoden CPM (*Critical Path Method*), PERT (*Program Evaluation and Review Technique*) und MPM (*Metra Potential Methode*). Die Netzplantechnik dient der Terminplanung. Es werden Projekte in Einzelvorgänge zerlegt und als Netz dargestellt. Den Einzelvorgängen sind Zeiten zugeordnet. Gefragt ist nach der Folge von denjenigen Vorgängen, die zusammen die längste Zeitdauersumme aufweisen. Diese Vorgangsfolge wird als *kritischer Weg* oder *kritischer Pfad* bezeichnet. Dieser kritische Weg ist gleich dem *längsten Weg* durch das Netz. Da wesentliche Schleifen in solchen Terminplanungsnetzen logisch nicht möglich sind, ist die Berechnung des längsten oder kritischen Weges einfach durchzuführen. Bei den Methoden CPM und PERT sind sogar überhaupt keine Schleifen zugelassen. Nur in einigen Methoden der Netzplantechnik (z. B. MPM) sind Schleifen mit nichtpositiver Länge erlaubt.

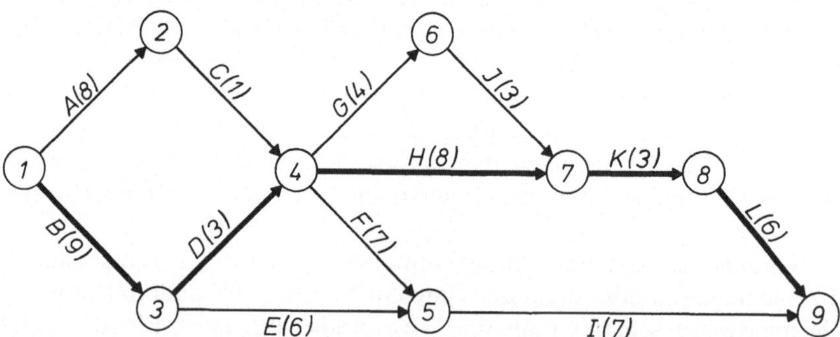

Abb. 5.8. CPM-Netzplan mit 9 Knoten und 12 Pfeilen (Vorgängen). (Die Knoten sind numeriert. Die Vorgänge sind durch Buchstaben gekennzeichnet. Ihre Dauer ist in Klammern angegeben)

In der Abb. 5.8 ist ein Beispiel für ein CPM-Netz gezeigt. Der kritische Weg ist durch dicke Pfeile hervorgehoben. Die Methoden zur Berechnung des kritischen Weges sind identisch mit den Methoden des Abschnitts 5.2.2.

5.5.2. Risikominimale Wege in Netzen

Eine weitere Anwendung der im Prinzip gleichen Methoden besteht in der Berechnung *risikomininaler Wege.* Dazu stelle man sich ein Netz, z. B. ein Straßennetz, vor, in dem das Durchlaufen der einzelnen Kanten mit einem bekannten Risiko verbunden ist. Gesucht ist der Weg zwischen zwei Orten, der mit dem geringsten Risiko zu durchlaufen ist. Als Risiko ist beispielsweise die Wahrscheinlichkeit der Gefangennahme, des Verlustes von Eigentum o. ä. zu verstehen.

In der Abb. 5.9 ist ein Beispiel gezeigt. Die Zahl an jeder Kante des Netzes gibt die Wahrscheinlichkeit an, mit der die Kante ohne die Gefangennahme des Benutzers durchlaufen werden kann. Gesucht ist der risikominimale Weg vom Knoten 1 zum Knoten 7, d.h. derjenige Weg mit der größten Wahrscheinlichkeit, das Ziel zu erreichen.

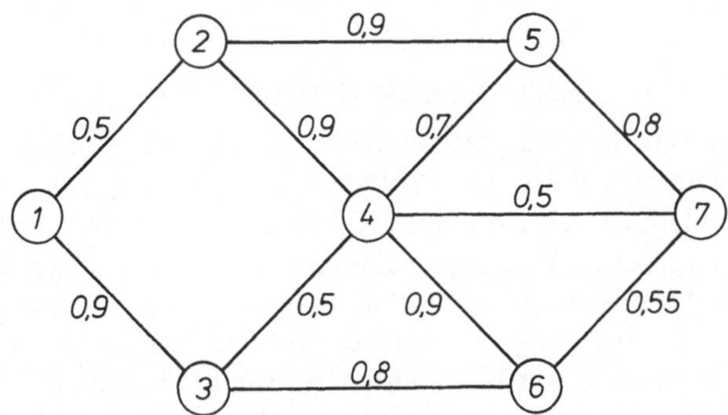

Abb. 5.9. Netz mit 7 Knoten und 11 Kanten.
(Die Knoten sind numeriert. Die Zahlen an den Kanten geben die Wahrscheinlichkeit der Nichtgefangennahme an)

Im Gegensatz zu den kürzesten und längsten Wegen, in denen sich die Länge eines Weges aus der *Summe* der Kantenlängen ergibt, ist hier die Wahrscheinlichkeit der Nichtgefangennahme das *Produkt* der Wahrscheinlichkeiten der aufeinanderfolgenden Kanten. Dieses Problem läßt sich auf das Problem des kürzesten Weges (Abschnitt 5.2.1) transformieren, wenn man die negativen Logarithmen der Wahrscheinlichkeiten als Kantenlängen interpretiert.

Unabhängig davon, ob man die Wahrscheinlichkeiten multipliziert oder ihre negativen Logarithmen addiert, gelangt man mit dem Dijkstra-Algorithmus schnell zur optimalen Lösung. Das ist in der Tabelle 5.24 gezeigt.

Der optimale Weg lautet $1-3-6-4-2-5-7$. Die Wahrschein lichkeit der Nichtgefangennahme beträgt rund 42%.

Tabelle 5.24. *Berechnung des risikominimalen Weges vom Knoten 1 zum Knoten 7 des Netzes der Abb. 5.9*

Nr.	Bezugs-Nr.	Kantenfolge	Wahrscheinlichkeit P	Logarithmus $-\lg P$	Löschmarke
1	–	1 – 2	0,5	0,3010	7
2		1 – 3	0,9	0,0458	
3	2	1 – 3 – 4	0,45	0,3468	5
4		1 – 3 – 6	0,72	0,1427	
5	4	1 – 3 – 6 – 4	0,648	0,1884	
6		1 – 3 – 6 – 7	0,396	0,4023	11
7	5	1 – 3 – 6 – 4 – 2	0,5832	0,2341	
8		1 – 3 – 6 – 4 – 5	0,4536	0,3433	10
9		1 – 3 – 6 – 4 – 7	0,324	0,4895	6
10	7	1 – 3 – 6 – 4 – 2 – 5	0,52488	0,2799	
11	10	1 – 3 – 6 – 4 – 2 – 5 – 7	0,419904	0,3769	

5.5.3. Optimale Devisenarbitrage

Ein für das Devisengeschäft von Banken wichtiges Reihenfolgeproblem vom *Typ B* ist das Problem der *optimalen Devisenarbitrage*. Dieses Problem ist von Jaeschke [93] bereits behandelt worden. Er löst es mit dynamischer Planungsrechnung. Wesentlich schneller arbeitet jedoch eine Modifikation des Verfahrens von Floyd [55] (Abschnitt 5.3). Ferner hat Timm [162] das gleiche Problem behandelt und in einer weiteren, noch nicht veröffentlichten Arbeit [163] einem Algorithmus vorgeschlagen, der etwa dem Verfahren von Mori und Nishimura [127] zur Berechnung kürzester Wege entspricht.

Das Problem läßt sich in seiner Grundstruktur wie folgt beschreiben. Eine Bank kauft und verkauft im eigenen und fremden Auftrag Devisen. Die Kurse variieren in relativ engen Bereichen. Der Kauf oder Verkauf kann an verschiedenen Bankplätzen vorgenommen werden. Sicher wird man jeweils den Ort mit dem günstigsten Kurs wählen. Nun kann es aber sein, daß der Handel über eine Zwischenwährung günstiger ist als der direkte Kauf oder Verkauf. Gefragt ist daher jeweils nach der günstigsten Folge von Währungen von einer bestimmten Währung in eine bestimmte andere.

In der Tabelle 5.25 ist ein Beispiel mit den Wechselkursen zwischen DM (Deutschland), $ (USA), £ (Groß-Britannien) und FF (Frankreich) gegeben. Die Zahlen sind von Jaeschke [93] übernommen. Sie geben die zu einem bestimmten Zeitpunkt günstigsten Kurse (unter verschiedenen Bankplätzen) an. Dieses Beispiel wurde zum Zweck des besseren Verfahrensvergleichs mit der dynamischen Planungsrechnung gewählt. Die damaligen Kurse liegen außerhalb der heutigen Interventionsgrenzen.

Tabelle 5.25. *Matrix $D^{(0)}$ der Wechselkurse*

aus \ in	DM	$	£	FF
DM	1	3,9796	11,1370	0,81215
$	0,25192	1	2,8045	0,20450
£	0,08989	0,35826	1	0,07291
FF	1,2343	4,9100	13,7195	1

Wenn man nun beispielsweise französische Neue Franc mit DM erwerben will, kann man entweder zum Kurs von 0,81215 DM je FF kaufen oder den Umweg über den Dollar zum Kurs von $3{,}9796 \cdot 0{,}20450 = 0{,}81383$ DM je FF oder den Umweg über das Pfund zum Kurs von $11{,}1370 \cdot 0{,}07291 = 0{,}81200$ DM je FF machen. Ferner sind der Umweg über den Dollar und das Pfund zum Kurs von $3{,}9796 \cdot 2{,}8045 \cdot 0{,}07291 = 0{,}81373$ DM je FF und der Umweg über das Pfund und den Dollar zum Kurs von $11{,}1370 \cdot 0{,}35826 \cdot 0{,}20450 = 0{,}81594$ DM je FF möglich. Die Berechnung aller möglichen Folgen ist sehr aufwendig. Mit Hilfe einer Modifizierung des Verfahrens von Floyd ist die Berechnung der Optimalfolgen wesentlich schneller möglich. Die optimalen Devisenwechselfolgen entsprechen den kürzesten Wegen in einem Netz, wie sie in den Abschnitten 5.2.1 und 5.3 berechnet wurden. Lediglich werden hier die Kurse multipliziert, während dort die Kantenlängen addiert werden. Durch Logarithmierung der Wechselkurse kann man dieses Problem ebenfalls wie das Problem vom Abschnitt 5.5.2 in ein Problem der additiven Weglängenbestimmung überführen. Erforderlich ist dies allerdings nicht.

Formelmäßig läßt sich die Modifikation des Verfahrens von Floyd hier wie folgt darstellen:

$$d_{ij}^{(k)} = \min\{d_{ij}^{(k-1)};\ d_{ik}^{(k-1)} \cdot d_{kj}^{(k-1)}\} \qquad \text{für alle } i \text{ und } j.$$

Dabei sind die $d_{ij}^{(k)}$ die Wechselkurse zwischen der i-ten und der j-ten Währung nach der k-ten Iteration. Der Index k ist gleichzeitig der Iterationsindex und der Index der jeweiligen Umwegwährung. Er läuft von 1 bis n, wobei n die Zahl der Währungen ist. Die Matrix $D^{(0)} = (d_{ij}^{(0)})$ ist die Ausgangsmatrix, wie sie für das Beispiel in der Tabelle 5.25 gezeigt ist.

Nach Anwendung des Verfahrens erhält man die in der Tabelle 5.26 gezeigte Matrix $D^{(4)}$ der optimalen Wechselkurse. Die entsprechenden Währungsfolgen ergeben sich aus der Matrix $T^{(4)}$ der Tabelle 5.27, die nach dem gleichen Prinzip aufgebaut ist wie die Matrizen $T^{(0)}$ bis $T^{(7)}$ im Abschnitt 5.3.

Tabelle 5.26. *Matrix $D^{(4)}$ der optimalen Wechselkurse*

aus \ in	DM	$	£	FF
DM	1	3,9796	11,1370	0,81200
$	0,25192	1	2,8045	0,20448
£	0,08989	0,35773	1	0,07291
FF	1,2332	4,9079	13,7195	1

Tabelle 5.27. *Matrix $T^{(4)}$ der optimalen Wechselkursfolgen*

aus \ in	DM	$	£	FF
DM	DM	$	£	£
$	DM	$	£	£
£	DM	DM	£	FF
FF	£	£	£	FF

Beispielsweise erhält man den optimalen Wechselkurs zwischen FF und $ durch die Folge FF – £ – DM – $ zum Kurs von $13{,}7195 \cdot 0{,}08989 \cdot 3{,}9796 = 4{,}9079$ FF je $.

Es kann vorkommen, daß man über verschiedene Währungen mehr von der Ausgangswährung erzielen kann, als man eingesetzt hat. In diesem Fall liegt eine *wesentliche Schleife* vor. Man erkennt sie in der Lösung daran, daß die entsprechenden Diagonalelemente $d_{ii}^{(n)}$ kleiner als Eins sind.

In der Praxis des Devisenhandels gibt es einige Nebenbedingungen die hier nicht berücksichtigt wurden. Beispielsweise bestehen Rundungsusancen, nach denen nur ganze Vielfache von runden Beträgen gehandelt werden. Diese und weitere Details seien den spezielleren Arbeiten vorbehalten.

KAPITEL 6

Das Traveling Salesman Problem

6.1. Allgemeines

Unter den Reihenfolgeproblemen hat das *Traveling Salesman Problem* eine besondere Bedeutung. Aus diesem Grund ist ihm der meiste Platz dieses Buches gewidmet. Häufig werden sogar die Begriffe *Reihenfolgeproblem* und *Traveling Salesman Problem* synonym verwendet.

Beim Traveling Salesman Problem ist nach der optimalen, d.h. kürzesten, schnellsten oder kostenminimalen Reiseroute von einem Startort über eine Anzahl vorgegebener Orte zurück zum Startort gefragt. Dieses sehr einfach erscheinende Problem hat sich bisher als außerordentlich hartnäckig gegenüber einer exakten Lösung erwiesen. Auch in diesem Buch wird kein Verfahren angegeben werden können, mit dem man große Traveling Salesman Probleme mit wirtschaftlich vertretbarem Aufwand exakt lösen kann. Spätestens bei Problemen mit etwa 40 bis 80 Orten scheitern alle bisher bekannten Verfahren wegen des mit der Problemgröße progressiv steigenden Rechenaufwands. Allerdings gibt es gute *heuristische Verfahren*, mit denen man auch bei wesentlich größeren Problemen zumindest eine nahezu optimale Lösung erhält.

Das Traveling Salesman Problem gehört zur Gruppe der Reihenfolgeprobleme vom *Typ AK* (vgl. Abschnitt 1.2). Es ist dadurch gekennzeichnet, daß alle Orte besucht werden müssen und die Kosten zwischen diesen Orten bekannt und konstant sind.

Das Traveling Salesman Problem tritt nicht nur für den im Namen enthaltenen Handlungsreisenden auf. Vielmehr hat es eine wesentlich größere wirtschaftliche Bedeutung für die Fahrtroutenplanung von Fahrzeugen, beispielsweise für die Belieferung von Einzelhandelsbetrieben von Warenhaus- oder Lebensmittelkonzernen mit einem zentralen LKW-Park sowie für die Auslieferung von Waren aller Art an Kunden, z.B. von Benzin an Tankstellen, von Heizöl an die Verbraucher, von Postpaketen an die Empfänger.

Ferner lassen sich einige Probleme der industriellen Fertigung als Traveling Salesman Problem formulieren. Am bekanntesten ist das *Umrüstkostenproblem.* Hier ist eine Anzahl verschiedener Produkte oder

Aufträge nacheinander auf derselben Maschine zu bearbeiten. Dabei seien die Umrüstkosten von der jeweiligen Aufeinanderfolge zweier Aufträge abhängig. Gesucht ist die Folge mit insgesamt geringsten Umrüstkosten. Die Umrüstkosten entsprechen im mathematischen Modell genau den Entfernungen zwischen je zwei Orten des Traveling Salesman Problems. Allerdings werden die Umrüstkosten im allgemeinen nicht in beiden Richtungen gleich sein. Derartige Reihenfolgeprobleme der Fertigung treten insbesondere in Färbereibetrieben, beispielsweise bei der Glaserzeugung auf, wo ein Übergang auf hellere Erzeugnisse sehr hohe Kosten zur Reinigung der Anlage erfordern.

6.2. Geschichte der Methoden zur Lösung des Traveling Salesman Problems

Das Traveling Salesman Problem tritt bei so vielen Tätigkeiten des Alltags auf, daß sich möglicherweise schon vor Jahrhunderten oder Jahrtausenden einzelne Menschen mit dem Problem befaßt, wenn auch keinen systematischen Lösungsgang gefunden haben.

Es läßt sich kaum feststellen, wann das Problem erstmals von Mathematikern erwähnt und formuliert wurde. Nach Flood [54] wurde es erstmals 1934 von H. Whitney in einem Vortrag erwähnt. Von Ball [11] wurde es 1939 als „Hamiltonian Game" angegeben.

Erst im Zusammenhang mit der Entwicklung und Verbreitung des Operations Research wurde das Traveling Salesman Problem häufiger und intensiver untersucht. Einmal ist es ein typisches Optimierungsproblem sowohl der industriellen als auch der militärischen Praxis. Zum anderen stellt es eine für den Mathematiker, insbesondere für den Algorithmiker äußerst reizvolle Aufgabe dar.

In einer großen Anzahl von Aufsätzen sind viele verschiedene Lösungsverfahren vorgeschlagen worden. Viele Autoren beschreiben Näherungsverfahren, mit denen häufig zwar gute, aber nicht mit Sicherheit optimale Lösungen erzielt werden. Diese Arbeiten werden im Abschnitt 6.6 zitiert werden.

Ackoff [1] und Hellmich [78] versuchen, die enge Verwandtschaft des Traveling Salesman Problems mit dem *Zuordnungsproblem der linearen Planungsrechnung* auszunutzen, indem sie das Zuordnungsproblem lösen und anschließend die dabei entstehenden Kurzzyklen zu einer einzigen Rundreise kombinieren. Hiermit wird nur selten die optimale Lösung gefunden (vgl. Abschnitt 6.4.2).

Hardgrave und Nemhauser [73] führten das Traveling Salesman Problem in das Problem des *längsten Weges mit Knotenrestriktion* (Abschnitt 5.4.1) über. Das bringt jedoch keinen Vorteil, da jenes Problem ebenfalls nicht mit angemessenem Aufwand zu lösen ist.

In einigen Arbeiten wurden verschiedene Ansätze der *ganzzahligen linearen Planungsrechnung* vorgeschlagen. Hierauf wird im Abschnitt 6.4.1 eingegangen. Wegen der Ganzzahligkeitsbedingung für die Variablen sind diese Ansätze nur begrenzt brauchbar.

In den letzten Jahren ist den *Entscheidungsbaumverfahren* mehr Bedeutung zugemessen worden. Von Bellman [15] und Gonzales [67] wurde 1962 die *dynamische Planungsrechnung* zur Lösung des Traveling Salesman Problems empfohlen. Auch Held und Karp [76, 77] verwenden diese Methode. Jedoch lassen sich auch auf Großrechenanlagen nur Probleme mit bis zu 13 Orten mit diesem Verfahren lösen. Bei mehr Orten ist eine Dekomposition des Problems erforderlich.

Größere Bedeutung hat das 1963 von Little, Murty, Sweeney und Karel [116] beschriebene *Branching and Bounding*-Verfahren erhalten. Es sind mit ihm Probleme mit bis zu 40 Orten gelöst worden.

Schließlich gehören die Methoden der *begrenzten Enumeration* in die gleiche Gruppe der Lösungsverfahren. Vier verschiedene Versionen sollen hier beschrieben werden. Mit ihnen lassen sich je nach der Datenstruktur Probleme bis zur Größe von 40 bis 80 Orten in vertretbarer Rechenzeit lösen. Drei dieser Versionen wurden bereits vom Verfasser veröffentlicht [139], konnten jedoch in der Zwischenzeit noch verbessert werden.

Ein ausführlicherer Überblick über die älteren Lösungsansätze ist bei Arnoff und Sengupta [6] zu finden. Zur ergänzenden Übersicht über die neueren Entwicklungen sei auf die Arbeiten von Balinski [10], Bellmore und Nemhauser [17], Lawler und Wood [112] und vom Verfasser [139] verwiesen.

6.3. Ein Demonstrationsbeispiel

Die in diesem Kapitel beschriebenen Verfahren zur Lösung des Traveling Salesman Problems sollen alle an demselben Zahlenbeispiel erläutert werden. Es sei die kürzeste Rundreise vom Ort A über die sechs Orte B bis G zurück zu A gesucht. Die geographische Lage dieser Orte sowie die Entfernungen der direkten Wegverbindungen sind in der Abb. 6.1 angegeben. Die Entfernungen zwischen zwei Orten sind in beiden Richtungen nicht genau gleich.

In der Tabelle 6.1 sind die Entfernungen zwischen allen Orten angegeben. Die Werte für die direkten Wegverbindungen sind identisch mit denen aus der Abb. 6.1. Die übrigen Entfernungen ergeben sich aus dem kürzesten Weg über die Zwischenstationen, teilweise abzüglich geringer Korrekturen für abgekürzte Ortsumgehungen. So beträgt beispielsweise die Entfernung von D nach B über G und F nicht $11+6+13=30$, sondern nur 28 Einheiten. Die Entfernungen von einem Ort zu sich

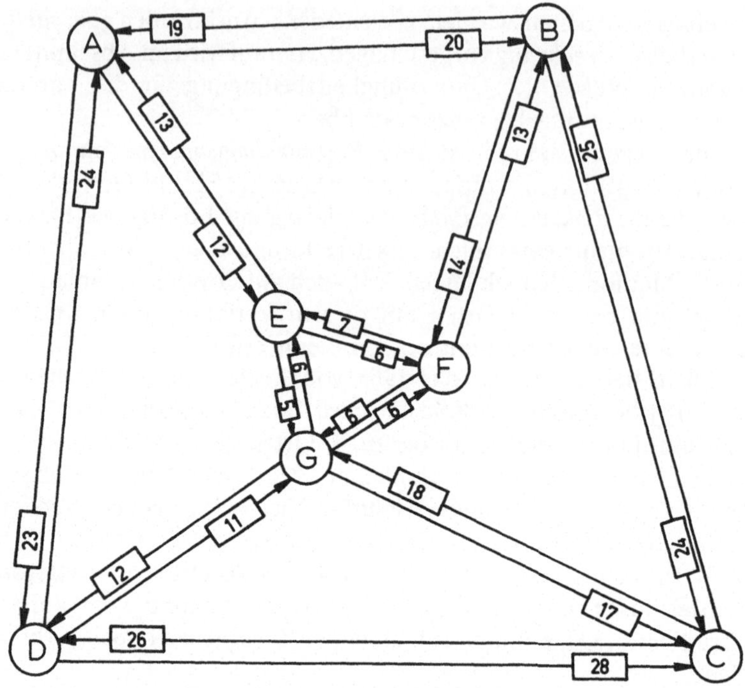

Abb. 6.1. Geographische Lage der Orte A bis G, zwischen denen die kürzeste Rundreise gesucht ist. Die an den Pfeilen angegebenen Entfernungen (oder Reisekosten) zwischen je zwei Orten sind in beiden Richtungen teilweise ungleich

selbst sind mit ∞ eingesetzt, da diese Beziehungen nicht in den Rundreisen auftreten werden. (Die gleiche Entfernungsmatrix wurde im Abschnitt 3.2 im Zusammenhang mit dem Zuordnungsproblem der linearen Planungsrechnung zur Demonstration verwendet.) Die optimale Lösung dieses Beispiels lautet: $A-B-C-D-G-F-E-A$ mit der Weglänge von $D=107$ Einheiten. Diese Lösung ist gesucht.

Tabelle 6.1. *Entfernung zwischen allen Orten A bis G*

von \ bis	*A*	*B*	*C*	*D*	*E*	*F*	*G*
A	∞	20	33	23	12	18	16
B	19	∞	24	31	20	14	20
C	35	25	∞	26	23	22	18
D	24	28	28	∞	16	16	11
E	13	23	22	17	∞	6	5
F	20	13	22	18	7	∞	6
G	19	19	17	12	6	6	∞

In den weiteren Behandlungen dieses Zahlenbeispiels wird statt Entfernungen einheitlich der Begriff „*Kosten*" verwendet. Dieser Begriff ist als allgemeiner Ausdruck für diejenige Größe zu verstehen, die minimiert werden soll. Dieses können tatsächliche Kosten sein oder auch Entfernungen (Reisekilometer) oder Fahrzeiten usw. Das obige Problem könnte man auch dadurch in ein Problem der Minimierung von wirklichen Kosten umwandeln, indem man die Entfernungen mit einem einheitlichen Kostensatz multipliziert. Diese begriffliche Normierung hat die Vorteile der einheitlichen Darstellung der Rechenverfahren und der besseren Interpretierbarkeit der mathematischen Operationen.

6.4. Lösungsansätze mit ganzzahliger linearer Planungsrechnung

6.4.1. Die Formulierung des Traveling Salesman Problems als Problem der ganzzahligen linearen Planungsrechnung

Es gibt verschiedene Möglichkeiten, das Traveling Salesman Problem mathematisch zu formulieren. Einige davon führen zu Problemen der ganzzahligen linearen Planungsrechnung, von denen eines hier angegeben werden soll. Die gleiche Formulierung findet man u.a. bei Arnoff und Sengupta [6] und beim Verfasser [139].

Es seien mit d_{ij} die Kosten für den Weg von i nach j bezeichnet. Ferner sei mit $x_{ij}=1$ bzw. mit $x_{ij}=0$ gekennzeichnet, ob die Folge $i-j$ in einer Lösung enthalten ist oder nicht. Die Zahl der zu durchreisenden Orte einschließlich des Ausgangsortes sei n.

Da der Weg mit den geringsten Kosten gesucht ist, lautet die Zielfunktion:

$$\text{Minimiere } D=\sum_i \sum_j d_{ij}\, x_{ij}.$$

Jeder Ort muß einmal angereist werden. Also gilt für jeden Ort j die Bedingung:

$$\sum_i x_{ij}=1 \qquad \text{für } j=1,2,\ldots,n.$$

Außerdem muß man von jedem Ort einmal zu einem anderen Ort fahren. Für jeden Ort i gilt also:

$$\sum_j x_{ij}=1 \qquad \text{für } i=1,2,\ldots,n.$$

Die eben bereits erwähnte Grenz-, Ganzzahligkeits- und Nichtnegativitätsbedingung für alle x_{ij} lautet:

$$x_{ij}=\begin{cases}0\\1\end{cases}$$

oder

$$x_{ij}=x_{ij}^2$$

oder

$$0\leqq x_{ij}\leqq 1, \text{ ganzzahlig}.$$

Bis jetzt ist die Formulierung des Problems identisch mit der des Zuordnungsproblems der linearen Planungsrechnung (Abschnitt 3.2). Die bisherigen Nebenbedingungen bewirken lediglich, daß jeder Ort sowohl einen Nachfolger als auch einen Vorgänger erhält. Sie verhindern nicht das Auftreten von Kurzzyklen. Eine Lösung des obigen Beispiels mit diesen Nebenbedingungen führt auf die Kurzzyklen $A-E-F-B-A$ und $C-D-G-C$ (vgl. Abschnitt 3.2). Durch zahlreiche weitere Ungleichungen lassen sich alle Kurzzyklen ausschließen. Diese Ungleichungen lauten:

$$x_{k_1k_2}+x_{k_2k_3}+\cdots+x_{k_mk_1}\leqq m-1$$

$$\text{für } m=2,3,\ldots,\begin{cases}\dfrac{n-1}{2}, & \text{falls } n \text{ ungerade}\\[2ex] \dfrac{n}{2}, & \text{falls } n \text{ gerade.}\end{cases}$$

Für jedes m gibt es $\binom{n}{m}\cdot(m-1)!$ derartige Ungleichungen. Dabei sind mit den Indizes k_1 bis k_m alle möglichen Untermengen mit m aus n Orten zu erfassen.

Für $m=1$ würden diese Bedingungen lauten:

$$x_{jj}\leqq 0.$$

Sie verhindern das Auftreten von Kurzzyklen innerhalb eines Ortes. Diese wurden schon dadurch verhindert, daß die entsprechenden Diagonalelemente d_{jj} der Kostenmatrix gleich unendlich gesetzt wurden.

Für $m=2$ lauten die Zyklusbedingungen:

$$x_{ij}+x_{ji}\leqq 1.$$

Sie verhindern Kurzzyklen zwischen je zwei Orten. Beim obigen Beispiel mit sieben Orten sind 21 derartige Ungleichungen aufzustellen.

Für $m=3$ bestehen diese Bedingungen aus je drei Variablen:

$$x_{hi}+x_{ij}+x_{jh}\leqq 2.$$

Durch sie werden dreielementige Kurzzyklen verhindert. Man braucht im obigen Beispiel bereits 70 Ungleichungen dieser Art.

In Problemen mit sieben Orten werden somit $21+70=91$ Zyklusbedingungen benötigt. Bei $n=13$ Orten sind es bereits 241 738 Bedingungen; die Zahl der Variablen beträgt 169. Derartig große *Probleme* der *ganzzahligen linearen Planungsrechnung* lassen sich mit den heutigen Lösungsmethoden nicht annähernd lösen. Selbst ohne die Ganzzahligkeitsbedingung sind so große Probleme nur schwer zu behandeln. Die

Methoden der *ganzzahligen linearen Planungsrechnung* scheitern aber viel früher. Allerdings ist dafür weniger die Zahl der Nebenbedingungen als die Zahl der ganzzahligen Variablen entscheidend.

Lösungsansätze dieser oder ähnlicher Art sind u.a. von Dantzig, Fulkerson und Johnson [39, 40], von Miller, Tucker und Zemlin [125] sowie von Martin [119] angegeben. Zur Lösung des Problems stellen diese Autoren anfangs nicht alle Nebenbedingungen auf, sondern nur einen kleinen Teil. Falls die damit gefundene Lösung Kurzzyklen enthält, werden die entsprechenden Bedingungen, die diese Kurzzyklen verhindern, zusätzlich eingefügt und eine neue Lösung berechnet. Dieses wird fortgesetzt, bis eine geschlossene Rundreise gefunden ist.

Besonders deutlich ist diese Vorgehensweise von Martin beschrieben, der allerdings anders strukturierte Nebenbedingungen verwendet. Er berichtet über vielversprechende Rechenergebnisse, macht jedoch keine ausreichenden Angaben über Rechenzeiten. Ferner ist es fraglich, wie gut sich das Aufstellen und Einfügen jeweils neuer Nebenbedingungen für einen Rechenautomaten programmieren läßt.

6.4.2. Die Verwandtschaft zum Zuordnungsproblem der linearen Planungsrechnung

Sehr eng mit dem Traveling Salesman Problem verwandt ist das *Zuordnungsproblem der linearen Planungsrechnung*, worauf bereits hingewiesen wurde. Es läßt sich mit der im Abschnitt 4.2 beschriebenen Methode in sehr kurzer Rechenzeit lösen. Aus diesem Grund wird das dortige Verfahren oft auch zur Lösung des Traveling Salesman Problems herangezogen. Beispielsweise haben Ackoff [1] und Hellmich [78] vorgeschlagen, zunächst das Zuordnungsproblem (ohne die Kurzzyklen verhindernden Ungleichungen) zu lösen und die sich dabei ergebenden Kurzzyklen anschließend zusammenzufügen. Diese Koppelung kann, wie sich an Beispielen schnell prüfen läßt, dann auf gute Ergebnisse führen, wenn die Zahl der Kurzzyklen gering ist. Bei einer großen Zahl an Kurzzyklen erhält man durch ihre Koppelung meistens schlechte Lösungen.

Im obigen Beispiel führt die Lösung des Zuordnungsproblems auf die genannten Kurzzyklen $A-E-F-B-A$ und $C-D-G-C$. Die Rechnung dazu ist im Abschnitt 3.2 durchgeführt worden. Der beste Zusammenschluß beider Kurzzyklen nach Hellmich besteht in der nicht optimalen Reihenfolge $A-E-G-C-D-F-B-A$ mit den Kosten von $D=108$ Einheiten.

Auch bei verschiedenen anderen Verfahren, u. a. auch beim *Branching and Bounding* und bei der *begrenzten Enumeration* werden die Beziehungen zwischen dem Traveling Salesman Problem und dem Zuordnungsproblem vorteilhaft genutzt.

Die Zahl der Kurzzyklen hängt sehr stark von der Symmetrie des Problems ab. Bei überwiegend *symmetrischen Problemen* ($d_{ij} = d_{ji}$) ist die Zahl der Kurzzyklen meistens ungefähr gleich $n/2$. Hier bilden je zwei direkt benachbarte Elemente einen Kurzzyklus. In diesem Fall liegen die Kosten der Lösung des Zuordnungsproblems fast immer sehr weit unter denen der Lösung des Traveling Salesman Problems. Entsprechend ist auch nur eine geringe Übereinstimmung beider Lösungen (ausgedrückt durch die Zahl der gleichen Verbindungen) zu erwarten. Bei stark *unsymmetrischen Problemen* liegt man dagegen mit der Lösung des Zuordnungsproblems häufig schon in der Nähe der Lösung des Traveling Salesman Problems. Diese Beziehungen schlagen sich auch in den für die Entscheidungsbaumverfahren erforderlichen Rechenzeiten nieder. Das wird später noch genauer erläutert.

6.5. Die Lösung des Traveling Salesman Problems durch vollständige Enumeration

Ohne prinzipielle Schwierigkeiten ließe sich das *Traveling Salesman Problem* durch *vollständige Enumeration* lösen, d.h. durch Berechnen aller Rundreisewege und Auswahl des besten. Jedoch wird schon bei relativ kleinen Problemen der Rechenaufwand unvertretbar groß, so daß diese Vorgehensweise für die praktische Anwendung ausscheidet. Da der Start- und Zielort gegeben ist, gibt es bei insgesamt n Orten $(n-1)!$ mögliche Rundreisen (vgl. Abschnitt 2.2, insbesondere Tabelle 2.2).

Das Prinzip der Vollenumeration wurde im Abschnitt 4.2 ausführlich an Reihenfolgeproblemen vom *Typ AK* erläutert. Die dortigen Angaben lassen sich direkt auf das Traveling Salesman Problem anwenden.

Für das Zahlenbeispiel aus dem Abschnitt 6.3 wären bereits $6! = 720$ Reihenfolgen zu berechnen gewesen, wozu 1957 Bauschritte (vgl. Tabelle 2.2) erforderlich sind. Schon bei weniger als 20 Orten würde die Vollenumeration eine Rechenzeit benötigen, die jedes wirtschaftlich vertretbare Maß überschreitet (vgl. Abschnitt 4.2).

Nur für relativ kleine Probleme garantieren die *Entscheidungsbaumverfahren* (vgl. Abschnitt 4.3), die im Prinzip verkürzte Enumerationsverfahren sind, gegenüber der Vollenumeration eine solche Verringerung des Rechenaufwandes, daß ihr Einsatz noch sinnvoll ist. In vielen Fällen ist man auf *heuristische Verfahren* angewiesen. Sie werden daher zuerst behandelt.

6.6. Heuristische Verfahren zur Lösung des Traveling Salesman Problems

Es gibt eine große Anzahl verschiedener *heuristischer Verfahren* zur Lösung des Traveling Salesman Problems. Nur einige davon, die sich in numerischen Untersuchungen besonders bewährt haben, sollen hier im Detail beschrieben werden. Die anderen werden nur kurz erwähnt. Bei der Beschreibung der Verfahren wird in *Eröffnungsverfahren* und *suboptimierende Iterationsverfahren* (vgl. Abschnitt 4.4) untergliedert. Über einige Rechenerfahrungen wird im Abschnitt 6.8.2 berichtet.

6.6.1. Eröffnungsverfahren

Zwei Eröffnungsverfahren sollen hier ausführlich dargestellt werden, und zwar das *Verfahren des besten Nachfolgers* und das *Verfahren der sukzessiven Einbeziehung von Stationen* (vgl. [129, 139]). Andere Näherungsverfahren werden im Anschluß daran kurz erläutert.

Zunächst sei das *Verfahren des besten Nachfolgers* betrachtet. Dieses Verfahren ist sehr alt und wahrscheinlich vor seiner ersten Veröffentlichung bereits vielfach in der Praxis der Reihenfolgeplanung angewandt worden. Seine Eignung für spezielle Probleme wurde besonders von Gavett [60] untersucht.

Bei diesem Verfahren beginnt man mit einem beliebigen Ort, sucht für diesen den günstigsten Folgeort und für diesen dann wiederum den besten Nachfolger unter den noch nicht verplanten Orten. Dieses wird dann fortgesetzt bis zum letzten Ort, dessen Nachfolger der Ausgangsort ist.

Das Verfahren ist an dem obigen Beispiel in der Tabelle 6.2 vorgeführt. Nach der laufenden Nummer in der ersten Spalte und der Anzahl der Orte in der zweiten Spalte enthält die dritte Spalte die gegenwärtige Teilfolge. Es folgen die Kostenrechnung in der vierten Spalte mit Angabe der ausgewählten Bestfolge (*) sowie die Gesamtkosten der Bestfolge in der fünften Spalte. Die Kosten der gefundenen Folge $A-E-G-F-B-C-D-A$ betragen $D=110$ Einheiten.

Typisch für dieses Verfahren ist, daß man zu Beginn eine breite Auswahl hat, die im Laufe der fortschreitenden Rechnung immer kleiner wird. Der „*Freiheitsgrad*" sinkt mit dem Fortschritt des Verfahrens. Die Anzahl der Rechenschritte (Zeilen in der Tabelle 6.2) bei n Orten beträgt $\frac{n(n-1)}{2}$, bei 7 Orten also 21, bei 20 Orten 190 und bei 100 Orten 4950.

Statt mit dem Ort A kann man das Verfahren des besten Nachfolgers auch mit einem beliebigen Ort beginnen, so daß man bis zu n verschiedene Lösungen erhalten kann. Ferner kann man statt der Nachfolger die besten Vorgänger suchen, was bis zu weiteren n Lösungen führt. Weiterhin wäre es möglich, jeweils unter allen möglichen Vorgängern *und* allen möglichen Nachfolgern den besten Ort zu wählen.

Als zweites sei das *Verfahren der sukzessiven Einbeziehung von Stationen* behandelt. Nach Angermann [4], S. 137, wurde es erstmals von

Tabelle 6.2. *Durchführung des Verfahrens des besten Nachfolgers*

Nr.	Zahl der Orte	(Teil-)Folge	Kosten-zuwachs	Gesamt-kosten
1	2	$A-B$	$d_{AB}=20$	
2		$A-C$	$d_{AC}=33$	
3		$A-D$	$d_{AD}=23$	
4		$A-E$	$d_{AE}=12$*	12
5		$A-F$	$d_{AF}=18$	
6		$A-G$	$d_{AG}=16$	
7	3	$A-E-B$	$d_{EB}=23$	
8		$A-E-C$	$d_{EC}=22$	
9		$A-E-D$	$d_{ED}=17$	
10		$A-E-F$	$d_{EF}=6$	
11		$A-E-G$	$d_{EG}=5$*	17
12	4	$A-E-G-B$	$d_{GB}=19$	
13		$A-E-G-C$	$d_{GC}=17$	
14		$A-E-G-D$	$d_{GD}=12$	
15		$A-E-G-F$	$d_{GF}=6$*	23
16	5	$A-E-G-F-B$	$d_{FB}=13$*	36
17		$A-E-G-F-C$	$d_{FC}=22$	
18		$A-E-G-F-D$	$d_{FD}=18$	
19	6	$A-E-G-F-B-C$	$d_{BC}=24$*	60
20		$A-E-G-F-B-D$	$d_{BD}=31$	
21	7	$A-E-G-F-B-C-D-A$	$d_{CD}+d_{DA}=50$*	110

Boldyreff [21] beschrieben. Sehr ähnlich sind die Methoden von Thüring [164] sowie von Woitschach und Elsässer [175]. Ferner ist es identisch mit dem vom Verfasser in [133] dargestellten Näherungsverfahren für das Zuordnungsproblem der linearen Planungsrechnung.

Dieses Verfahren fängt mit der Betrachtung von zwei in der Kostenmatrix benachbarten Orten, z.B. A und B, an. Zwischen diesen wird der Zyklus $A-B-A$ mit den Kosten $d_{AB}+d_{BA}$ gebildet. Nun wird der dritte Ort bestmöglich in diesen Zyklus eingefügt. Es gibt die zwei folgenden Möglichkeiten $A-C-B-A$ mit den zusätzlichen Kosten $d_{AC}-d_{AB}+d_{CB}$ und $A-B-C-A$ mit den Mehrkosten $d_{BC}-d_{BA}+d_{CA}$. Die günstigere Folge wird gewählt. In diese Folge wird der Ort D an der günstigsten von drei alternativen Stellen eingefügt. Für den Ort E gibt es bereits vier, für F fünf und für G sechs Möglichkeiten, von denen jeweils die beste gewählt wird.

In der Tabelle 6.3 ist dieses Verfahren am obigen Beispiel vorgeführt. Nach der laufenden Nummer und der Zahl der im Zyklus enthaltenen Orte in den beiden ersten Spalten folgen der Zyklus, dann der Kostenzuwachs gegenüber dem auf der Vorstufe gewählten Bestzyklus, der durch einen Stern gekennzeichnet ist. In der fünften Spalte sind die Gesamtkosten des jeweiligen Bestzyklusses angegeben. Die Kosten der beiden günstigsten Folgen $A-E-F-G-D-C-B-A$ sowie $A-E-F-D-G-C-B-A$ betragen je $D=108$ Einheiten.

Für dieses Verfahren ist charakteristisch, daß man zu Beginn keine Auswahl zwischen verschiedenen Alternativen hat, daß aber die Zahl der Alternativen im Laufe der fortschreitenden Rechnung auf $(n-1)$ zunimmt. Der „Freiheitsgrad" steigt mit dem Fortschritt des Verfahrens. Die Anzahl der Rechenschritte (Zeilen in der Tabelle 6.3) ist wie beim vorhergehenden Verfahren gleich $\frac{n(n-1)}{2}$.

Tabelle 6.3. *Durchführung des Verfahrens der sukzessiven Einbeziehung von Stationen*

Nr.	Zahl der Orte	Zyklus	Kostenzuwachs	Gesamtkosten
1	2	$A-B-A$	$d_{AB}+d_{BA} \quad =39^*$	39
2	3	$A-B-C-A$	$d_{BC}-d_{BA}+d_{CA}=40$	
3		$A-C-B-A$	$d_{AC}-d_{AB}+d_{CB}=38^*$	77
4	4	$A-D-C-B-A$	$d_{AD}-d_{AC}+d_{DC}=18^*$	95
5		$A-C-D-B-A$	$d_{CD}-d_{CB}+d_{DB}=29$	
6		$A-C-B-D-A$	$d_{BD}-d_{BA}+d_{DA}=36$	
7	5	$A-E-D-C-B-A$	$d_{AE}-d_{AD}+d_{ED}=6^*$	101
8		$A-D-E-C-B-A$	$d_{DE}-d_{DC}+d_{EC}=10$	
9		$A-D-C-E-B-A$	$d_{CE}-d_{CB}+d_{EB}=21$	
10		$A-D-C-B-E-A$	$d_{BE}-d_{BA}+d_{EA}=14$	
11	6	$A-F-E-D-C-B-A$	$d_{AF}-d_{AE}+d_{FE}=13$	
12		$A-E-F-D-C-B-A$	$d_{EF}-d_{ED}+d_{FD}=7^*$	108
13		$A-E-D-F-C-B-A$	$d_{DF}-d_{DC}+d_{FC}=10$	
14		$A-E-D-C-F-B-A$	$d_{CF}-d_{CB}+d_{FB}=10$	
15		$A-E-D-C-B-F-A$	$d_{BF}-d_{BA}+d_{FA}=15$	
16	7	$A-G-E-F-D-C-B-A$	$d_{AG}-d_{AE}+d_{GE}=10$	
17		$A-E-G-F-D-C-B-A$	$d_{EG}-d_{EF}+d_{GF}=5$	
18		$A-E-F-G-D-C-B-A$	$d_{FG}-d_{FD}+d_{GD}=0^*$	108
19		$A-E-F-D-G-C-B-A$	$d_{DG}-d_{DC}+d_{GC}=0^*$	108
20		$A-E-F-D-C-G-B-A$	$d_{CG}-d_{CB}+d_{GB}=12$	
21		$A-E-F-D-C-B-G-A$	$d_{BD}-d_{BA}+d_{GA}=20$	

Statt mit dem Kurzzyklus der ersten beiden Orte $A-B-A$ kann man dieses Verfahren mit zwei beliebigen aufeinanderfolgenden Orten beginnen. Man würde dadurch bis zu n verschiedenen Lösungen erhalten, von denen dann die beste zu wählen wäre. Man könnte sogar mit den $\frac{n(n-1)}{2}$ verschiedenen Kurzzyklen aller möglichen Paare von Orten beginnen, was auf noch mehr unterschiedliche Lösungen führen wird.

Wie später noch an Hand numerischer Untersuchungen belegt wird, führt das *Verfahren der sukzessiven Einbeziehung von Stationen* meistens auf sehr viel bessere Lösungen als das *Verfahren des besten Nachfolgers.* Der Grund liegt in dem zunehmenden „Freiheitsgrad" bei diesem und im abnehmenden „Freiheitsgrad" bei jenem Verfahren. Eine Kombination von beiden Verfahren hat der Verfasser in [129], S. 297f. skizziert.

Eine spezielle Form des Verfahrens der sukzessiven Einbeziehung von Stationen hat Thüring [164] entwickelt. Er geht von einem äußeren Rundweg (im obigen Problem beispielsweise $A-B-C-D-A$) aus und fügt diesem sukzessiv die inneren Orte ein. Er behauptete, daß sein Verfahren stets zum Optimum führt, wurde von Bydekarken [30] und Küster [107] widerlegt und erklärte dann in [165] die mit seinem Verfahren nicht exakt gelösten Probleme als seltene „Sonderfälle", die sich allerdings im konkreten Fall nicht als solche erkennen lassen. Über die Häufigkeit, mit der solche Sonderfälle auftreten, d.h. sein Verfahren nicht zum Optimum führt, macht Thüring keine Angaben. Angermanns Behauptung ([4], S. 141), daß Thüring durch sein Verfahren „den wohl wichtigsten Beitrag zur Lösung des Traveling Salesman Problems geleistet" habe, erscheint übertrieben.

Eine Verfeinerung des *Verfahrens der sukzessiven Einbeziehung von Stationen* besteht darin, daß man mit dem kostenminimalen Kurzzyklus zweier Orte i und j $(i \neq j)$ mit den Kosten $\min_{i,j}\{c_{ij}+c_{ji}\}$ beginnt. Das wäre im Beispiel $E-G-E$ mit 11 Kosteneinheiten. Hierzu hätte man $\frac{n(n-1)}{2}=21$ Kurzzyklen zu prüfen. Als nächstes wird in diesen Zyklus derjenige Ort eingefügt, der mit den bereits gewählten Orten den kürzesten Dreierzyklus bildet. Man erhielte den Zyklus $E-F-G-E$ (bzw. den gleich guten Zyklus $E-G-F-E$) mit den Kosten von 18 Einheiten. Hierzu sind $2(n-2)=10$ Alternativen zu berechnen. Nun wird für diesen Zyklus wiederum der Ort mit dem geringsten Kostenzuwachs eingefügt, wobei $3(n-3)=12$ Möglichkeiten untersucht werden müssen.

Die Zahl der insgesamt zu berücksichtigenden Alternativen beträgt bei n Orten (vgl. [129], S. 279):

$$\frac{n(n-1)}{2}+\sum_{k=2}^{n-2} k(n-k)=\frac{n^3}{6}+\frac{n^2}{2}-\frac{5n}{3}+1.$$

Bei $n=7$ Orten sind genau 71 Alternativen zu berechnen. Bei 20 Orten sind es schon 1501 und bei 100 Orten bereits 171501 verschiedene Möglichkeiten. Die Versuche mit diesem aufwendigen Verfahren ergeben keine signifikant besseren Lösungen gegenüber dem einfacheren Verfahren.

Ferner wurde mit dem *Verfahren der Zeilenminima* (vgl. [132]) experimentiert. Dieses ist dem des besten Nachfolgers ähnlich, arbeitet jedoch die Zeilen der Kostenmatrix in der vorliegenden Reihenfolge ab. Da die Rechenergebnisse schlecht waren, soll dieses Verfahren hier nicht weiter behandelt werden.

Zwei weitere Eröffnungsverfahren wurden von Näherungsverfahren für das Transportproblem der linearen Planungsrechnung abgeleitet, und zwar vom *Verfahren mit Auswahl der kleinsten Matrixelemente* und von *Vogel's Approximation Method* (*VAM*) (vgl. [132]). Sie scheinen jedoch trotz relativ hohen Rechenaufwands keine besseren Lösungen als die besprochenen Verfahren zu bringen. Ebenfalls aufwendig ist Habrs von Göttner [64] auf das Traveling Salesman Problem angewandte Frequenzmethode. Weitere Eröffnungsverfahren sind die im Abschnitt 6.4.2 erwähnten Verfahren von Ackoff und Hellmich.

6.6.2. Suboptimierende Iterationsverfahren

Die mit den Eröffnungsverfahren gefundenen Lösungen sind häufig noch recht weit von der Optimallösung entfernt. Zur iterativen Verbesserung solcher Lösungen sind in der Literatur mehrere Verfahren vorgeschlagen worden. Jedoch garantieren diese Iterationsverfahren nicht die optimale Lösung.

Man kann von einer beliebigen Lösung aus durch Vertauschen von Elementen der Reihenfolge in einem Schritt zu der Optimallösung gelangen. Jedoch gibt es $(n-1)!-1$ derartige Tauschkombinationen, also genau eine weniger, als es Lösungen gibt. Die suboptimierenden Iterationsverfahren bestehen im wesentlichen darin, daß sie einen bestimmten Typus von Tauschkombinationen zulassen. Ein sehr einfaches und relativ schnelles Verfahren ist die *Dreigruppenpermutation.* Sie ist vom Verfasser erstmals 1961 in [132] unter dem Namen *Dreifeldvariation* skizziert und später in [139] und [129] behandelt worden. Sie soll hier zuerst besprochen werden. Anschließend wird die *Viergruppenpermutation* beschrieben, die früher vom Verfasser [132] als *doppelte Zweifeldvariation* bezeichnet und ebenfalls in [139] und [129] dargestellt wurde. Nach der Darstellung beider Verfahren werden andere aus der Literatur bekannte Iterationsverfahren beschrieben.

Bei dem Verfahren der *Dreigruppenpermutation* wird jeweils die bestehende Reihenfolge in drei Teilfolgen aufgeteilt, die in anderer Gruppierung zusammengesetzt werden. Die Zusammensetzung wird jedoch nur dann durchgeführt, wenn die neue Reihenfolge besser ist als die alte. Den Anstoß zur Aufspaltung in bestimmte Teilfolgen geben negative Elemente in der reduzierten Kostenmatrix. Diese ist aus der Ausgangsmatrix entstanden, deren Zeilen und Spalten in der Weise reduziert wurden, daß die Elemente der Zuordnungen gleich Null sind.

An dem bereits beschriebenen Beispiel soll die *Dreigruppenpermutation* erläutert werden. Als Ausgangslösung sei die relativ schlechte Reihenfolge $A-B-C-D-E-F-G-A$ mit den Kosten $D=117$ gewählt. Die entsprechenden Elemente der in der Tabelle 6.4 angegebenen Ausgangsmatrix sind unterstrichen.

Tabelle 6.4. *Ausgangsmatrix*

von \ bis	*A*	*B*	*C*	*D*	*E*	*F*	*G*
A	∞	<u>20</u>	33	23	12	18	16
B	19	∞	<u>24</u>	31	20	14	20
C	35	25	∞	<u>26</u>	23	22	18
D	24	28	28	∞	<u>16</u>	16	11
E	13	23	22	17	∞	<u>6</u>	5
F	20	13	22	18	7	∞	<u>6</u>
G	<u>19</u>	19	17	12	6	6	∞

Nun wird diese Matrix so reduziert, daß die unterstrichenen Elemente gleich Null werden. Dieses kann beispielsweise dadurch geschehen, daß die Beträge der unterstrichenen Elemente von den betreffenden Zeilen subtrahiert werden. Wie beim Zuordnungsproblem (vgl. Abschnitt 3.2) ändert sich durch diese Reduktion das Problem nicht. Die damit gewonnene neue Matrix ist in der Tabelle 6.5 gezeigt.

Tabelle 6.5. *Kostenmatrix nach der Reduktion um $D=117$ Einheiten*

von \ bis	*A*	*B*	*C*	*D*	*E*	*F*	*G*
A	∞	<u>0</u>	13	3	−8	−2	−4
B	−5	∞	<u>0</u>	7	−4	−10	−4
C	9	−1	∞	<u>0</u>	−3	−4	−8
D	8	12	12	∞	<u>0</u>	0	−5
E	7	17	16	11	∞	<u>0</u>	−1
F	14	7	16	12	1	∞	<u>0</u>
G	<u>0</u>	0	−2	−7	−13	−13	∞

Diese Matrix enthält außerordentlich viele negative Elemente. Eine Verringerung ihrer Zahl kann das Verfahren der Dreigruppenpermutation beschleunigen. Sie kann wie folgt erreicht werden. Addiert man beispielsweise eine 4 zur ersten Zeile und subtrahiert sie von der zweiten Spalte, so bleibt die unterstrichene Null erhalten, und es verschwinden zwei negative Elemente der ersten Zeile, wogegen nur ein neues negatives

Element in der zweiten Spalte entsteht. Aus gleichem Grund kann eine 5 zur zweiten und dritten Zeile hinzuaddiert und von der dritten und vierten Spalte subtrahiert werden. Diese und weitere Korrekturen sind in der Tabelle 6.6 vorgenommen. Die Korrekturen sind weitgehend willkürlich. Es ist nicht erforderlich, einen exakten Algorithmus zu entwickeln, der die Zahl der negativen Elemente auf das absolute Minimum reduziert. Die neue Matrix der Tabelle 6.6 enthält nur noch 7 gegenüber 17 negativen Elementen in der Tabelle 6.5.

Tabelle 6.6. *Kostenmatrix nach der Reduktion um D = 117 Einheiten und Verminderung der Zahl der negativen Elemente*

von \ bis	*A*	*B*	*C*	*D*	*E*	*F*	*G*
A	∞	$\underline{0}$	12	2	−5	2	3
B	−7	∞	$\underline{0}$	7	0	−5	4
C	7	0	∞	$\underline{0}$	1	1	0
D	2	9	8	∞	$\underline{0}$	1	−1
E	0	13	11	6	∞	$\underline{0}$	2
F	4	0	8	4	−3	∞	$\underline{0}$
G	$\underline{0}$	3	0	−5	−7	−6	∞

Die negativen Elemente dieser Matrix zeigen an, daß mit den ihnen entsprechenden Verbindungen möglicherweise eine Lösungsverbesserung zu erzielen ist. Die erste derartige Verbindung ist $A-E$. Um diese Verbindung in die bisherige Reihenfolge $A-B-C-D-E-F-G-A$ einzubauen, müssen auf jeden Fall die Anschlußverbindungen $A-B$ und $D-E$ aufgelöst werden. Dadurch entstehen die beiden Teilfolgen $B-C-D$ und $E-F-G-A$. Wenn die Verbindung $A-E$ in die Reihenfolge eingebaut werden soll, muß zur Vermeidung des dabei entstehenden Kurzzyklusses $A-E-F-G-A$ die zweite Teilfolge weiter in zwei Unterteilfolgen aufgespalten werden. In diese Kerbe wird bei der *Dreigruppenpermutation* die erste Teilfolge eingeschoben. Je nach ihrer Länge kann die zweite Teilfolge an unterschiedlich vielen Verbindungen aufgespalten werden.

Bei der *Dreigruppenpermutation* wird nacheinander für jedes negative Element der Matrix die bisherige Reihenfolge in zwei Teilfolgen aufgespalten. Dann wird die Folge, die den Kurzzyklus ergibt, nacheinander an allen in ihr enthaltenen Verbindungen alternativ aufgetrennt. Dadurch entstehen jeweils drei Teilfolgen, die in anderer Gruppierung aneinandergesetzt werden können. Ist der dadurch entstehende Kostenzuwachs negativ, so wird die neue Folge gebildet. In der Tabelle 6.7 ist bereits beim zweiten Versuch eine bessere Lösung gefunden.

Tabelle 6.7. *Erste Lösungsverbesserung durch Dreigruppenpermutation*

Verbindung mit $d_{ij}<0$	Teilfolge 1	2	3	Neue Reihenfolge	Kostenzuwachs
$A-E$	$B-C-D$	E	$F-G-A$	$A-E-B-C-D-F-G-A$	$d_{AE}+d_{EB}+d_{DF} = +9$
	$B-C-D$	$E-F$	$G-A$	$A-E-F-B-C-D-G-A$	$d_{AE}+d_{FB}+d_{DG} = -6$

Die verbesserte Reihenfolge lautet $A-E-F-B-C-D-G-A$ und hat die Kosten von $D=117-6=111$ Einheiten. Als nächstes wird die Kostenmatrix weiter reduziert, so daß die Elemente der in dieser neuen Folge enthaltenen Verbindung gleich Null sind. Dabei ist wiederum darauf zu achten, daß die Zahl der negativen Elemente möglichst klein bleibt. Man erhält die in der Tabelle 6.8 gezeigte Matrix aus der Matrix der Tabelle 6.6 durch Addition einer 5 in der Spalte von E und einer 1 in der Spalte von G. Sie enthält noch 5 negative Elemente.

Tabelle 6.8. *Kostenmatrix nach der ersten Lösungsverbesserung durch Dreigruppenpermutation (Gesamtreduktion D=111 Einheiten)*

von \ bis	A	B	C	D	E	F	G
A	∞	0	12	2	$\underline{0}$	2	4
B	−7	∞	$\underline{0}$	7	5	−5	5
C	7	0	∞	$\underline{0}$	6	1	1
D	2	9	8	∞	5	1	$\underline{0}$
E	0	13	11	6	∞	$\underline{0}$	3
F	4	$\underline{0}$	8	4	2	∞	1
G	$\underline{0}$	3	0	−5	−2	−6	∞

Wiederum wird jetzt eine Verbesserung durch *Dreigruppenpermutation* gesucht. Das erste negative Element ist das der Verbindung $B-A$. Für dieses erhält man beim zweiten Versuch eine Lösungsverbesserung, was aus der Tabelle 6.9 zu erkennen ist.

Tabelle 6.9. *Zweite Lösungsverbesserung durch Dreigruppenpermutation*

Verbindung mit $d_{ij}<0$	Teilfolge 1	2	3	Neue Reihenfolge	Kostenzuwachs
$B-A$	$C-D-G$	A	$E-F-B$	$A-C-D-G-E-F-B-A$	$d_{BA}+d_{AC}+d_{GE} = +3$
	$C-D-G$	$A-E$	$F-B$	$A-E-C-D-G-F-B-A$	$d_{BA}+d_{EC}+d_{GF} = -2$

Für die neue Reihenfolge $A-E-C-D-G-F-B-A$ betragen die Kosten $D=111-2=109$ Einheiten. Die entsprechend reduzierte und um negative Felder verringerte Matrix ist in der Tabelle 6.10 angegeben.

Tabelle 6.10. *Kostenmatrix nach der zweiten Lösungsverbesserung durch Dreigruppenpermutation (Gesamtreduktion $D=109$ Einheiten)*

von \ bis	*A*	*B*	*C*	*D*	*E*	*F*	*G*
A	∞	0	6	2	$\underline{0}$	2	4
B	$\underline{0}$	∞	1	14	12	2	12
C	7	0	∞	$\underline{0}$	6	1	1
D	2	9	2	∞	5	1	$\underline{0}$
E	−5	8	$\underline{0}$	1	∞	−5	−2
F	4	$\underline{0}$	2	4	2	∞	1
G	6	9	0	1	4	$\underline{0}$	∞

Die Tabelle 6.11 enthält die weiteren Bemühungen, die Lösung zu verbessern. Der fünfte Versuch ist erfolgreich.

Tabelle 6.11. *Dritte Lösungsverbesserung durch Dreigruppenpermutation*

Verbindung mit $d_{ij}<0$	Teilfolge 1	2	3	Neue Reihenfolge	Kostenzuwachs
$E-A$	$C-D-G-F-B$	A	E	$A-C-D-G-F-B-E-A$	$d_{EA}+d_{AC}+d_{BE}=+13$
$E-F$	$C-D-G$	F	$B-A-E$	$A-E-F-C-D-G-B-A$	$d_{EF}+d_{FC}+d_{GB}=+6$
	$C-D-G$	$F-B$	$A-E$	$A-E-F-B-C-D-G-A$	$d_{EF}+d_{BC}+d_{GA}=+2$
	$C-D-G$	$F-B-A$	E	$A-C-D-G-E-F-B-A$	$d_{EF}+d_{AC}+d_{GE}=+5$
$E-G$	$C-D$	G	$F-B-A-E$	$A-E-G-C-D-F-B-A$	$d_{EG}+d_{GC}+d_{DF}=-1$

Die neue Reihenfolge $A-E-G-C-D-F-B-A$ hat nur noch die Kosten von $D=109-1=108$ Einheiten. Die weiter reduzierte Matrix ist in der Tabelle 6.12 gezeigt.

Eine weitere Verbesserung wird in der Tabelle 6.13 versucht, jedoch ohne Erfolg. Das bedeutet nicht, daß die vorliegende Lösung optimal sein muß. Es bedeutet nur, daß von dieser Lösung aus durch *Dreigruppenpermutation* keine bessere Lösung mehr erzielt werden kann. Es ist ein

Tabelle 6.12. *Kostenmatrix nach der dritten Lösungsverbesserung durch Dreigruppenpermutation (Gesamtreduktion D = 108 Einheiten)*

von \ bis	A	B	C	D	E	F	G
A	∞	0	6	2	0̲	2	6
B	0̲	∞	1	14	12	2	14
C	7	0	∞	0̲	6	1	3
D	1	8	1	∞	4	0̲	1
E	−5	8	0	1	∞	−5	0̲
F	4	0̲	2	4	2	∞	3
G	6	9	0̲	1	4	0	∞

Tabelle 6.13. *Versuch einer weiteren Lösungsverbesserung durch Dreigruppenpermutation*

Verbindung mit $d_{ij}<0$	Teilfolge 1	Teilfolge 2	Teilfolge 3	Neue Reihenfolge	Kostenzuwachs
$E-A$	$G-C-D-F-B$	A	E	$A-G-C-D-F-B-E-A$	$d_{EA}+d_{AG}+d_{BE}$ $=+13$
$E-F$	$G-C-D$	F	$B-A-E$	$A-E-F-G-C-D-B-A$	$d_{EF}+d_{FG}+d_{DB}$ $=+6$
	$G-C-D$	$F-B$	$A-E$	$A-E-F-B-G-C-D-A$	$d_{EF}+d_{BG}+d_{DA}$ $=+10$
	$G-C-D$	$F-B-A$	E	$A-G-C-D-E-F-B-A$	$d_{EF}+d_{AG}+d_{DE}$ $=+5$

verfahrensindividuelles Suboptimum erreicht. In der Abb. 6.2 ist für dieses Beispiel der Ablauf der *Dreigruppenpermutation* skizziert.

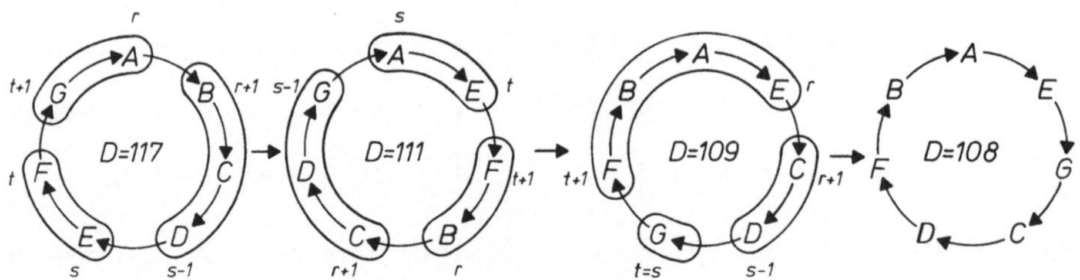

Abb. 6.2. Ablauf der *Dreigruppenpermutation*

Im Prinzip arbeitet die *Dreigruppenpermutation* nach dem folgenden Schema:

Schritt 1: Bestimmung einer Ausgangslösung, beispielsweise durch eines der beschriebenen *Eröffnungsverfahren*. Die Ausgangslösung bestehe in der Reihenfolge $i_1-i_2-i_3-\cdots-i_n-i_1$.

Schritt 2: Reduktion der Kostenmatrix, so daß alle Elemente ($d_{i_k i_{k+1}}$ für $k=1,2,\ldots,n-1$ und $d_{i_n i_1}$) der in der Reihenfolge enthaltenen Verbindungen gleich Null werden. Dabei sollte darauf geachtet werden, daß möglichst wenig negative Elemente entstehen.

Schritt 3: Wahl des ersten negativen Elementes $d_{i_r i_s}$.

Schritt 4: Berechnung des Kostenzuwachses $\Delta = d_{i_r i_s} + d_{i_t i_{r+1}} + d_{i_{s-1} i_{t+1}}$ für $t=s, s+1, \ldots, r-1$. Falls ein Δ negativ ist, wird die Reihenfolge umgestellt in (die neuen Verbindungen sind doppelt gezeichnet):

$$i_1 - i_2 - \cdots - i_r = i_s - i_{s+1} - \cdots i_t = i_{r+1} - i_{r+2} - \cdots i_{s-1}$$
$$= i_{t+1} - i_{t+2} - \cdots - i_n - i_1.$$

Diese Reihenfolge sei wieder mit $i_1 - i_2 - i_3 - \cdots i_n - i_1$ bezeichnet; → **Schritt 2.**
Wenn kein Δ negativ ist, → **Schritt 5.**

Schritt 5: Falls alle negativen Elemente der Matrix betrachtet sind, → **Ende.** Andernfalls Wahl des nächsten negativen Elementes $d_{i_r i_s}$ und → **Schritt 4.**

Es ist hier jeweils dann eine Lösungsverbesserung durchgeführt worden, wenn die erste Verbesserungsmöglichkeit erkannt war. Es wäre ebenfalls möglich, alle Verbesserungsmöglichkeiten, die durch *Dreigruppenpermutation* zu erzielen sind, zu ermitteln und die beste auszuwählen.

Das Verfahren der *Dreigruppenpermutation* zeichnet sich durch einen geringen Rechenaufwand aus. Für jedes negative Element sind maximal $(n-3)$, im Durchschnitt nur $\frac{n-3}{2}$ verschiedene Aufspaltungen zu prüfen. Ein Nachteil dagegen ist, daß man häufig nicht die Optimallösung, sondern nur ein verfahrensindividuelles Suboptimum erreicht. Daher ist es zweckmäßig, beim Versagen der *Dreigruppenpermutation* ein anderes Iterationsverfahren einzuschalten. Dazu eignet sich u. a. die im folgenden beschriebene *Viergruppenpermutation.*

Die *Viergruppenpermutation* arbeitet prinzipiell ähnlich wie die *Dreigruppenpermutation.* Hier wird auch eine Lösungsverbesserung mit den negativen Unterelementen der reduzierten Matrix versucht. Dabei wird der bestehende Rundreiseweg in vier Teilfolgen aufgespalten, die mit I, II, III und IV bezeichnet werden sollen. Diese Teilfolgen, die in der betrachteten Lösung in der Folge I – II – III – IV – I zusammengesetzt waren, lassen sich in fünf verschiedenen Alternativfolgen aneinanderreihen. Vier dieser Alternativfolgen enthalten je zwei Teilfolgen in ungeänderter Reihung, nämlich: I = II – IV – III – I, I – III – II – IV = I, I – III = IV – II – I und I – IV – II = III – I. Diese Lösungen kann man daher ebenfalls mit Hilfe der einfacheren *Dreigruppenpermutation* finden. Eine echte *Viergruppenpermutation* wird nur durch die Alternativfolge I – IV – III – II – I erzielt. Nur diese Alternativlösung soll berechnet werden. Es werden wie bei der *Dreigruppenpermutation* jeweils so lange neue Alternativlösungen bestimmt, bis entweder eine Lösungsverbesserung gefunden oder bis festgestellt ist, daß auch mit diesem Verfahren keine Verbesserung möglich ist.

Die Aufspaltung in die vier Teilfolgen I bis IV wird schrittweise vorgenommen. Zunächst wird unter Berücksichtigung der negativen Kostenelemente der bestehende Rundreiseweg in zwei Kurzzyklen zerteilt. Von ihnen enthält der erste die Teilfolgen I und II, der zweite die Teilfolgen III und IV. Die Zyklen lauten also I – II – I und III – IV – III. Dabei liegt die Trennung zwischen I und II bzw. III und IV noch nicht fest. Im zweiten Schritt erst werden beide Kurzzyklen alternativ in allen möglichen Verbindungen aufgespalten und gleichzeitig wieder zusammengefügt. Diese Vereinigung vollzieht sich an den Schnittstellen zwischen I und II sowie III und IV.

Im einzelnen soll dieses Verfahren ebenfalls am obigen Beispiel erläutert werden. Dabei wird wieder von der in der Tabelle 6.6 angegebenen Matrix mit der Folge $A-B-C-D-E-F-G-A$ und den Kosten $D=117$ Einheiten ausgegangen. Das erste negative Element ist das der Verbindung $A-E$. Diese Verbindung spaltet die bisherige Lösung in die Zyklen $A-E-F-G-A$ und $B-C-D-B$. Die Mehrkosten durch die neuen Verbindungen $A-E$ und $D-B$ betragen $-5+9=+4$ Einheiten. Wegen dieses Kostenzuwachses bei der Zyklusbildung wird die Vereinigung beider Zyklen gar nicht mehr versucht. Die nächste Verbindung mit negativen Kosten ist $B-A$. Mit dieser Verbindung erhält man die Kurzzyklen $A-B-A$ und $C-D-E-F-G-C$. Der Kostenzuwachs durch $B-A$ und $G-C$ beträgt $-7+0=-7$ Einheiten. Da er negativ ist, ist eine Kostenverringerung zu erhoffen. Daher werden jetzt die beiden Zyklen auf alle möglichen Arten zusammenzusetzen versucht. Dazu muß man sie aufspalten. Den ersten Zyklus kann man unter Beibehaltung der neuen Verbindung $B-A$ nur an einer Stelle aufspalten, um den aufgebrochenen zweiten Zyklus einzufügen. Den zweiten kann man an vier Stellen aufbrechen. Ein Aufbrechen der neuen Verbindung $G-C$ führt auf das gleiche Ergebnis wie die *Dreigruppenpermutation*. In dem Fall, daß die Viergruppenpermutation nur dann versucht wird, wenn die Dreigruppenpermutation erfolglos war, ist also das versuchsweise Aufbrechen von $G-C$ überflüssig. Bricht man den zweiten Zyklus zuerst an der Verbindung $C-D$ auf, so erhält man durch Kopplung von D an A

und von B und C die Folge $A-D-E-F-G-C-B-A$ mit den weiteren Mehrkosten für $A-D$ und $C-B$ von $2+0=2$ Einheiten, die mit den Mehrkosten bei der Kurzzyklenbildung zu saldieren sind. Insgesamt betragen die Mehrkosten dann $-7+2=-5$ Einheiten. Diese Verbesserung führt auf eine Lösung mit den Kosten von $D=117-5=$ 112 Einheiten.

In der Tabelle 6.14 ist die Vorgehensweise der *Viergruppenpermutation* bis zur ersten Lösungsverbesserung gezeigt.

Tabelle 6.14. *Erste Lösungsverbesserung durch Viergruppenpermutation*

Verbindung mit $d_{ij}<0$	Kurzzyklus 1	Kurzzyklus 2	Kostenzuwachs durch die Kurzzyklen	Neue Reihenfolge durch Verknüpfung der Kurzzyklen	Gesamter Kostenzuwachs
$A-E$	$A-E-F-G-A$	$B-C-D-B$	$+4$	–	–
$B-A$	$A-B-A$	$C-D-E-F-G-C$	-7	$A-D-E-F-G-C-B-A$	-5

Die entsprechend reduzierte und um negative Elemente verringerte Kostenmatrix ist in der Tabelle 6.15 angegeben.

Tabelle 6.15. *Kostenmatrix nach der ersten Lösungsverbesserung durch Viergruppenpermutation (Gesamtreduktion D = 112 Einheiten)*

von \ bis	A	B	C	D	E	F	G
A	∞	−2	10	$\underline{0}$	−7	0	1
B	$\underline{0}$	∞	7	14	7	2	11
C	7	$\underline{0}$	∞	0	1	1	0
D	2	9	8	∞	$\underline{0}$	1	−1
E	0	13	11	6	∞	$\underline{0}$	2
F	4	0	8	4	−3	∞	$\underline{0}$
G	0	3	$\underline{0}$	−5	−7	−6	∞

Nun wird in gezeigter Weise mit der Suche nach verbesserten Lösungen fortgefahren. Die Ergebnisse sind in der Tabelle 6.16 protokolliert. Nach 10 Versuchen ist die um zwei Einheiten bessere Lösung $A-D-G-C-B-F-E-A$ gefunden, deren Kosten $D=110$ Einheiten betragen.

Nach einer weiteren Verbesserung kann man auf die optimale Lösung $A-B-C-D-G-F-E-A$ mit den Kosten $D=107$ Einheiten gelangen. Auf die Darstellung der Einzelheiten der Rechnung sei hier verzichtet. Der Ablauf der *Viergruppenpermutation* ist in der Abb. 6.3 skizziert.

Tabelle 6.16. *Zweite Lösungsverbesserung durch Viergruppenpermutation. (In Klammern Reihenfolge, die auch durch Dreigruppenpermutation gefunden würde)*

Verbindung mit $d_{ij}<0$	Kurzzyklus		Kostenzuwachs durch die Kurzzyklen	Neue Reihenfolge durch Verknüpfung der Kurzzyklen	Gesamter Kostenzuwachs
	1	2			
$A-B$	$A-B-A$	$D-E-F-G-C-D$	-2	$A-B-E-F-G-C-D-A$	$+7$
				$A-B-F-G-C-D-E-A$	0
				$A-B-G-C-D-E-F-A$	$+13$
				$A-B-C-D-E-F-G-A$	$+5$
				$(A-B-D-E-F-G-C-A)$	$(+19)$
$A-E$	$A-E-F-G-C-B-A$	$D-D$	∞	–	–
$D-G$	$A-D-G-C-B-A$	$E-F-E$	-4	$A-F-E-D-G-C-B-A$	$+2$
				$A-D-G-F-E-C-B-A$	$+1$
				$A-D-G-C-F-E-B-A$	$+10$
				$A-D-G-C-B-F-E-A$	-2

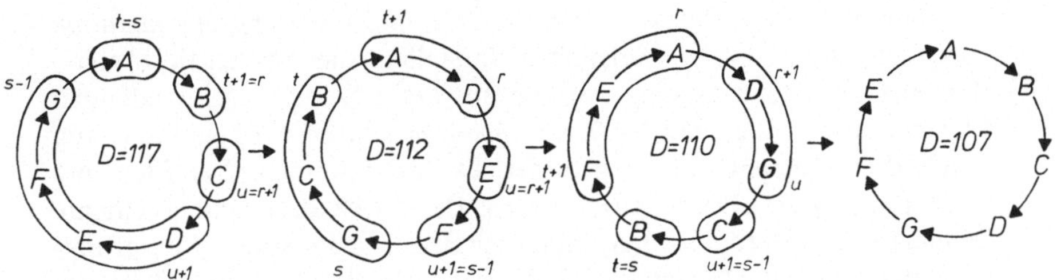

Abb. 6.3. Ablauf der *Viergruppenpermutation*

Das Arbeitsprinzip der *Viergruppenpermutation* lautet wie folgt:

Schritt 1: Bestimmung einer Ausgangslösung, beispielsweise durch eines der beschriebenen Eröffnungsverfahren, evtl. mit anschließender Verbesserung der Lösung durch *Dreigruppenpermutation*. Die Ausgangslösung bestehe in der Reihenfolge $i_1 - i_2 - i_3 - \cdots i_n - i_1$.

Schritt 2: Reduktion der Kostenmatrix, so daß alle Elemente ($d_{i_k i_{k+1}}$ für $k=1, 2, \ldots, n-1$ und $d_{i_n i_1}$) der in der Reihenfolge enthaltenen Verbindungen gleich Null werden. Es sollte darauf geachtet werden, daß dabei möglichst wenige negative Elemente entstehen.

Schritt 3: Wahl des ersten negativen Elementes $d_{i_r i_s}$.

Schritt 4: Berechnung $\Delta_1 = d_{i_r i_s} + d_{i_{s-1} i_{r+1}}$. Falls $\Delta_1 > 0$, → **Schritt 5.** Andernfalls Berechnung des Kostenzuwachses:

$$\Delta = \Delta_1 + d_{i_t i_{u+1}} + d_{i_u i_{t+1}}$$

mit $t = s, s+1, \ldots, r-1$ und $u = r+1, r+2, \ldots, s-2$.
Falls ein Δ negativ ist, wird die Reihenfolge umgestellt in (die neuen Verbindungen sind doppelt gezeichnet):

$$i_1 - i_2 - \cdots - i_r = i_s - i_{s+1} - \cdots - i_t = i_{u+1} - i_{u+2} - \cdots - i_{s-1}$$
$$= i_{r+1} - i_{r+2} - \cdots - i_u = i_{t+1} - i_{t+2} - \cdots - i_n - i_1 .$$

Diese Reihenfolge sei wieder mit $i_1 - i_2 - i_3 - \cdots - i_n - i_1$ bezeichnet, → **Schritt 2.**
Wenn kein Δ negativ ist, → **Schritt 5.**

Schritt 5: Falls alle negativen Elemente der Matrix betrachtet sind, → **Ende.** Andernfalls Wahl des nächsten negativen Elementes $d_{i_r i_s}$ und → **Schritt 4.**

In der Kostenmatrix lassen sich die *Drei-* und *Viergruppenpermutation* durch charakteristische Linienzüge darstellen, die die neuen Matrixelemente der neuen Lösung mit den aus der Lösung verschwindenden Elementen verbinden. Bei der *Dreigruppenpermutation* wird ein Linienzug durch drei Elementenpaare gebildet. Dadurch werden drei Elemente (Felder) aus der Lösung ausgestoßen, die durch drei neue Elemente (Felder) ersetzt werden. Aufgrund dieser Beziehung wurde der ursprüngliche Name *Dreifeldvariation* [132] kreiert. In der Tabelle 6.17 ist der Linienzug für die erste durchgeführte *Dreigruppenpermutation* skizziert. Bei der *Viergruppenpermutation* werden zwei Linienzüge durch je zwei Elementenpaare gebildet. Dadurch werden zweimal zwei Elemente (Felder) aus der Lösung eliminiert und durch neue ersetzt. Dieses Vorgehen kam in dem früher verwendeten Namen *doppelte Zweifeldvariation* [132] zum Ausdruck. In der Tabelle 6.18 sind beide Linienzüge für die erste durchgeführte *Viergruppenpermutation* angedeutet.

Tabelle 6.17. *Erste Dreigruppenpermutation (aus der Folge A – B – C – D – E – F – G – A wurde die Folge A – E – F – B – C – D – G – A)*

von \ bis	*A*	*B*	*C*	*D*	*E*	*F*	*G*
A		0			–5		
B			0				
C				0			
D					0		–1
E						0	
F		0					0
G	0						

Tabelle 6.18. *Erste Viergruppenpermutation (aus der Folge A – B – C – D – E – F – G – A wurde die Folge A – D – E – F – G – C – B – A)*

von \ bis	*A*	*B*	*C*	*D*	*E*	*F*	*G*
A		0		2			
B	–7		0				
C		0		0			
D					0		
E						0	
F							0
G	0		0				

Das Verfahren der *Viergruppenpermutation* ist aufwendiger als das der *Dreigruppenpermutation*. Andererseits hat es den Vorteil, daß mit ihm für jede Lösung mehr Möglichkeiten der Lösungsänderung untersucht werden.

In Versuchen an vielen Beispielen hat es sich als sinnvoll erwiesen, beide Verfahren in folgender Weise zu kombinieren. Man wendet zunächst so lange das Verfahren der *Dreigruppenpermutation* an, bis mit ihm keine Verbesserung mehr möglich ist. Dann versucht man eine Verbesserung mit *Viergruppenpermutation*. Falls damit eine bessere Lösung gefunden ist, setzt man die *Dreigruppenpermutation* fort. Wenn mit keinem von beiden Verfahren eine weitere Verbesserung möglich ist, ist die Rechnung beendet. Diese Kombination wurde vom Verfasser bereits in [132] angegeben.

Häufig wird auch mit dieser Kombination der Verfahren nicht die optimale Lösung gefunden. Es ist daher vorteilhaft, von verschiedenen Ausgangslösungen ausgehend die Verfahren anzuwenden. In den Rechenprogrammen, über die später noch berichtet wird, wurden von bis zu 40 mit Eröffnungsverfahren erhaltenen Ausgangslösungen die drei besten ausgewählt und mit den beiden Iterationsverfahren behandelt. In den Fällen, in denen damit zwei oder drei gleich gute Lösungen erzielt wurden, kann man mit einer gewissen Sicherheit annehmen, daß das Ergebnis optimal, zumindest jedoch dem Optimum sehr nahe ist.

Viele weitere *suboptimierende Iterationsverfahren* sind in der Literatur vorgeschlagen worden. Einige werden im folgenden skizziert.

Ein solches Verfahren wurde u.a. von Croes [36] beschrieben. Er versucht, durch Umkehrung von Teilfolgen eine Lösungsverbesserung herbeizuführen. Beispielsweise würde aus der Lösung $A-B-C-D-E-F-G-A$ durch Umkehrung der Teilfolge $E-F-G$ die verbesserte Lösung $A-B-C-D-G-F-E-A$ entstehen. Dieses Verfahren wurde vom Verfasser allein und in Kombination mit der *Drei-* und *Viergruppenpermutation* getestet. Es erwies sich als sehr rechenaufwendig und brachte schlechte Lösungen, wenn es allein benutzt wurde. In Kombination mit der *Drei-* und *Viergruppenpermutation* brachte es in keinem Fall eine Lösungsverbesserung nach dem Versagen der beiden anderen Verfahren. Daher wurde es auch aus den Testprogrammen, mit denen die im Abschnitt 6.8.2 beschriebenen Ergebnisse erzielt wurden, wieder entfernt.

Das Verfahren von Croes kann man im symmetrischen Fall ($d_{ij}=d_{ji}$) auch interpretieren als das Vertauschen von zwei Verbindungen, während die dazwischenliegenden Verbindungen nur ihre Richtung ändern. So werden durch die Umkehrung der Teilfolge $E-F-G$ nur die Verbindungen $D-E$ und $G-A$ ersetzt durch $D-G$ und $E-A$. Auf derartigen Vertauschungen baut auch das 1965 beschriebene Verfahren von Lin [115] auf. In der einfachsten Version vertauscht er zwei Verbindungen. Diese Version ist identisch mit dem Verfahren von Croes. Eine Lösung, die durch einen solchen Zweiertausch nicht mehr zu verbessern ist, bezeichnet er als „2-opt“. Er beschreibt dann die Vertauschung von drei Verbindungen. Das ist im Prinzip die gleiche Methode wie die oben beschriebene, und ihm allen Anschein nach unbekannte *Dreigruppenpermutation.* Sie unterscheidet sich nur dadurch, daß Lin *alle* zulässigen Dreigruppenpermutationen ausprobiert und nicht die Hinweise auf mögliche Lösungsverbesserungen ausnutzt, die man durch die Reduktion der Kostenmatrix aus den negativen Elementen erhält. Eine Lösung, die weder durch einen Zweiertausch noch durch einen Dreiertausch zu verbessern ist, bezeichnet er als „3-opt". Es können dann der Vierertausch (analog der Viergruppenpermutation) und weitere Täusche höherer Ordnung folgen. Die numerischen Erfahrungen von Lin deuten darauf hin, daß der Dreiertausch rechenzeitmäßig am günstigsten ist. Diese Erfahrung stimmt mit der des Verfassers überein. Da „a 3-opt tour has a nontrivial probability of being optimal", schlägt Lin ([115], S. 2249) vor, die Methode des Dreiertausches mehrmals nacheinander auf verschiedene Ausgangslösungen anzuwenden. Das ist insbesondere daher gut möglich, weil die Rechenzeiten pro gefundener „3-opt"-Lösung gering ist. Lin berichtet von 25 bis 30 n^3 µsec auf einer IBM 7094. Bei $n=30$ bräuchte er für jede Lösung also etwa 0,75 sec. Pro Minute wären dann rund 80 Lösungen zu erhalten.

Ein etwas anderes Verfahren wird von Reiter und Sherman [151] vorgeschlagen. Es besteht aus den Varianten Algo I bis Algo III und Algo IV (1) bis Algo IV (r) mit $r<n$. Alle Varianten gehen von einer bestehenden Reihenfolge aus, die durch $i_1-i_2-i_3-\cdots i_n-i_1$ dargestellt sei. Im Algo I wird eine Verbesserung durch Vertauschen von benachbarten Orten, also i_1 mit i_2, i_2 mit i_3 etc. versucht. Ist eine Verbesserung möglich, wird sie durchgeführt und Algo I von vorn begonnen. Im Algo II werden stets Dreiergruppen benachbarter Orte durchpermutiert. So werden jeweils die fünf Alternativfolgen zu $i_1-i_2-i_3$, zu $i_2-i_3-i_4$ usw. betrachtet, bis eine Verbesserung gefunden ist. Im Algo III wird jeweils ein Ort (z.B. i_1) zwischen alle anderen Orte der bestehenden Reihenfolge versuchsweise eingeschoben, bis eine Lösungsverbesserung möglich ist. Identisch damit ist der Algo IV (1). Im Algo IV (2) werden Zweiergruppen von benachbarten Orten (z.B. i_1-i_2) zwischen alle anderen Orte der bestehenden Reihenfolge in Hin- und Gegenrichtung versuchsweise eingeschoben. Man erhält dabei beispielsweise die Alternativfolgen $i_3-i_4-\cdots-i_j-i_1-i_2-i_{j+1}-\cdots i_n-i_3$ und $i_3-i_4-\cdots i_j-i_2-i_1-i_{j+1}-\cdots i_n-i_3$. Im Algo IV ($r$) wird das gleiche mit Gruppen von r benachbarten Orten in Hin- und Gegenrichtung durchgeführt. Die Kopplung der verschiedenen Varianten kann flexibel gestaltet werden, wie es im Abschnitt 4.4 beschrieben ist.

Der Algo IV (r) mit $r=1$ bis $n-1$ stimmt weitgehend mit der *Dreigruppenpermutation* bzw. Lins Dreiertausch überein, bei denen allerdings keine Umdrehung der r-gliedrigen Gruppe vorgenommen wird. Jedoch ist die Organisation anders, da hier erst die kurzen ($r=1, 2, \ldots$) und dann die langen Gruppen ausgewechselt werden, während bei der *Dreigruppenpermutation* und bei Lin die Stufung nach Gruppen nicht existiert.

Ähnlich wie Lin machen Reiter und Sherman keinen Gebrauch von den Vorteilen, die eine reduzierte Kostenmatrix bietet. Die Rechenerfahrungen, über die Reiter und Sherman berichten, sind ähnlich ermutigend wie die von Lin.

Ein weiteres ähnliches *suboptimierendes Iterationsverfahren* ist von Grögler [68] vorgeschlagen worden. Es wurde vom Verfasser in [129] als *Partialenumeration* bezeichnet. Hier werden zunächst die Zweiergruppen einer bestehenden Reihenfolge durchpermutiert. Wenn damit keine weitere Verbesserung der Lösung zu erzielen ist, folgt ein Permutieren der Dreiergruppen. Dann werden Vierergruppen, Fünfergruppen etc. durchpermutiert. Das Permutieren der Zweier- und Dreiergruppen ist identisch mit dem Algo I und Algo II von Reiter und Sherman. Bei Zweiergruppen erhält man n Alternativfolgen. Bei Dreiergruppen gibt es zusätzlich $3 \cdot n$ Alternativfolgen. Bei der Permutation von Vierergruppen sind $14 \cdot n$ weitere Alternativfolgen zu berechnen. Und bei Fünfergruppen sind es noch $78 \cdot n$ Folgen. Diese Zahlen ergeben sich aus den folgenden Überlegungen. Beim Permutieren von r-gliedrigen Gruppen gibt es insgesamt $(r!-1) \cdot n$ Alternativfolgen. In diesen sind alle $(r-1)$-gliedrigen Alternativfolgen doppelt, die $(r-2)$-gliedrigen Alternativfolgen dreifach usw. enthalten. Man erhält also allgemein

$$z_r = (r!-1) \cdot n - \sum_{j=1}^{r-2} (r-j) \cdot z_{j+1}$$

zusätzliche Alternativfolgen. Es sind $z_2 = n$, $z_3 = 3n$, $z_4 = 14n$ und $z_5 = 78n$. Bei $r > 5$ wird dieses Verfahren unvertretbar rechenaufwendig. Es eignet sich daher vor allem zur Verbesserung der Feinstruktur, aber nicht der Grobstruktur einer Reihenfolge.

Im Grundprinzip arbeiten alle genannten *suboptimierenden Iterationsverfahren* ähnlich. Nach bestimmten Regeln werden Lösungsverbesserungen versucht. Wenn eine solche Regel keine Verbesserung mehr bringt, wird auf eine andere Regel umgeschaltet. Die Regeln sind möglichst so zu wählen, daß die Zahl der jeweils zu untersuchenden Alternativlösungen gering ist und trotzdem eine gute Chance auf eine Lösungsverbesserung besteht. Die Erfahrungen, die Lin, Reiter und Sherman sowie der Verfasser (vgl. Abschnitt 6.8.2) mit diesen Verfahren gemacht haben, sind durchaus ermutigend. Unter anderem weisen auch Bellmore und Nemhauser [17] auf die besondere Eignung dieser Verfahren zur Lösung großer Probleme hin. Sie empfehlen vor allem Lins „3-opt"-Verfahren, welches nichts anderes als eine aufwendige Version der *Dreigruppenpermutation* ist. Der Verfasser hat insbesondere mit der obengenannten Kombination der *Drei-* und *Viergruppenpermutation* gute Erfahrungen gemacht.

6.7. Entscheidungsbaumverfahren zur Lösung des Traveling Salesman Problems

Mit den im vorhergehenden Abschnitt genannten *heuristischen Verfahren* kann man recht große Traveling Salesman Probleme in angemessener Rechenzeit lösen. Jedoch ist man nicht sicher, daß mit ihnen die wirkliche Optimallösung erreicht wird. Zur Berechnung des Globaloptimums haben sich verschiedene *Entscheidungsbaumverfahren* bewährt. Sie eignen sich jedoch nur bis zu eng begrenzten Problemgrößen, da der Rechenaufwand mit steigender Problemgröße außerordentlich rasch steigt.

In den folgenden Abschnitten werden die Anwendung der *dynamischen Planungsrechnung*, einer Version des *Branching and Bounding* und von vier Versionen der *begrenzten Enumeration* beschrieben.

6.7.1. Die dynamische Planungsrechnung

Etwa gleichzeitig wurde von Bellman [15], Gonzales [67] sowie Held und Karp [76, 77] die Methode der *dynamischen Planungsrechnung* (Dynamic Programming) zur Lösung des Traveling Salesman Problems vorgeschlagen. Bellman beschrieb im wesentlichen nur den Lösungsansatz. Dagegen setzten sich Gonzales, Held und Karp intensiv mit der Eignung der dynamischen Planungsrechnung zur Lösung von Traveling Salesman Problemen auseinander. Sie wiesen auch darauf hin, daß selbst auf Großrechenanlagen wie die IBM 7090 nur Probleme mit bis zu etwa 13 Orten mit dieser Methode exakt zu lösen sind.

Das im Abschnitt 4.3.1 angegebene Grundprinzip der *dynamischen Planungsrechnung* läßt sich auf das Traveling Salesman Problem ohne Einschränkung übertragen. Bei n Orten mit feststehendem Ausgangsort sind n Stufen zu durchlaufen. Dabei enthält jede Stufe z alle Wege vom Startort, die genau z Orte berühren. Jeder Zustand der Stufe z ist durch den jeweiligen letzten Ort und die Gesamtheit der $(z-1)$ übrigen Orte der Teilfolge definiert. Der Startzustand der Stufe 0 ist gekennzeichnet durch den Startort A und die Kosten $D_A^{(0)}=0$. Auf der Stufe 1 gibt es $(n-1)$ mögliche Zustände, die sich aus den direkten Wegen vom Anfangsort zu allen übrigen Orten ergeben. Die Tabelle 6.17 zeigt die Rechnung für die erste Stufe.

In der Stufe $z=2$ baut man an die Teilfolgen der ersten Stufe alle zulässigen Wege zu allen übrigen Orten an. Das ist in der Tabelle 6.18 durchgeführt. Die neuen Teilfolgen erhalten die Kosten $D_j^{(2)}=D_i^{(1)}+d_{k_i k_j}$. Dabei kennzeichnen i und j die Zustände und k_i bzw. k_j die entsprechenden Endorte. Man erhält $(n-1)(n-2)=30$ Teilfolgen, d. h. 30 unterschiedliche Zustände.

Tabelle 6.17. *Stufe z = 1 der dynamischen Planungsrechnung*

Nr. j	Teilfolge	Kosten $D_j^{(1)}$
1	$A-B$	20
2	$A-C$	33
3	$A-D$	23
4	$A-E$	12
5	$A-F$	18
6	$A-G$	16

Bis zu der zweiten Stufe besteht gegenüber der vollständigen Enumeration noch kein Unterschied. Von der dritten Stufe an werden die Unterschiede deutlich. Hier werden jeweils die inhaltsgleichen Teilfolgen verglichen und nur die mit den geringsten Kosten für die weiteren Baustufen gespeichert. Teilfolgen gleichen Inhalts sind solche mit gleichem Anfangsort, gleichem Endort und gleichen, wenn auch anders geordneten Zwischenorten. Sie bilden in der Terminologie der dynamischen Planungsrechnung identische Zustände. Beispielsweise sind die Teilfolgen $A-B-C-D$ und $A-C-B-D$ inhaltsgleich. Die Kosten betragen 70 und 89 Einheiten. Sollte in der optimalen Lösung der Weg von A nach D über die Orte B und C gehen, so wird die Teilfolge dieser Orte mit Sicherheit die erstere mit den geringeren Kosten sein. Die zweite Teilfolge ist somit für die weiteren Betrachtungen überflüssig. Die Kosten der neuen Teilfolgen betragen also $D_j^{(3)} = \min_i \{D_i^{(2)} + d_{k_i k_j}\}$, wobei wieder die Indizes i und j den Zustand, d.h. die gesamte Teilfolge, und die Indizes k_i und k_j die letzten Orte der Teilfolge der zweiten und dritten Stufe angeben. In der Tabelle 6.19 sind einige inhaltsgleiche Teilfolgen

Tabelle 6.18. *Stufe z = 2 der dynamischen Planungsrechnung*

Nr. j	Teilfolge	Kosten $D_j^{(2)}$	Nr. j	Teilfolge	Kosten $D_j^{(2)}$
1	$A-B-C$	44	16	$A-E-B$	35
2	$A-B-D$	51	17	$A-E-C$	34
3	$A-B-E$	40	18	$A-E-D$	29
4	$A-B-F$	34	19	$A-E-F$	18
5	$A-B-G$	40	20	$A-E-G$	17
6	$A-C-B$	58	21	$A-F-B$	31
7	$A-C-D$	59	22	$A-F-C$	40
8	$A-C-E$	56	23	$A-F-D$	36
9	$A-C-F$	54	24	$A-F-E$	25
10	$A-C-G$	51	25	$A-F-G$	24
11	$A-D-B$	51	26	$A-G-B$	35
12	$A-D-C$	51	27	$A-G-C$	33
13	$A-D-E$	39	28	$A-G-D$	28
14	$A-D-F$	39	29	$A-G-E$	22
15	$A-D-G$	34	30	$A-G-F$	22

Tabelle 6.19. *Stufe* $z=3$ *der dynamischen Planungsrechnung*

Nr. j	Teilfolge	Kosten $D_j^{(3)}$	Nr. j	Teilfolge	Kosten $D_j^{(3)}$
1	$A-B-C-D$	70	12	$A-B-E-G$	45
	$A-C-B-D$	89*		$A-E-B-G$	55*
2	$A-B-C-E$	67		$A-B-F-C$	56*
	$A-C-B-E$	78*	13	$A-F-B-C$	55
3	$A-B-C-F$	66	14	$A-B-F-D$	52
	$A-C-B-F$	72*		$A-F-B-D$	62*
4	$A-B-C-G$	62	15	$A-B-F-E$	41
	$A-C-B-G$	78*		$A-F-B-E$	51*
	$A-B-D-C$	79*	16	$A-B-F-G$	40
5	$A-D-B-C$	75		$A-F-B-G$	51*
6	$A-B-D-E$	67		⋮	
	$A-D-B-E$	71*	55	$A-E-G-D$	29
	$A-B-D-F$	67*		$A-G-E-D$	39*
7	$A-D-B-F$	65	56	$A-E-G-F$	23
8	$A-B-D-G$	62		$A-G-E-F$	28*
	$A-D-B-G$	71*		$A-F-G-B$	43*
	$A-B-E-C$	62*	57	$A-G-F-B$	35
9	$A-E-B-C$	59	58	$A-F-G-C$	41
10	$A-B-E-D$	57		$A-G-F-C$	44*
	$A-E-B-D$	66*	59	$A-F-G-D$	36
11	$A-B-E-F$	46		$A-G-F-D$	40*
	$A-E-B-F$	49*		$A-F-G-E$	30*
			60	$A-G-F-E$	29

nacheinander angegeben, wobei die zu streichende, d.h. ungünstigere Teilfolge durch einen Stern (*) gekennzeichnet ist. Von $(n-1)(n-2)(n-3) = 120$ errechneten Teilfolgen bleiben 60 übrig.

Die folgenden Stufen werden in prinzipiell gleicher Weise aufgebaut. In der in Tabelle 6.20 skizzierten vierten Stufe werden jeweils

Tabelle 6.20. *Stufe* $z=4$ *der dynamischen Planungsrechnung*

Nr. j	Teilfolge	Kosten $D_j^{(4)}$	Nr. j	Teilfolge	Kosten $D_j^{(4)}$
1	$A-B-C-D-E$	86	5	$A-E-C-B-F$	73
	$A-D-B-C-E$	98*	6	$A-B-C-E-G$	72
	$A-D-C-B-E$	96*		$A-E-B-C-G$	77*
2	$A-B-C-D-F$	86		$A-E-C-B-G$	79*
	$A-D-B-C-F$	97*		⋮	
	$A-D-C-B-F$	90*		$A-E-F-G-B$	43*
3	$A-B-C-D-G$	81	58	$A-E-G-F-B$	36
	$A-D-B-C-G$	93*		$A-G-F-E-B$	52*
	$A-D-C-B-G$	96*	59	$A-E-F-G-C$	41
4	$A-B-C-E-D$	84		$A-E-G-F-C$	45*
	$A-E-B-C-D$	85*		$A-G-F-E-C$	51*
	$A-E-C-B-D$	90*	60	$A-E-F-G-D$	36
	$A-B-C-E-F$	83*		$A-E-G-F-D$	41*
	$A-E-B-C-F$	81*		$A-G-F-E-D$	46*

drei inhaltsgleiche Teilfolgen gegenübergestellt. Dabei bleibt von $\frac{1}{2} \cdot (n-1)(n-2)(n-3)(n-4) = 180$ errechneten Teilfolgen ein Drittel übrig.

In der fünften Stufe werden jeweils vier inhaltsgleiche Teilfolgen verglichen. Die ersten und letzten sind in der Tabelle 6.21 gezeigt. Von 120 errechneten Teilfolgen bleibt ein Viertel übrig.

Tabelle 6.21. *Stufe $z=5$ der dynamischen Planungsrechnung*

Nr. j	Teilfolge	Kosten $D_j^{(5)}$
1	$A-B-C-D-E-F$	92
	$A-B-C-E-D-F$	100*
	$A-E-D-B-C-F$	103*
	$A-E-D-C-B-F$	96*
	⋮	
	$A-D-F-E-G-C$	68*
	$A-E-G-D-F-C$	67*
	$A-D-G-F-E-C$	69*
30	$A-E-F-G-D-C$	64

Aus diesen dreißig Teilfolgen erhält man in der sechsten Stufe durch Anschluß des letzten Ortes und Auswahl einer aus jeweils fünf Alternativen sechs neue Teilfolgen. Durch weiteren Anschluß des Ausgangsortes A gelangt man in der siebten Stufe zu einer optimalen Lösung.

Die Anzahl der in einer Stufe z enthaltenen Teilfolgen beträgt allgemein:

$$\frac{\prod_{j=1}^{z}(n-j)}{(z-1)!} = (n-1)\binom{n-2}{z-1}.$$

Für $n=7$ Orte hat die Anzahl der Teilfolgen von $z=1$ bis $z=6$ den Verlauf 6, 30, 60, 60, 30, 6. Bei $n=12$ Orten lauten für $z=1$ bis $z=11$ die entsprechenden Zahlen 11, 110, 495, 1320, 2310, 2772, 2310, 1320, 495, 110, 11. Die maximale Anzahl der Teilfolgen liegt für gerade n bei $z=\frac{n}{2}$ und für ungerade n bei $z=\frac{n-1}{2}$ oder $\frac{n+1}{2}$. Bei $n=13$ und $z=6$ sind z.B. 5544 Folgen zu speichern. Mit einem Standardprogramm für die IBM 7090 [88] lassen sich Probleme mit 13 Orten noch gerade mit *dynamischer Planungsrechnung* lösen. Bei mehr als 13 Orten ist der Speicherbedarf bereits zu groß, so daß man nur nach Zerlegung des Problems in Unterprobleme eine Lösung, jedoch nicht immer die optimale Lösung erreichen kann. Bei $n=20$ Orten und $z=10$ wären beispielsweise gleichzeitig 1 847 560 Folgen zu speichern.

Neben dem Speicherbedarf liegen auch die Rechenzeiten bei *dynamischer Planungsrechnung* ungünstiger als bei den folgenden Methoden.

Rechenzeit und Speicherbedarf sind absolut unabhängig von der Datenstruktur des behandelten Problems. Das trifft für die anderen Methoden nicht zu.

Daß die *dynamische Planungsrechnung* kein sehr wirtschaftliches Verfahren zur Lösung von Traveling Salesman Problemen ist, sieht man leicht am obigen Beispiel. Dort werden anfangs Teilfolgen wie $A-D-B-C$, $A-B-D-E$ (Tabelle 6.19), $A-B-C-E-D$ (Tabelle 6.20), $A-B-C-D-E-F$ (Tabelle 6.21) usw. aufgebaut, die man bei Betrachten der Abb. 6.1 sofort als „bestimmt nicht optimal" ausschließen kann.

6.7.2. Das Verfahren des Branching and Bounding

Als wesentlich wirkungsvoller als die *dynamische Planungsrechnung* hat sich das 1963 von Little, Murty, Sweeney und Karel [116] zur Lösung von Traveling Salesman Problemen beschriebene Verfahren des *Branching and Bounding* erwiesen. Das allgemeine Prinzip dieses Verfahrens ist im Abschnitt 4.3.2 beschrieben. Die Anwendung auf das Traveling Salesman Problem soll wieder an dem in der Abb. 6.1 und der Tabelle 6.1 gegebenen Beispiel vorgeführt werden. In der Abb. 6.4 ist der Lösungsvorgang skizziert.

Allgemein beginnt man mit der Gesamtheit aller Lösungen, die im einzelnen unbekannt sind. Für diese Lösungsmenge bestimmt man eine untere Kostengrenze. Hierbei kann man die Verwandtschaft des Traveling Salesman Problems zum Zuordnungsproblem (Abschnitt 6.4) ausnutzen. Da sich die mathematische Formulierung des Traveling Salesman Problems durch Hinzufügen weiterer Restriktionen aus der Formulierung des Zuordnungsproblems ergibt, ist sicher, daß der Wert der Zielfunktion in der Optimallösung des Traveling Salesman Problems nie kleiner sein kann als der der Optimallösung des Zuordnungsproblems. Also ergibt sich aus der Lösung des Zuordnungsproblems eine Untergrenze für das Traveling Salesman Problem. Little, Murty, Sweeney und Karel haben auf diese Reduktionsmöglichkeit hingewiesen, selber aber eine andere Reduktion vorgenommen, die zwar weniger Rechenaufwand erfordert, aber dafür zu niedrigeren Untergrenzen führt. Hier sollen grundsätzlich die Untergrenzen durch Lösen des entsprechenden Zuordnungsproblems bestimmt werden. Die durch Lösen des Zuordnungsproblems reduzierte Kostenmatrix der Tabelle 3.9 ist in der Tabelle 6.22 nochmals angegeben. Die Reduktion beträgt $D = 104$ Einheiten. Die Lösung besteht aus den Kurzzyklen $A-E-F-B-A$ und $C-D-G-C$.

Nun ist die Lösungsmenge aufzuspalten. Little, Murty, Sweeney und Karel schlagen eine Aufspaltung in jeweils *zwei* disjunkte Untermengen vor. Dabei ist die eine Untermenge immer dadurch gekennzeichnet, daß die in ihr zusammengefaßten Lösungen eine bestimmte Verbindung von

Tabelle 6.22. *Kostenmatrix nach dem Lösen des Zuordnungsproblems (identisch mit der Tabelle 3.9) mit Angabe der Mindesteinbuße an den Nullelementen. Gesamtreduktion $D=104$. Kurzzyklen $A-E-F-B-A$ und $C-D-G-D$*

von \ bis	A	B	C	D	E	F	G
A	∞	2	9	4	0^2	5	5
B	0^1	∞	0^0	12	8	1	9
C	9	0^0	∞	0^0	4	2	0^0
D	5	10	4	∞	4	3	0^3
E	1	12	5	5	∞	0^1	1
F	6	0^0	3	4	0^0	∞	0^0
G	7	8	0^0	0^0	1	0^0	∞

zwei Orten enthalten, während die Lösungen der anderen Untermenge diese Verbindung nicht enthalten. Bei der Wahl dieser Verbindung wird erstens angestrebt, daß die Kostenuntergrenze der ersten Untermenge möglichst niedrig bleibt. Das wird erreicht durch Wahl einer Verbindung mit den reduzierten Kosten von Null. Zweitens ist es wünschenswert, daß die Untergrenze der zweiten Untermenge möglichst hoch wird. Dabei wird das Ziel verfolgt, den Entscheidungsbaum möglichst schlank, d.h. möglichst wenig verzweigt zu halten. Das läßt sich dadurch erreichen, daß man eine solche Verbindung auswählt, bei deren Sperrung die Kosten stark steigen. Den Mindestbetrag, um den die Kosten steigen werden, erhält man leicht aus der Summe des kleinsten übrigen Kostenelementes der gleichen Zeile und der gleichen Spalte der Matrix, in der das Element der zu wählenden Verbindung steht. Wählt man beispielsweise die Verbindung $B-A$, so steigen die Kosten für die Untermenge der Lösungen, die diese Verbindung nicht enthalten, mindestens um Eins. Denn das kleinste der sonstigen Elemente der Spalte von A ist Eins, und das der Zeile von B ist Null. Die so errechneten „Mindesteinbußen" sind in der Tabelle 6.22 an den Nullelementen eingetragen. Am stärksten ist die Mindesteinbuße an der Verbindung $D-G$. Diese Verbindung wird zur Aufspaltung der Lösungsmenge gewählt. Die Untermenge, deren Lösungen diese Verbindung enthalten, sei nun mit „$D-G$" bezeichnet, die andere Untermenge mit „$\overline{D-G}$".

Für die Menge „$D-G$" kann man nun eine um die Zeile D und die Spalte G verkleinerte Kostenmatrix aufbauen. Zur Vermeidung des Kurzzyklusses $D-G-D$ ist in ihr ferner das Element $G-D$ zu sperren durch $d_{GD}=\infty$. Man geht zweckmäßigerweise von der reduzierten Kostenmatrix der Tabelle 6.22 aus. Nach Lösen des entsprechenden Zuordnungsproblems erhält man die Matrix der Tabelle 6.23. Die Kosten betragen weiterhin $D=104$ Einheiten. Das bedeutet, daß keine weitere Reduktion gegenüber der Tabelle 6.22 erforderlich war.

Tabelle 6.23. *Kostenmatrix der Lösungsmenge „D – G" nach dem Lösen des Zuordnungsproblems. Gesamtreduktion D = 104. Kurzzyklen A – E – F – B – A und C – D – G – C*

von \ bis	A	B	C	D	E	F
A	∞	2	9	4	0^2	5
B	0^1	∞	0^0	12	8	1
C	9	0^0	∞	0^4	4	2
E	1	12	5	5	∞	0^1
F	6	0^0	3	4	0^0	∞
G	7	8	0^0	∞	1	0^0

Für die Menge „$\overline{D-G}$" wird die alte Kostenmatrix übernommen, wobei $d_{DG} = \infty$ zu setzen ist. Man erhält durch Lösen des entsprechenden Zuordnungsproblems die um $D = 108$ reduzierte Matrix der Tabelle 6.24. Diese Lösung enthält bereits eine geschlossene Rundreise, nämlich $A-E-G-C-D-F-B-A$. Es ist somit eine Lösung der Lösungsmenge „$\overline{D-G}$" bekannt, deren Kosten gleich der Kostenuntergrenze dieser Menge sind. Das bedeutet, daß diese Menge nicht mehr weiter aufgespalten zu werden braucht. Bessere Lösungen als diese sind in ihr nicht enthalten.

Tabelle 6.24. *Kostenmatrix der Lösungsmenge „$\overline{D-G}$" nach dem Lösen des Zuordnungsproblems. Gesamtreduktion D = 108. Rundreise A – E – G – C – D – F – B – A*

von \ bis	A	B	C	D	E	F	G
A	∞	2	9	4	0	6	5
B	0	∞	0	12	8	2	9
C	9	0	∞	0	4	3	0
D	1	6	0	∞	0	0	∞
E	0	11	4	4	∞	0	0
F	6	0	3	4	0	∞	0
G	7	8	0	0	1	1	∞

Dagegen muß die Menge „$D-G$" noch weiter gespalten werden. Nach dem obigen Kriterium der maximalen Mindesteinbuße wird mit Hilfe der Tabelle 6.23 die Verbindung $C-D$ zur Spaltung in die Untermengen „$C-D$" und „$\overline{C-D}$" ausgewählt. Die Kostenmatrix der Menge „$C-D$" geht aus der Tabelle 6.23 durch Entfernung der Zeile C und der Spalte D, Sperrung des Elements $G-C$ (zur Vermeidung des Kurzzyklusses $C-D-G-C$) und erneutes Lösen des entsprechenden Zuordnungsproblems hervor. Sie ist in der Tabelle 6.25 gezeigt. Die Tabelle 6.26 enthält dagegen die reduzierte Matrix der Menge „$\overline{C-D}$" mit dem Element $d_{CD} = \infty$.

Tabelle 6.25. *Kostenmatrix der Lösungsmenge „$C-D$“ nach dem Lösen des Zuordnungsproblems. Gesamtreduktion $D=105$. Kurzzyklen $A-E-A$ und $B-C-D-G-F-B$*

von \ bis	*A*	*B*	*C*	*E*	*F*
A	∞	2	9	0^2	6
B	0^0	∞	0^3	8	2
E	0^0	11	4	∞	0^0
F	6	0^2	3	0^0	∞
G	6	7	∞	0^0	0^0

Tabelle 6.26. *Kostenmatrix der Lösungsmenge „$\overline{C-D}$“ nach dem Lösen des Zuordnungsproblems. Gesamtreduktion $D=108$. Kurzzyklen $A-D-G-C-B-A$ und $E-F-E$*

von \ bis	*A*	*B*	*C*	*D*	*E*	*F*
A	∞	2	9	0	0	5
B	0	∞	0	8	8	1
C	9	0	∞	∞	4	2
E	1	12	5	1	∞	0
F	6	0	3	0	0	∞
G	7	8	0	∞	1	0

Die Menge „$\overline{C-D}$“ braucht nicht weiter aufgespalten zu werden, da die Untergrenze nicht niedriger liegt als die Kosten der aus der Menge „$\overline{D-G}$“ bekannten Lösung. Aber die Menge „$C-D$“ muß weiter gespalten werden. Sie wird aufgeteilt in die Untermengen „$B-C$“ und „$\overline{B-C}$“. Die entsprechenden Kostenmatrizen sind in den Tabellen 6.27 und 6.28 gezeigt.

Tabelle 6.27. *Kostenmatrix der Lösungsmenge „$B-C$“ nach dem Lösen des Zuordnungsproblems. Gesamtreduktion $D=105$. Kurzzyklen $A-E-A$ und $B-C-D-G-F-B$*

von \ bis	*A*	*B*	*E*	*F*
A	∞	2	0^2	6
E	0^6	11	∞	0^0
F	6	0^2	0^0	∞
G	6	∞	0^0	0^0

Tabelle 6.28. *Kostenmatrix der Lösungsmenge „$\overline{B-C}$“ nach dem Lösen des Zuordnungsproblems. Gesamtreduktion $D=109$. Rundreise $A-E-C-D-G-F-B-A$*

von \ bis	*A*	*B*	*C*	*E*	*F*
A	∞	0	5	0	6
B	0	∞	∞	8	2
E	0	9	0	∞	0
F	8	0	1	2	∞
G	6	5	∞	0	0

Wiederum ist nur die erste Menge weiter aufzuspalten. Es entstehen die Untermengen „$E-A$“ und „$\overline{E-A}$“. Die Tabellen 6.29 und 6.30 enthalten die entsprechenden Kostenmatrizen.

Tabelle 6.29. *Kostenmatrix der Lösungsmenge „$E-A$“ nach dem Lösen des Zuordnungsproblems. Gesamtreduktion $D=107$. Rundreise $A-B-C-D-G-F-E-A$*

von \ bis	B	E	F
A	0	∞	4
F	0	0	∞
G	∞	0	0

Tabelle 6.30. *Kostenmatrix der Lösungsmenge „$\overline{E-A}$“ nach dem Lösen des Zuordnungsproblems. Gesamtreduktion $D=111$. Rundreise $A-E-F-B-C-D-G-A$*

von \ bis	A	B	E	F
A	∞	2	0	6
E	∞	11	∞	0
F	0	0	0	∞
G	0	∞	0	0

In der Menge „$E-A$“ ist nun eine Rundreise gefunden worden, deren Kosten $D=107$ mit der Kostenuntergrenze dieser Menge übereinstimmen. Diese Menge braucht also nicht weiter aufgespalten zu werden. Da die Untergrenze keiner anderen, nicht aufgespaltenen Menge niedriger ist, kann diese Lösung nur die gesuchte Optimallösung sein.

Der bei dieser Vorgehensweise entstandene Entscheidungsbaum ist in der Abb. 6.4 gezeigt.

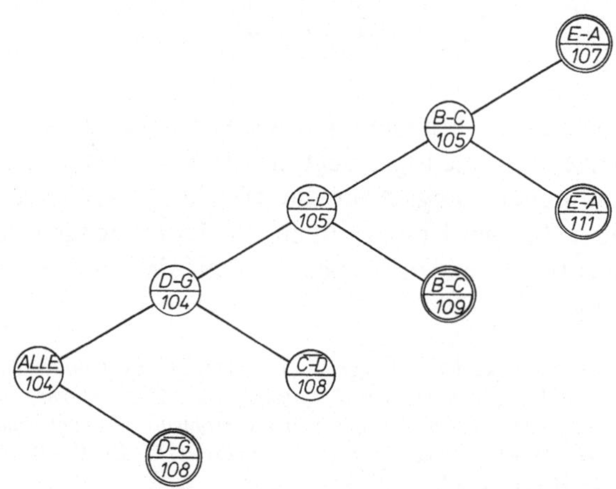

Abb. 6.4. Entscheidungsbaum zum Verfahren des *Branching and Bounding* bei der Lösung des Traveling Salesman Problems. Jeder Knoten enthält eine Lösungsmenge und die errechnete Kostenuntergrenze. Doppelkreise kennzeichnen, daß eine Lösung dieser Lösungsmenge bekannt ist, deren Kosten gleich der Untergrenze sind

Bei der Behandlung der jeweils zweiten, d.h. durch einen Querstrich gekennzeichneten Untermengen kann der Rechenaufwand noch etwas verringert werden gegenüber der vorgeführten Rechnung. Das Lösen der diesen Mengen entsprechenden Zuordnungsprobleme ist nur notwendig, wenn ihre Aufspaltung in Aussicht genommen ist. Nun kann man aber schon vorher erkennen, daß die Untergrenze von „$\overline{D-G}$“ mindestens bei $(104+3)=107$ (Mindesteinbuße für $D-G$ in der Tabelle 6.22), die Untergrenze von „$\overline{C-D}$" mindestens bei $(104+4)=108$ (Mindesteinbuße für $C-D$ in der Tabelle 6.23), die Untergrenze von „$\overline{B-C}$" mindestens bei $(105+3)=108$ (Mindesteinbuße für $B-C$ in der Tabelle 6.25) und die Untergrenze von „$\overline{E-A}$" mindestens bei $(105+6)=111$ (Mindesteinbuße für $E-A$ in der Tabelle 6.27) liegt. Solange diese grob ermittelten Untergrenzen ausreichen, eine Untermenge vor weiterem Aufspalten zu schützen, ist eine Reduzierung der Matrix durch Lösen des entsprechenden Zuordnungsproblems nicht erforderlich.

Im folgenden ist das Schema der Arbeitsweise des *Branching and Bounding* für das Lösen des Traveling Salesman Problems angegeben. Es ist die hier am Beispiel vorgeführte Version gewählt, die sich von der Originalversion in den genannten Details unterscheidet. Dabei sei $r=1,2,\ldots,R$ der Index der Lösungsmengen. D_r sind die Kostenuntergrenzen für die Lösungsmengen r. Ferner enthält MIN die Kosten der jeweils besten bekannten Rundreise. Der Parameter $z_r=1$ gibt an, daß die Lösungsmenge r diejenige Verbindung enthält, bezüglich derer eine Aufspaltung in zwei Mengen vorgenommen ist. Anderenfalls ist $z_r \leqq 0$. Dabei gibt $z_r=0$ an, daß die Matrix dieser Menge durch Lösen des entsprechenden Zuordnungsproblems reduziert ist; $z_r=-1$ bedeutet, daß nur eine Grobberechnung der Kostenuntergrenze vorgenommen ist.

Schritt 1: Definition der anfänglichen Kostenmatrix (d_{ij}). $r:=R:=1$; $z_1:=0$. MIN$:=\infty$.

Schritt 2: Berechnen und Speichern der reduzierten Kostenmatrix $(d_{ij}^{(r)})$ durch Lösen des entsprechenden Zuordnungsproblems. Speichern der Kosten (Gesamtreduktion) D_r dieser Lösung. Falls diese Lösung aus einer Rundreise (d.h. nicht aus Kurzzyklen) besteht und $D_r<$ MIN ist, wird diese Rundreise gespeichert und MIN$:=D_r$ gesetzt.

Schritt 3: Auswahl der Lösungsmenge mit der niedrigsten Kostenuntergrenze $D_r := \min\limits_{k=1,\ldots,R} \{D_k\}$ unter den noch nicht aufgespaltenen Lösungsmengen. Falls $D_r \geqq$ MIN, → **Ende.** Falls $z_r=0$, → **Schritt 4.** Andernfalls $z_r:=0$ und → **Schritt 2.**

Schritt 4: Aufspalten der Lösungsmenge r. Wahl derjenigen Verbindung $p-q$ mit $d_{pq}^{(r)}=0$, durch deren Sperrung die größte Mindesteinbuße $\Delta = \min\limits_{i \neq p} \{d_{iq}^{(r)}\} + \min\limits_{j \neq q} \{d_{pj}^{(r)}\}$ zu erzielen ist. Für die Lösungsmenge $s:=(R+1)$, in der die Verbindung $p-q$ zu sperren ist, wird die Matrix $(d_{ij}^{(s)}):=(d_{ij}^{(r)})$ übernommen mit Ausnahme von $d_{pq}^{(s)}:=\infty$. Ferner werden $D_s:=(D_r+\Delta)$ sowie $z_s=-1$ gesetzt.

Für die Lösungsmenge $t := (R+2)$, in der die Verbindung $p-q$ enthalten ist, geht die Matrix $(d_{ij}^{(t)})$ aus $(d_{ij}^{(r)})$ durch Streichung der Zeile p und der Spalte q hervor. Ferner wird die Verbindung gesperrt, die mit der Verbindung $p-q$ einen Kurzzyklus bildet.
$r := R := R+2$.
$z_r := 1$.
Sprung → **Schritt 2.**

Bei diesem Verfahren müssen weiterhin die Beziehungen zwischen den einzelnen Lösungsmengen und ihren Untermengen und die erzwungenen bzw. gesperrten Verbindungen gespeichert werden. Wegen der unterschiedlichen Organisationsmöglichkeiten der Speicherung ist dieses in den einzelnen Schritten nicht angegeben.

Statt der expliziten Matrizen $(d_{ij}^{(r)})$ mit jeweils bis zu n^2 Elementen braucht man nur die Ausgangsmatrix und alle Reduktionskonstanten $u_i^{(r)}$ und $v_j^{(r)}$ der Zeilen und Spalten (vgl. Abschnitt 3.2) mit jeweils zusammen $2n$ Elementen zu speichern. Aus ihnen kann man die benötigten Matrixelemente bei Bedarf berechnen. Besonders bei großem n ist diese Organisation wegen des meist knappen Speicherplatzes vorzuziehen.

Viele Modifikationen sind auch in der Struktur der Schritte 2, 3 und 4 möglich. Einige werden von Little, Murty, Sweeney und Karel [116] genannt, beispielsweise die „Go to the Right"-Version und die „Throw Away the Tree"-Version. Alle Versionen der *begrenzten Enumeration* sind letztlich auch Modifikationen des allgemeinen Prinzips des *Branching and Bounding*.

Über Rechenerfahrungen, die mit *Branching and Bounding* an einer IBM 7090 gewonnen wurden, berichten Little, Murty, Sweeney und Karel [116] folgendes. Probleme, deren Kostenmatrix aus Zufallszahlen erzeugt wurde, konnten bis zu einer Größe von 40 Orten behandelt werden. Durchschnittlich benötigte man für Probleme mit 40 Orten 8 min, mit 30 Orten 1 min, mit 20 Orten 5 sec und mit 10 Orten weniger als 1 sec. Ungünstiger erwies sich das Verfahren bei „geographischen" Problemen, bei denen die Kosten zwischen den zu verbindenden Orten gleich den Entfernungen zwischen amerikanischen Städten waren. Für Probleme mit 10 Städten wurden etwa 2 sec, mit 15 bis 20 Städten bis zu 80 sec (im Durchschnitt ungefähr 25 sec), mit 25 Städten bis zu 12 min und mit 27 Städten bis zu über 1 Std Rechenzeit gebraucht.

6.7.3. Die begrenzte Enumeration, erste Version

In der ersten Version der *begrenzten Enumeration* werden nach dem gleichen Prinzip, nach dem die in der Tabelle 4.1 vorgeführte *Vollenumeration* arbeitet, alle Reihenfolgen auf- und abgebaut. Dabei werden auf jedem Schritt die Kosten der im Aufbau befindlichen Folge mit einer oberen Grenze verglichen. Diese Grenze wird anfangs durch die Kosten einer mit *heuristischen Verfahren* gefundenen Ausgangslösung gebildet. Ist diese Grenze erreicht oder überschritten, wird der weitere Aufbau der betreffenden Folge nicht mehr durchgeführt, da dann mit Sicherheit feststeht, daß mit ihr keine bessere als die beste bisher bekannte Lösung zu erzielen ist. Wird im Laufe der Rechnung eine bessere Rundreise als die bisher bekannte Bestlösung gefunden, so wird die obere Grenze entsprechend herabgesetzt.

Um möglichst früh erkennen zu können, ob noch Aussicht auf eine verbesserte Lösung besteht, verwendet man nicht die ursprüngliche Kostenmatrix, sondern eine möglichst weit reduzierte Kostenmatrix. Die stärkste Reduzierung der Kostenmatrix ist durch Lösen des entsprechenden Zuordnungsproblems möglich.

Im folgenden soll die erste Version der begrenzten Enumeration am obigen Beispiel vorgeführt werden. Die durch Lösen des Zuordnungsproblems um $D=104$ reduzierte Kostenmatrix ist in der Tabelle 6.31 angegeben. Sie ist identisch mit den Tabellen 3.9 und 6.22. Als Ausgangslösung sei die in der Tabelle 6.3 mit dem *Verfahren der sukzessiven Einbeziehung von Stationen* gefundene Reihenfolge $A-E-F-G-D-C-B-A$ mit den Kosten von $D=108$ Einheiten (anfängliche obere Grenze) gewählt.

Tabelle 6.31. *Kostenmatrix nach dem Lösen des Zuordnungsproblems. Gesamtreduktion* $D=104$

von \ bis	*A*	*B*	*C*	*D*	*E*	*F*	*G*
A	∞	2	9	4	0	5	5
B	0	∞	0	12	8	1	9
C	9	0	∞	0	4	2	0
D	5	10	4	∞	4	3	0
E	1	12	5	5	∞	0	1
F	6	0	3	4	0	∞	0
G	7	8	0	0	1	0	∞

Mit den Kosten dieser Matrix ist die *begrenzte Enumeration* in den Tabellen 6.32a und 6.32b durchgeführt. Nach der laufenden Nummer aller Bauschritte und der effektiven Nummer der erfolgreichen Bauschritte in den ersten beiden Spalten folgen die jeweilige (Teil-)Folge und die gesamten Kosten der Teilfolge. Erfolglose Bauschritte, bei denen die Enumerationsgrenze von 108 erreicht oder überschritten ist, sind durch einen Stern (*) markiert. Lösungsverbesserungen sind durch „!“ gekennzeichnet.

Tabelle 6.32a. *Durchführung der begrenzten Enumeration (erste Version) bis zur ersten verbesserten Lösung*

Lfd. Nr.	Eff. Nr.	(Teil-)Folge	Kosten
1	1	A	104
2	2	$A-B$	106
3	3	$A-B-C$	106
4	4	$A-B-C-D$	106
5		$A-B-C-D-E$	110*
6		$A-B-C-D-F$	109*
7	5	$A-B-C-D-G$	106
8	6	$A-B-C-D-G-E$	107
9	7	$A-B-C-D-G-E-F$	107
10		$A-B-C-D-G-E-F-A$	113*
11	8	$A-B-C-D-G-F$	106
12	9	$A-B-C-D-G-F-E$	106
13	10	$A-B-C-D-G-F-E-A$	107!

Im Schritt 13 wird eine Lösung mit den Kosten von $D=107$ Einheiten gefunden. Nach Herabsetzen der oberen Grenze auf 107 wird das Enumerieren fortgesetzt.

In der weiteren Rechnung (Tabelle 6.32b) ist keine bessere Folge gefunden worden. Also ist die im Schritt 10 (Eff. Nr.) gefundene Reihenfolge $A-B-C-D-G-F-E-A$ mit den Kosten von $D=107$ Einheiten optimal. Wollte man alle optimalen Lösungen bestimmen, so hätte

Tabelle 6.32b. *Fortsetzung der begrenzten Enumeration (erste Version)*

Lfd. Nr.	Eff. Nr.	(Teil-)Folge	Kosten
14		$A-B-C-E$	110*
15		$A-B-C-F$	108*
16	11	$A-B-C-G$	106
17	12	$A-B-C-G-D$	106
18		$A-B-C-G-D-E$	110*
19		$A-B-C-G-D-F$	109*
20		$A-B-C-G-E$	107*
21	13	$A-B-C-G-F$	106
22		$A-B-C-G-F-D$	110*
23	14	$A-B-C-G-F-E$	106
24		$A-B-C-G-F-E-D$	111*
25		$A-B-D$	118*
26		$A-B-E$	114*
27		$A-B-F$	107*
28		$A-B-G$	115*
29		$A-C$	113*
30		$A-D$	108*
31	15	$A-E$	104
32		$A-E-B$	116*
33		$A-E-C$	109*

Tabelle 6.32 b. *Fortsetzung der begrenzten Enumeration* (*erste Version*)

Lfd. Nr.	Eff. Nr.	(Teil-)Folge	Kosten
34		$A-E-D$	109*
35	16	$A-E-F$	104
36	17	$A-E-F-B$	104
37	18	$A-E-F-B-C$	104
38	19	$A-E-F-B-C-D$	104
39	20	$A-E-F-B-C-D-G$	104
40		$A-E-F-B-C-D-G-A$	111*
41	21	$A-E-F-B-C-G$	104
42	22	$A-E-F-B-C-G-D$	104
43		$A-E-F-B-C-G-D-A$	109*
44		$A-E-F-B-D$	116*
45		$A-E-F-B-G$	113*
46		$A-E-F-C$	107*
47		$A-E-F-D$	108*
48	23	$A-E-F-G$	104
49		$A-E-F-G-B$	112*
50	24	$A-E-F-G-C$	104
51	25	$A-E-F-G-C-B$	104
52		$A-E-F-G-C-B-D$	116*
53	26	$A-E-F-G-C-D$	104
54		$A-E-F-G-C-D-B$	114*
55	27	$A-E-F-G-D-$	104
56		$A-E-F-G-D-B$	114*
57		$A-E-F-G-D-C$	108*
58	28	$A-E-G$	105
59		$A-E-G-B$	113*
60	29	$A-E-G-C$	105
61	30	$A-E-G-C-B$	105
62		$A-E-G-C-B-D$	117*
63	31	$A-E-G-C-B-F$	106
64		$A-E-G-C-B-F-D$	110*
65	32	$A-E-G-C-D$	105
66		$A-E-G-C-D-B$	115*
67		$A-E-G-C-D-F$	108*
68		$A-E-G-C-F$	107*
69	33	$A-E-G-D$	105
70		$A-E-G-D-B$	115*
71		$A-E-G-D-C$	109*
72		$A-E-G-D-F$	108*
73	34	$A-E-G-F$	105
74	35	$A-E-G-F-B$	105
75	36	$A-E-G-F-B-C$	105
76	37	$A-E-G-F-B-C-D$	105
77		$A-E-G-F-B-C-D-A$	110*
78		$A-E-G-F-B-D$	117*
79		$A-E-G-F-C$	108*
80		$A-E-G-F-D$	109*
81		$A-F$	109*
82		$A-G$	109*

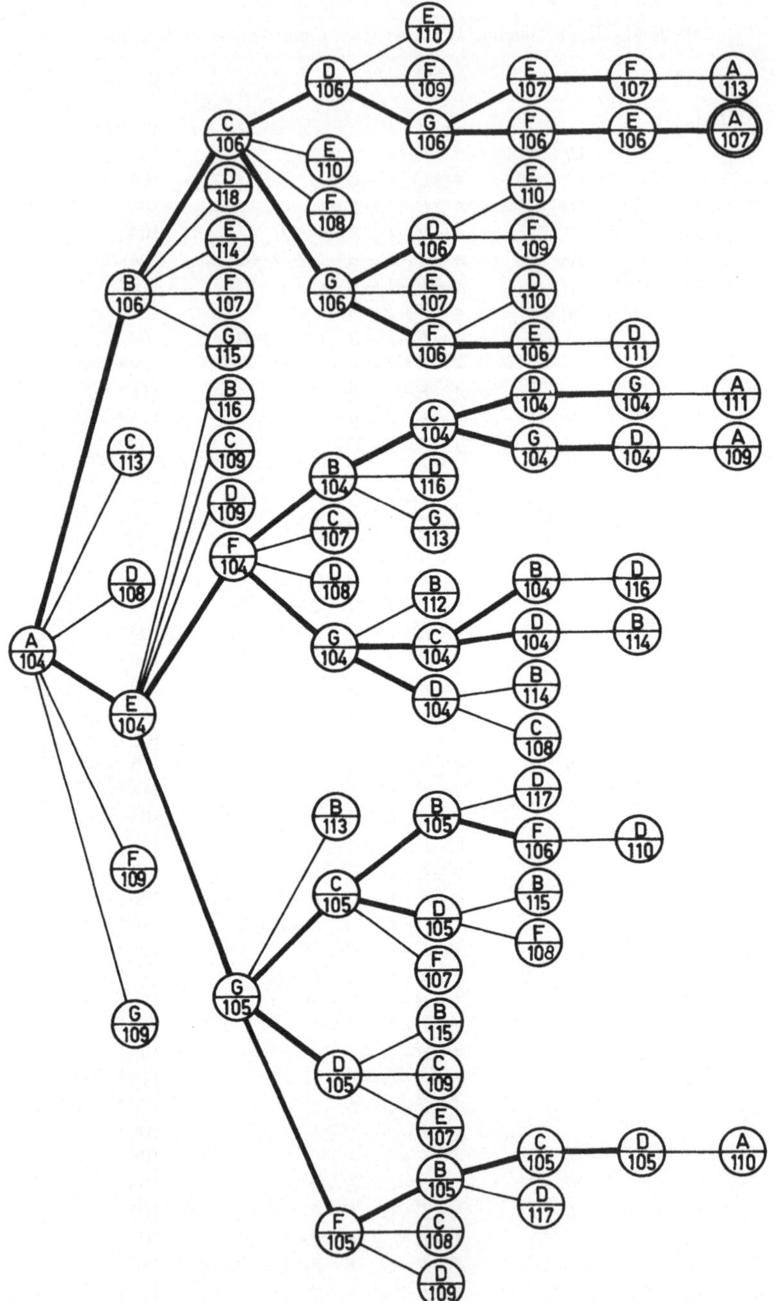

Abb. 6.5. Entscheidungsbaum für die erste Version der *begrenzten Enumeration*. Erfolgreiche Schritte sind dick gezeichnet. Lösungsverbesserungen sind durch Doppelkreise dargestellt

man nicht schon bei Erreichen, sondern erst bei Überschreiten der oberen Grenze den Weiterbau einer Folge abbrechen dürfen.

In der Abb. 6.5 ist die in der Tabelle 6.32 durchgeführte Enumeration als Entscheidungsbaum dargestellt. Die Knoten enthalten den letzten Ort jeder Teilfolge und die errechneten Kosten. Die dicken Zweige geben die erfolgreichen Bauschritte an.

Bei dieser Enumeration waren effektiv 37 Bauschritte erforderlich. Dagegen wären bei vollständiger Enumeration 1957 Bauschritte (vgl. Tabelle 2.2) durchzuführen gewesen. Bei den 45 erfolglosen von insgesamt 82 Bauschritten war lediglich der wenig aufwendige Vergleich mit der Kostengrenze zu vollziehen. Für die 37 erfolgreichen Bauschritte war außerdem eine Speicherung und die Vorbereitung des nachfolgenden Bauschrittes vorzunehmen.

Bei der Benutzung von Rechenautomaten wird jeweils außer der unveränderten Kostenmatrix nur die gerade bearbeitete Reihenfolge, d.h. eine Zeile der Tabelle 6.32 gespeichert. Somit ist der Speicherbedarf für dieses Verfahren sehr gering. Allerdings wächst die Anzahl der Bauschritte sehr rasch mit der Problemgröße, so daß trotz minimaler Rechenzeit pro Bauschritt erhebliche Gesamtrechenzeiten zustandekommen. Dieser Nachteil ist bei der zweiten Version der begrenzten Enumeration gemindert.

Abschließend sei die erste Version der *begrenzten Enumeration* in zusammengefaßter Weise formuliert.

Schritt 1: Suchen einer möglichst guten Ausgangslösung mit mindestens einem Eröffnungsverfahren (und evtl. anschließenden suboptimierenden Iterationsverfahren). Die Kosten dieser Lösung bilden die anfängliche obere Grenze beim Enumerieren.

Schritt 2: Reduktion der Kostenmatrix durch Lösen des entsprechenden Zuordnungsproblems. Falls die Gesamtreduktion die obere Grenze erreicht, ist die Ausgangslösung die Optimallösung; → **Ende.**

Schritt 3: Beginnend vom ersten (oder beliebigen sonstigen) Ort wird nach dem Schema der vollständigen Enumeration der Bau jeder möglichen Reihenfolge begonnen und jeweils dann abgebrochen, wenn die Kosten der im Bau befindlichen Teilfolge die obere Grenze erreichen oder überschreiten. Falls eine neue vollständige Rundreise mit geringeren Kosten gefunden ist, werden diese Kosten als neue obere Grenze für das weitere Enumerieren eingesetzt.

Ein ALGOL-Programm für den Schritt 3 dieses Schemas ist von Barth [12] beschrieben worden.

6.7.4. Die begrenzte Enumeration, zweite Version

Die zweite Version der *begrenzten Enumeration* unterscheidet sich von der ersten Version durch einen größeren Aufwand zur Berechnung der Mindestkosten von Teilfolgen. Dadurch ist schon frühzeitiger ein Erkennen von nicht zur Optimallösung führenden Teilfolgen möglich, so daß die Zahl der Bauschritte reduziert wird. Diese zweite Version ist der im Abschnitt 6.7.2 beschriebenen Version des *Branching and Bounding* eng verwandt. Die Berechnung der Mindestkosten geschieht hier in gleicher Weise wie dort die Berechnung der unteren Grenzen durch Lösen des entsprechenden Zuordnungsproblems.

Am obigen Beispiel sei das vorgeführt. Die Tabelle 6.39 enthält das Rechenprotokoll dazu. Der entstehende Entscheidungsbaum ist in der Abb. 6.6 gezeigt. Als Ausgangslösung sei, wie im Abschnitt 6.7.3, eine Lösung mit den Kosten $D=108$ (anfängliche obere Grenze) gewählt. Die erste Reduktion um $D=104$ durch Lösen des Zuordnungsproblems führt wieder auf die gleiche Kostenmatrix, wie sie in den Tabellen 3.9, 6.22 und 6.31 angegeben ist. Nun beginnt das Enumerieren mit der Verbindung $A-B$. Da die Strecke von A nach B zusätzliche Kosten von 2 Einheiten verursacht, betragen die Mindestkosten aller Lösungen, die diese Verbindung enthalten $(104+2)=106$ Einheiten. Die feste Einplanung dieser Verbindung führt wie beim *Branching and Bounding* auf eine um die Zeile A und die Spalte B verkleinerte Kostenmatrix, in der zur Vermeidung des Kurzzyklusses $A-B-A$ die Kosten $d_{BA}=\infty$ gesetzt werden. Das Lösen des mit dieser Matrix verbundenen Zuordnungsproblems führt zu der in der Tabelle 6.33 gezeigten Matrix mit der Gesamtreduktion $D=107$. Diese Lösung enthält bereits eine geschlossene Rundreise mit den Kosten von $D=107$. Eine Fortsetzung der Enumeration des mit der Verbindung $A-B$ beginnenden Zweiges ist also nicht mehr erforderlich, da in ihm keine bessere Rundreise enthalten sein kann. Die Enumerationsgrenze wird nun auf $D=107$ heruntergesetzt.

Man baut daher die Verbindung $A-B$ ab und ersetzt sie durch $A-C$. Für diese Verbindung betragen die Mindestkosten nach der Tabelle 6.31

Tabelle 6.33. *Kostenmatrix mit fester Verbindung $A-B$ nach Lösen des Zuordnungsproblems. Gesamtreduktion $D=107$. Rundreise $A-B-C-D-G-F-E-A$*

von \ bis	A	C	D	E	F	G
B	∞	0	12	8	1	9
C	8	∞	0	4	2	0
D	4	4	∞	4	3	0
E	0	5	5	∞	0	1
F	5	3	4	0	∞	0
G	6	0	0	1	0	∞

bereits $(104+9)=113$ Einheiten, übersteigen also die Enumerationsgrenze. Das gleiche gilt für $A-D$ mit den Mindestkosten von $(104+4)=108$ Einheiten. Erst die Verbindung $A-E$ mit den Mindestkosten von $(104+0)=104$ Einheiten läßt noch eine weitere Lösungsverbesserung erhoffen. Dazu wird zunächst die Matrix der Tabelle 6.31 um die Zeile A und die Spalte E verkleinert. Nach Sperrung des Kurzzykluselementes $d_{EA}=\infty$ und Lösen des entsprechenden Zuordnungsproblems erhält man die Matrix der Tabelle 6.34 mit der Gesamtreduktion $D=104$. Diese Lösung enthält Kurzzyklen.

Tabelle 6.34. *Kostenmatrix mit fester Verbindung $A-E$ nach Lösen des Zuordnungsproblems. Gesamtreduktion $D=104$. Kurzzyklen $A-E-F-B-A$ und $C-D-G-C$*

von \ bis	*A*	*B*	*C*	*D*	*F*	*G*
B	0	∞	0	12	1	9
C	9	0	∞	0	2	0
D	5	10	4	∞	3	0
E	∞	12	5	5	0	1
F	6	0	3	4	∞	0
G	7	8	0	0	0	∞

An dieser Matrix wird der Enumerationsprozeß fortgesetzt. Die Folgen $A-E-B$, $A-E-C$ und $A-E-D$ führen zu Mindestkosten, die über der Enumerationsgrenze liegen. Erst die Folge $A-E-F$ läßt eine weitere Verbesserung der Lösung erhoffen. Nach Entfernung der Zeile E und der Spalte F, Sperren des Elementes $D_{FA}=\infty$ und Lösen des entsprechenden Zuordnungsproblems erhält man die Kostenmatrix der Tabelle 6.35 mit der Gesamtreduktion $D=104$. Die Lösung enthält weiterhin Kurzzyklen. Alle weiteren Bauschritte führen zu Teilfolgen,

Tabelle 6.35. *Kostenmatrix mit den festen Verbindungen $A-E-F$ nach Lösen des Zuordnungsproblems. Gesamtreduktion $D=104$. Kurzzyklen $A-E-F-B-A$ und $C-D-G-C$*

von \ bis	*A*	*B*	*C*	*D*	*G*
B	0	∞	0	12	9
C	9	0	∞	0	0
D	5	10	4	∞	0
F	∞	0	3	4	0
G	7	8	0	0	∞

Tabelle 6.36. *Kostenmatrix mit den festen Verbindungen $A-E-F-B$ nach Lösen des Zuordnungsproblems. Gesamtreduktion $D=109$. Rundreise $A-E-F-B-C-G-D-A$*

von \ bis	*A*	*C*	*D*	*G*
B	∞	0	12	9
C	4	∞	0	0
D	0	4	∞	0
G	2	0	0	∞

die weitere Lösungsverbesserungen ausschließen. Die dabei zu berechnenden Kostenmatrizen sind in den Tabellen 6.36 bis 6.38 angegeben.

Tabelle 6.37. *Kostenmatrix mit den festen Verbindungen A – E – F – G nach Lösen des Zuordnungsproblems. Gesamtreduktion D = 108. Rundreise A – E – F – G – D – C – B – A*

von \ bis	A	B	C	D
B	0	∞	0	12
C	9	0	∞	0
D	1	6	0	∞
G	∞	8	0	0

Tabelle 6.38. *Kostenmatrix mit den festen Verbindungen A – E – G nach Lösen des Zuordnungsproblems. Gesamtreduktion D = 108. Rundreise A – E – G – C – D – F – B – A*

von \ bis	A	B	C	D	F
B	0	∞	0	12	1
C	9	0	∞	0	2
D	2	7	1	∞	0
F	6	0	3	4	∞
G	∞	8	0	0	0

Insgesamt erforderte die zweite Version der *begrenzten Enumeration* 16 Bauschritte (Tabelle 6.39). Davon wurden 9 wegen zu hoher Mindestkosten sofort ausgeschlossen. Weitere 3 wurden nach Lösen des entsprechenden Zuordnungsproblems als nicht erfolgreich erkannt. Es bleiben somit nur 4 erfolgreiche Bauschritte. Die Zahl der gesamten und der erfolgreichen Bauschritte ist also wesentlich geringer gegenüber der ersten Version. Dafür ist der durchschnittliche Rechenaufwand je Bau-

Tabelle 6.39. *Durchführung der begrenzten Enumeration (zweite Version). Mit „!" sind Rundreisen bezeichnet, die eine Verbesserung der bisher besten Lösung darstellen. Mit „*" sind Mißerfolge gekennzeichnet*

Lfd. Nr.	Eff. Nr.	(Teil-) Folge	Mindestkosten	Kosten
1	1	*A*	0	104
2	2	*A – B*	106	107!
3		*A – C*	113*	
4		*A – D*	108*	
5	3	*A – E*	104	104
6		*A – E – B*	116*	
7		*A – E – C*	109*	
8		*A – E – D*	109*	
9	4	*A – E – F*	104	104
10		*A – E – F – B*	104	109*
11		*A – E – F – C*	107*	
12		*A – E – F – D*	108*	
13		*A – E – F – G*	104	108*
14		*A – E – G*	105	108*
15		*A – F*	109*	
16		*A – G*	109*	

schritt größer. In der Abb. 6.6 ist der entsprechende Entscheidungsbaum angegeben.

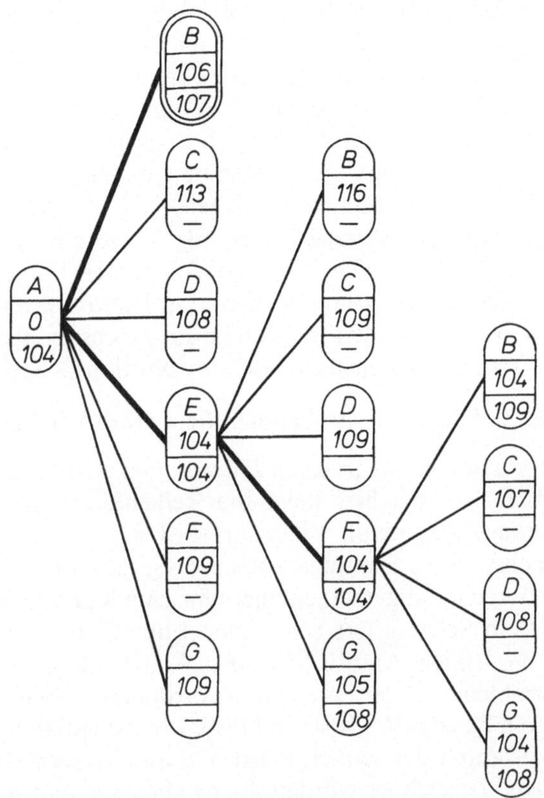

Abb. 6.6. Entscheidungsbaum für die zweite Version der *begrenzten Enumeration*. Erfolgreiche Schritte sind dick gezeichnet. Lösungsverbesserungen sind durch Doppellinien dargestellt

Abschließend sei die zweite Version der *begrenzten Enumeration* nochmals schrittweise zusammengefaßt.

Schritt 1: Suchen einer möglichst guten Ausgangslösung mit mindestens einem Eröffnungsverfahren (und evtl. anschließenden suboptimierenden Iterationsverfahren). Die Kosten dieser Lösung bilden die anfängliche obere Grenze beim Enumerieren.

Schritt 2: Reduktion der Kostenmatrix durch Lösen des entsprechenden Zuordnungsproblems. Falls die Gesamtreduktion die obere Grenze erreicht, ist die Ausgangslösung die Optimallösung; → **Ende.**

Schritt 3: Beginnend vom ersten (oder beliebigen sonstigen) Ort wird nach dem Schema der vollständigen Enumeration der Bau jeder möglichen Reihenfolge begonnen. Dabei werden in jedem Bauschritt zunächst die Mindestkosten errechnet. Erreichen oder überschreiten sie die Enumerationsgrenze, wird die im Bau befindliche Folge abgebrochen. Anderenfalls werden durch Lösen des jeweils angepaßten Zuordnungsproblems die Kosten der im Bau befindlichen Reihenfolge berechnet. Erreichen oder überschreiten sie die Enumerationsgrenze, wird die Folge ebenfalls abgebrochen. Anderenfalls wird der Bau der Folge festgesetzt. Falls dabei eine neue vollständige Rundreise mit geringeren Kosten gefunden ist, werden diese Kosten als neue obere Grenze für den weiteren Enumerationsprozeß eingesetzt.

6.7.5. Die begrenzte Enumeration, dritte Version

Die dritte Version der *begrenzten Enumeration* arbeitet anders als die beiden ersten. Es werden hier nicht die Reihenfolgen selber auf dem Enumerationswege aufgebaut. Vielmehr wird das Traveling Salesman Problem zunächst als Zuordnungsproblem aufgefaßt und wie ein solches gelöst. Dabei treten im allgemeinen unerwünschte Kurzzyklen auf. Diese werden nach dem Schema der begrenzten Enumeration aufgebrochen. Nach jedem derartigen Aufbrechen eines Kurzzyklusses wird das so veränderte Problem wieder wie ein Zuordnungsproblem behandelt. Dieses Verfahren ist vom Verfasser in [139], wo es erstmals veröffentlicht wurde, als „Verfahren der sequentiellen und alternativen Kombination von Kurzzyklen" bezeichnet worden. Es ist eine systematische Erweiterung der von Hellmich [78] und Ackoff [1] vorgeschlagenen Verfahren, in denen durch einfaches Zusammensetzen der Kurzzyklen oft eine gute, aber nur selten optimale Lösung gefunden wird (vgl. Abschnitt 6.4.2). Ein sehr ähnliches Verfahren scheint in einer unveröffentlichten Dissertation von Eastman [48] beschrieben zu sein. Auf diese Arbeit wird von Lawler und Wood [112] sowie Bellmore und Nemhauser [17] hingewiesen. In einer ebenfalls unveröffentlichten Arbeit soll Shapiro [160] das Verfahren von Eastman erweitert haben. Darauf weisen ebenfalls Bellmore und Nemhauser hin.

Zunächst sei das Verfahren am obigen Beispiel erläutert. Man beginnt wieder mit einem oder mehreren heuristischen Verfahren, um eine gute Ausgangslösung zu finden. Die Kosten der Ausgangslösung bilden wieder die obere Grenze beim Enumerieren. Hier sei wieder die Rundreise $A-E-F-D-G-C-B-A$ mit den Kosten von $D=108$ als Ausgangslösung gewählt. Der Lösungsverlauf ist in der Tabelle 6.48 protokolliert. Die Abb. 6.7 enthält den dazugehörigen Entscheidungsbaum.

Man löst das Problem wie ein Zuordnungsproblem und erhält die um $D = 104$ reduzierte Matrix der Tabelle 6.40, die identisch mit den Tabellen 3.9, 6.22 und 6.31 ist. Die Lösung dieses Zuordnungsproblems besteht aus den beiden Kurzzyklen $A-E-F-B-A$ und $C-D-G-C$. Die Elemente dieser Verbindungen sind durch Unterstreichen markiert.

Tabelle 6.40. *Kostenmatrix nach dem Lösen des Zuordnungsproblems. Gesamtreduktion* $D = 104$. *Kurzzyklen* $A-E-F-B-A$ *und* $C-D-G-C$

von \ bis	*A*	*B*	*C*	*D*	*E*	*F*	*G*
A	∞	2	9	4	$\underline{0}$	5	5
B	$\underline{0}$	∞	0	12	8	1	9
C	9	0	∞	$\underline{0}$	4	2	0
D	5	10	4	∞	4	3	$\underline{0}$
E	1	12	5	5	∞	$\underline{0}$	1
F	6	$\underline{0}$	3	4	0	∞	0
G	7	8	$\underline{0}$	0	1	0	∞

Eine geschlossene Reihenfolge ist nicht möglich, wenn gleichzeitig *alle* Verbindungen eines Kurzzyklusses in der Lösung vorhanden sind. So muß mindestens eine der Verbindungen $C-D$, $D-G$ und $G-C$ verschwinden. Aus gleichem Grund muß auf mindestens eine der Verbindungen $A-E$, $E-F$, $F-B$ und $B-A$ verzichtet werden. Einen derartigen Verzicht kann man dadurch erzwingen, daß man alternativ eine der Verbindungen sperrt, was beispielsweise durch „∞"-Setzen eines Elementes in der Kostenmatrix zu erreichen ist. Zur Vermeidung der aus der bisherigen Matrix erzielten Lösung genügt es, einen einzigen der vorhandenen Kurzzyklen an allen enthaltenen Verbindungen alternativ aufzubrechen. Man wählt dabei zweckmäßigerweise denjenigen Zyklus mit der geringsten Anzahl an Orten. Das ist in diesem Beispiel der Zyklus $C-D-G-C$. Als erstes sei die Verbindung $C-D$ gesperrt. Nach erneuter Lösung des so geänderten Problems als Zuordnungsproblem erhält man die um $D = 107$ Einheiten reduzierte Matrix der Tabelle 6.41.

Tabelle 6.41. *Kostenmatrix nach Sperren der Verbindung* $C-D$ *und Lösen des Zuordnungsproblems. Gesamtreduktion* $D = 107$. *Kurzzyklen* $A-E-F-C-B-A$ *und* $D-G-D$

von \ bis	*A*	*B*	*C*	*D*	*E*	*F*	*G*
A	∞	2	6	1	$\underline{0}$	3	5
B	$\underline{0}$	∞	0	12	11	2	12
C	6	$\underline{0}$	∞	∞	4	0	0
D	2	10	1	∞	4	1	$\underline{0}$
E	0	14	4	4	∞	$\underline{0}$	3
F	3	0	$\underline{0}$	1	0	∞	0
G	7	11	0	$\underline{0}$	4	1	∞

Die Lösung besteht aus den Kurzzyklen $A-E-F-C-B-A$ und $D-G-D$.

Auch diese Lösung ist wegen ihrer Kurzzyklen unbrauchbar. Es wird wieder der Zyklus mit der geringeren Zahl an Orten, also $D-G-D$ aufgespalten. Zunächst wird die Verbindung $D-G$ gesperrt. Nach erneuter Lösung des entsprechenden Zuordnungsproblems gelangt man zu der in der Tabelle 6.42 gezeigten Matrix mit der Reduktion von $D=108$ Einheiten. Die Lösung besteht aus den drei Kurzzyklen $A-E-A$, $B-C-B$ und $D-F-G-D$.

Tabelle 6.42. *Kostenmatrix nach Sperren der Verbindungen $C-D$ und $D-G$ und nach Lösen des Zuordnungsproblems. Gesamtreduktion $D = 108$. Kurzzyklen $A-E-A$, $B-C-B$ und $D-F-G-D$*

von \ bis	*A*	*B*	*C*	*D*	*E*	*F*	*G*
A	∞	2	6	1	$\underline{0}$	3	5
B	0	∞	$\underline{0}$	12	11	2	12
C	6	$\underline{0}$	∞	∞	4	$\underline{0}$	0
D	1	9	0	∞	3	$\underline{0}$	∞
E	$\underline{0}$	14	4	4	∞	0	3
F	3	0	0	1	0	∞	$\underline{0}$
G	7	11	0	$\underline{0}$	4	1	∞

Mit dieser Lösung wird die Enumerationsgrenze erreicht. Daher braucht sie nicht weiter betrachtet zu werden. Das bedeutet, daß eine bessere als die bereits bekannte Lösung nicht auf die Verbindungen $C-D$ und $D-G$ verzichten kann. Solange die Verbindung $C-D$ gesperrt ist, muß also die Verbindung $D-G$ in der Lösung enthalten sein. Also können die Zeile D und die Spalte G aus der Matrix eliminiert werden. Als nächstes wird die Verbindung $G-D$ gesperrt. Die entsprechende Lösung ist in der Tabelle 6.43 angegeben.

Tabelle 6.43. *Kostenmatrix nach Sperren der Verbindungen $C-D$ und $G-D$ und nach Lösen des Zuordnungsproblems. Gesamtreduktion $D=108$. Rundreise $A-E-F-D-G-C-B-A$*

von \ bis	*A*	*B*	*C*	*D*	*E*	*F*
A	∞	2	6	0	$\underline{0}$	3
B	$\underline{0}$	∞	0	11	11	2
C	6	$\underline{0}$	∞	∞	4	0
E	0	14	4	3	∞	$\underline{0}$
F	3	0	0	$\underline{0}$	0	∞
G	7	11	$\underline{0}$	∞	4	1

Nun ist zwar eine Rundreise erreicht worden. Diese ist aber auch nicht besser als die bisher beste Lösung. Das bedeutet, daß die anfängliche Sperrung von $C-D$ auf keine Lösungsverbesserung führen kann.

Nun wird $C-D$ in die Lösung gezwungen und der Kurzzyklus $C-D-G-C$ an seiner zweiten Stelle aufgebrochen. Es können also die Zeile C und die Spalte D eliminiert und $d_{DG}=\infty$ gesetzt werden. Nach Lösen des entsprechenden Zuordnungsproblems erhält man die Matrix der Tabelle 6.44.

Tabelle 6.44. *Kostenmatrix nach Sperren der Verbindung $D-G$ und Lösen des Zuordnungsproblems. Gesamtreduktion $D = 108$. Rundreise $A-E-G-C-D-F-B-A$*

von \ bis	A	B	C	E	F	G
A	∞	1	9	$\underline{0}$	5	4
B	$\underline{0}$	∞	0	8	1	8
D	2	6	∞	1	$\underline{0}$	∞
E	1	11	5	∞	0	$\underline{0}$
F	7	$\underline{0}$	4	1	∞	0
G	7	7	$\underline{0}$	1	0	∞

Auch diese Lösung bringt keine Verbesserung der Rundreise. Das bedeutet, daß weder das Aufbrechen von $C-D$ noch von $D-G$ im Kurzzyklus $C-D-G-C$ zu einer besseren Lösung führt. Also kann höchstens noch das Aufbrechen von $G-C$ zu einer Verbesserung führen. Gleichzeitig muß eine bessere Lösung die Verbindungen $C-D$ und $D-G$ enthalten. Das bedeutet, daß man in der Kostenmatrix die Zeilen C und D sowie die Spalten D und G eliminieren kann. Man erhält dadurch eine verkleinerte Matrix, die nach Lösen des entsprechenden Zuordnungsproblems auf die Matrix der Tabelle 6.45 führt.

Tabelle 6.45. *Kostenmatrix nach Sperren der Verbindung $G-C$ und Lösen des Zuordnungsproblems. Gesamtreduktion $D = 105$. Kurzzyklen $A-E-A$ und $B-C-D-G-F-B$*

von \ bis	A	B	C	E	F
A	∞	2	9	$\underline{0}$	6
B	0	∞	$\underline{0}$	8	2
E	$\underline{0}$	11	4	∞	0
F	6	$\underline{0}$	3	0	∞
G	6	7	∞	0	$\underline{0}$

Diese Lösung enthält zwei Kurzzyklen. Der kürzere wird alternativ aufgespalten. Die Aufspaltung von $A-E$ führt zu der in der Tabelle 6.46 gezeigten Lösung. Sie enthält die verbesserte Rundreise $A-B-C-D-G-F-E-A$ mit den Kosten $D=107$. Das führt zu einer Verringerung der Enumerationsgrenze. Wird dagegen $A-E$ nicht gesperrt, sondern in die Lösung gezwungen und dafür $E-A$ gesperrt, erhält man die in der Tabelle 6.47 angegebene Lösung mit einer Rundreise, deren Kosten die Enumerationsgrenze übersteigen.

Tabelle 6.46. *Kostenmatrix nach Sperren der Verbindungen G – C und A – E und nach Lösen des Zuordnungsproblems. Gesamtreduktion D = 107. Rundreise A – B – C – D – G – F – E – A*

von \ bis	*A*	*B*	*C*	*E*	*F*
A	∞	<u>0</u>	7	∞	4
B	0	∞	<u>0</u>	8	2
E	<u>0</u>	11	4	∞	0
F	6	0	3	<u>0</u>	∞
G	6	7	∞	0	<u>0</u>

Tabelle 6.47. *Kostenmatrix nach Sperren der Verbindungen G – C und E – A und nach Lösen des Zuordnungsproblems. Gesamtreduktion D = 109. Rundreise A – E – C – D – G – F – B – A*

von \ bis	*A*	*B*	*C*	*F*
B	<u>0</u>	∞	0	6
E	∞	7	<u>0</u>	0
F	6	<u>0</u>	3	∞
G	2	3	∞	<u>0</u>

Tabelle 6.48. *Durchführung der begrenzten Enumeration (dritte Version). Mit „!" sind Rundreisen bezeichnet, die eine Verbesserung der bisher besten Lösung darstellen. Mit „*" sind Mißerfolge gekennzeichnet*

Lfd. Nr.	Eff. Nr.	Stufe	Gesperrte Verbindungen	Erzwungene Verbindungen	Kosten
1	1	0	keine		104
2	2	1	*C – D*		107
3		2	*C – D, D – G*		108*
4		2	*C – D, G – D*	*D – G*	108*
5		1	*D – G*	*C – D*	108*
6	3	1	*G – C*	*C – D, D – G*	105
7	4	2	*G – C, A – E*	*C – D, D – G*	107!
8		2	*G – C, E – A*	*C – D, D – G, A – E*	109*

Die Tabelle 6.48 enthält das Protokoll des Lösungsganges. Bei dieser dritten Enumerationsversion ist die Zahl der Bauschritte besonders gering. Unter nur 8 Bauschritten waren hier 4 Mißerfolge. Es waren also nur 4 erfolgreiche Schritte weiter zu verfolgen. In der Abb. 6.7 ist der entsprechende Entscheidungsbaum gezeichnet.

Abschließend sei auch dieses Verfahren in zusammengefaßter Form repetiert.

Schritt 1: Suchen einer möglichst guten Ausgangslösung mit mindestens einem Eröffnungsverfahren (und evtl. anschließenden suboptimierenden Iterationsverfahren). Die Kosten dieser Lösung bilden die anfängliche obere Grenze beim Enumerieren.

Schritt 2: Reduktion der Kostenmatrix durch Lösen des entsprechenden Zuordnungsproblems. Falls die Gesamtreduktion die obere Grenze erreicht, ist die Ausgangslösung die Optimallösung; → **Ende.** Stufe := 0.

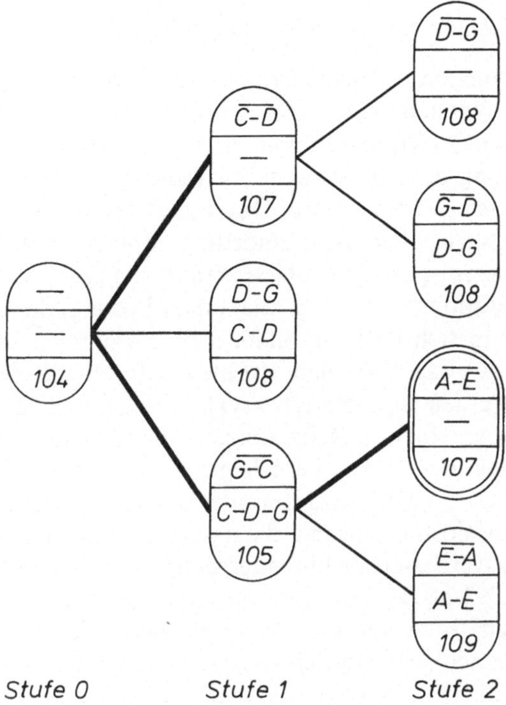

Abb. 6.7. Entscheidungsbaum für die dritte Version der *begrenzten Enumeration*. Erfolgreiche Schritte sind dick gezeichnet. Lösungsverbesserungen sind durch Doppellinien dargestellt

Schritt 3: **a)** Stufe: = Stufe + 1.
Kurzzyklus mit geringster Elementezahl suchen. Erste Verbindung des Kurzzyklusses sperren. Sprung → **d.**

b) Falls letzte Verbindung des Kurzzyklusses der gegenwärtigen Stufe gesperrt ist, → **c.**
Sonst die zuletzt gesperrte Verbindung der gegenwärtigen Stufe in die Lösung hineinzwingen und die nächste Verbindung des gleichen Kurzzyklusses sperren. Sprung → **d.**

c) Stufe: = Stufe − 1.
Falls Stufe = 0, dann → **Ende.** Andernfalls → **b.**

d) Lösen des entsprechenden Zuordnungsproblems. Falls die Kosten die obere Grenze erreichen, dann → **b.**
Wenn die Lösung eine Rundreise (d.h. keine Kurzzyklen) enthält, Ersetzen der oberen Grenze durch die Kosten dieser Rundreise und → **b.**
Andernfalls → **a.**

6.7.6. Die begrenzte Enumeration, vierte Version

Die vierte Version der *begrenzten Enumeration* ist in gewisser Weise *dual* zur dritten Version. Ähnlich wie bei der linearen Planungsrechnung geht das eine (*duale*) Verfahren von einer nicht zulässigen, aber in sich optimalen Lösung aus, die dann schrittweise zu einer zulässigen optimalen Lösung *verschlechtert* wird. Das andere (*primale*) Verfahren fängt bei einer zulässigen, aber nicht unbedingt optimalen Lösung an, die schrittweise bis zur optimalen zulässigen Lösung *verbessert* wird. In der dritten Enumerationsversion ist die erste Lösung des Zuordnungsproblems zwar in sich optimal, bildet aber gewöhnlich keine zulässige Lösung des Traveling Salesman Problems. Im Wege der begrenzten Enumeration werden nun die Kurzzyklen aufgebrochen und dadurch schließlich zu einer einzigen Reihenfolge verbunden. Dabei erhöhen sich die Kosten gegenüber den vorhergehenden, nicht zulässigen Lösungen. In der vierten Version wird im Gegensatz dazu eine geschlossene Reihenfolge als Ausgangslösung gewählt, die dann mit begrenzter Enumeration auf eine Lösungsverbesserung hin untersucht wird. Diese Version ist vom Verfasser in [139] als *Verfahren der iterativen Lösungsverbesserung* bezeichnet worden. Eine ähnliche Vorgehensweise ist 1958 schon von Croes [36] vorgeschlagen worden.

Auch die vierte Version beginnt mit einem oder mehreren Eröffnungsverfahren und den suboptimierenden Iterationsverfahren. Letztere sind im Gegensatz zu den ersten drei Enumerationsversionen hier besonders wichtig. Die gefundene Ausgangslösung stellt gleichzeitig die obere Grenze für den Enumerationsprozeß als auch die erste zulässige Lösung dar, die durch Enumeration zu verbessern versucht wird. Nun reduziert man wie bei den suboptimierenden Iterationsverfahren die Matrix so, daß die Kosten der in der Lösung enthaltenen Verbindungen gleich Null sind und die Zahl der negativen Elemente möglichst klein ist. Die negativen Elemente geben einen Hinweis auf mögliche Lösungsverbesserungen. Im Wege der Enumeration werden sie nacheinander in die Lösung gezwungen. Wieder soll das obige Beispiel der detaillierten Erläuterung dienen. In der Tabelle 6.53 ist der Rechenverlauf protokolliert. Die Abb. 6.8 zeigt den Entscheidungsbaum. Als Ausgangslösung sei wieder die Reihenfolge $A-E-F-D-G-C-B-A$ mit den Kosten von $D=108$ gewählt. Die reduzierte Kostenmatrix ist in der Tabelle 6.49 angegeben. Die in der Rundreise enthaltenen Verbindungen sind unterstrichen.

Zwei negative Elemente sind in dieser Matrix enthalten. Wenn eine bessere Lösung existiert, muß in ihr eine der diesen Elementen entsprechenden Verbindungen auftreten. Zunächst wird das absolut größte negative Element gewählt. Es ist das der Verbindung $G-D$. Diese Ver-

Tabelle 6.49. *Kostenmatrix der Ausgangslösung. Gesamtreduktion* $D = 108$. *Rundreise* $A-E-F-D-G-C-B-A$

von \ bis	A	B	C	D	E	F	G
A	∞	2	10	0	$\underline{0}$	6	5
B	$\underline{0}$	∞	0	7	7	1	8
C	10	$\underline{0}$	∞	−4	4	3	0
D	6	10	5	∞	4	4	$\underline{0}$
E	1	11	5	0	∞	$\underline{0}$	0
F	7	0	4	$\underline{0}$	0	∞	0
G	7	7	$\underline{0}$	−5	0	0	∞

bindung wird dadurch in die Reihenfolge gezwungen, daß alle übrigen Elemente der Zeile G und der Spalte D sowie das einen Kurzzyklus bewirkende Element $D-G$ durch „∞"-Setzen gesperrt werden. Für das so modifizierte Problem sucht man nun nach einer möglichst guten Lösung, indem man in die bisherige Lösung zunächst die erzwungene Verbindung einbaut und dann wieder die suboptimierenden Iterationsverfahren anwendet. Man erhält dann beispielsweise die Folge $A-E-F-G-D-C-B-A$ mit den unveränderten Kosten $D=108$. Die diesen Verbindungen entsprechende Kostenmatrix ist in der Tabelle 6.50 gezeigt.

Tabelle 6.50. *Kostenmatrix nach Erzwingen der Verbindung* $G-D$. *Gesamtreduktion* $D = 108$. *Rundreise* $A-E-F-G-D-C-B-A$

von \ bis	A	B	C	D	E	F	G
A	∞	2	8	∞	$\underline{0}$	6	5
B	$\underline{0}$	∞	−1	∞	8	2	9
C	9	$\underline{0}$	∞	∞	4	3	0
D	2	7	$\underline{0}$	∞	1	1	∞
E	0	11	3	∞	∞	$\underline{0}$	0
F	6	0	2	∞	0	∞	$\underline{0}$
G	∞	∞	∞	$\underline{0}$	∞	∞	∞

Diese Lösung ist keine Verbesserung gegenüber der Ausgangslösung. Da aber noch ein negatives Element in der Matrix vorhanden ist, ist durch das Erzwingen der entsprechenden Verbindung in die Rundreise eine Verbesserung nicht ausgeschlossen. Nach Erzwingen der Verbindung $B-C$ erhält man hier beispielsweise die neue Reihenfolge $A-E-F-B-C-G-D-A$ mit den Kosten von $D=109$ und noch einer -2 für die Verbindung $E-A$ in der Kostenmatrix. Nach Erzwingen dieser Verbindung erhält man die Folge $A-F-B-C-G-D-E-A$ mit den Kosten von $D=114$ und keinem negativen Kostenelement in der reduzierten Matrix.

Nach diesem erfolglosen Versuch geht man zurück bis zu der letzten Matrix, die noch weitere als die bisher betrachteten negativen Elemente enthält. Dieses ist die Ausgangsmatrix der Tabelle 6.49. Da mit der Verbindung $G-D$ keine Verbesserung möglich war, wird sie für immer gesperrt. Als nächstes wird die Verbindung $C-D$ mit den Kosten von -4 in die Lösung gezwungen. Mit ihr erhält man die verbesserte Reihenfolge $A-B-C-D-G-F-E-A$ mit den Kosten von $D=107$. Nun beginnt man das ganze Verfahren von vorne, wobei jedoch die Verbindung $G-D$ gesperrt bleibt. Die neue Matrix ist in der Tabelle 6.51 gezeigt.

Tabelle 6.51. *Kostenmatrix nach Sperren der Verbindung $G-D$. Gesamtreduktion $D=107$. Rundreise $A-B-C-D-G-F-E-A$*

von \ bis	A	B	C	D	E	F	G
A	∞	$\underline{0}$	9	0	0	5	5
B	0	∞	$\underline{0}$	8	8	1	9
C	13	2	∞	$\underline{0}$	8	6	4
D	5	8	4	∞	4	3	$\underline{0}$
E	$\underline{0}$	9	4	0	∞	−1	0
F	6	−2	3	0	$\underline{0}$	∞	0
G	7	6	0	∞	1	$\underline{0}$	∞

Hier sind noch zwei negative Elemente enthalten. Das Erzwingen von $F-B$ mit den Kosten von -2 führt zu der Rundreise $A-E-G-F-B-C-D-A$ mit den Kosten $D=110$. Die entsprechende Kostenmatrix ist in der Tabelle 6.52 gezeigt.

In dieser Matrix sind noch drei negative Elemente enthalten. Unter ihnen ist allein die Verbindung $D-G$ interessant, da die beiden anderen (auch gemeinsam) nicht eine Verbesserung der Lösung über die Grenze von 107 hinaus bewirken können. Mit der erzwungenen Verbindung $D-G$ erhält man z.B. die Rundreise $A-E-F-B-C-D-G-A$ mit

Tabelle 6.52. *Kostenmatrix nach Sperren der Verbindung $G-D$ und Erzwingen der Verbindung $F-B$. Gesamtreduktion $D=110$. Rundreise $A-E-G-F-B-C-D-A$*

von \ bis	A	B	C	D	E	F	G
A	∞	∞	9	0	$\underline{0}$	6	4
B	−1	∞	$\underline{0}$	8	8	∞	8
C	12	∞	∞	$\underline{0}$	8	7	3
D	$\underline{0}$	∞	0	∞	0	0	−5
E	0	∞	5	1	∞	1	$\underline{0}$
F	∞	$\underline{0}$	∞	∞	∞	∞	∞
G	5	∞	−1	∞	0	$\underline{0}$	∞

den Kosten von $D=111$. In der entsprechend reduzierten Matrix sind (je nach Reduktion) noch verschiedene negative Elemente vorhanden, beispielsweise für die Verbindung $E-A$. Zwingt man diese in die Lösung,

Tabelle 6.53. *Durchführung der begrenzten Enumeration* (*vierte Version*). *Mit* „!" *sind Rundreisen bezeichnet, die eine Lösungsverbesserung darstellen. Mit* „*" *sind Mißerfolge gekennzeichnet*

Lfd. Nr.	Eff. Nr.	Stufe	Erzwungene Verbindungen	Gesperrte Verbindungen	Kosten
1	1	0			108
2	2	1	$G-D$		108
3	3	2	$G-D, B-C$		109
4		3	$G-D, B-C, E-A$		114*
5	4	1	$C-D$	$G-D$	107!
6	5	1	$F-B$	$G-D$	110
7	6	2	$F-B, D-G$	$G-D$	111
8		3	$F-B, D-G, E-A$	$G-D$	111*
9		1	$E-F$	$G-D, F-B$	108*

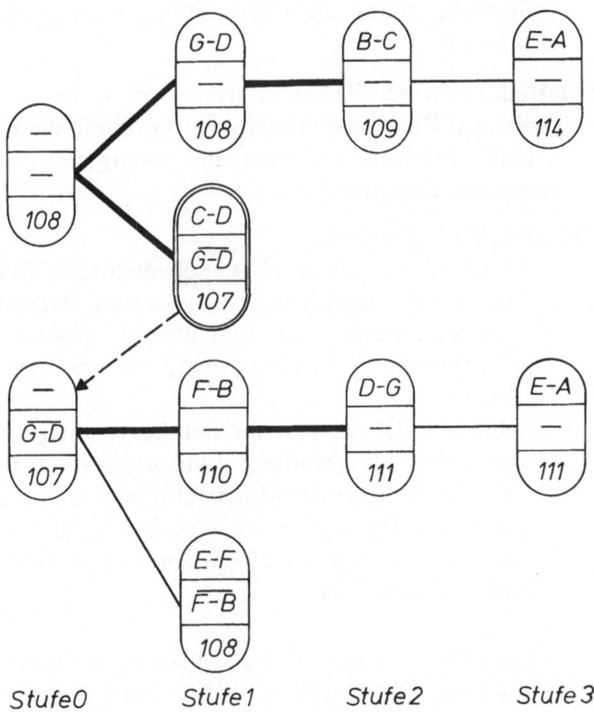

Abb. 6.8. Entscheidungsbaum für die vierte Version der *begrenzten Enumeration*. Erfolgreiche Schritte sind dick gezeichnet. Lösungsverbesserungen sind durch Doppellinien dargestellt

erhält man die Rundreise $A-F-B-C-D-G-E-A$ mit den Kosten von ebenfalls $D=111$. Die entsprechende Matrix enthält keine negativen Elemente mehr.

Damit ist herausgefunden, daß mit der Verbindung $F-B$ die Lösung der Tabelle 6.51 nicht mehr zu verbessern ist. Also kann diese Verbindung gesperrt werden. An ihrer Stelle wird jetzt die Verbindung $E-F$ aus der gleichen Lösung in die Rundreise gezwungen. Man erhält die Rundreise $A-E-F-D-G-C-B-A$ mit den Kosten von $D=108$. Die zugehörige Matrix enthält keine negativen Elemente mehr.

Obwohl diese vierte Version für das obige Zahlenbeispiel nur relativ wenig Bauschritte erforderte, hat es sich in den später beschriebenen numerischen Testversuchen nicht bewährt.

Abschließend sei das Schema der vierten Enumerationsversion in einzelnen Rechenschritten zusammengefaßt.

Schritt 1: Suchen einer möglichst guten Rundreise mit mindestens einem Eröffnungsverfahren und anschließenden suboptimierenden Iterationsverfahren. Die Kosten dieser Lösung bilden die anfängliche obere Grenze beim Enumerieren. Stufe:=0.

Schritt 2: Reduktion der Kostenmatrix, so daß alle in der gegenwärtigen Rundreise enthaltenen Verbindungen die Kosten „Null" besitzen und möglichst wenig negative Kostenelemente übrigbleiben.

Schritt 3: **a)** Stufe:=Stufe+1.
Falls die negativen Kostenelemente der Matrix Hoffnung auf eine Lösungsverbesserung begründen, wird die Verbindung mit dem absolut größten negativen Element in die Lösung gezwungen und → **d.**
Sonst → **c.**

b) Sperren der letzten auf der gegenwärtigen Stufe erzwungenen Verbindung. Falls die restlichen negativen Kostenelemente der Matrix Hoffnung auf eine Lösungsverbesserung begründen, wird die Verbindung mit dem absolut größten negativen Element in die Lösung gezwungen und → **d.**
Sonst → **c.**

c) Aufheben aller in der gegenwärtigen Stufe vorgenommenen Sperrungen und Erzwingungen von Verbindungen.
Stufe:=Stufe−1.
Falls Stufe=0, dann → **Ende.** Anderenfalls → **b.**

d) Bestimmung einer möglichst guten Rundreise mit suboptimierenden Iterationsverfahren. Falls keine Lösungsverbesserung erzielt wird, dann → **Schritt 2.** Anderenfalls Ersetzen der oberen Grenze durch die Kosten der neuen Lösung; Aufheben aller Sperrungen der Stufen 2, 3, ... und aller Erzwingungen der Stufen 1, 2, ... (die Sperren der Stufe 1 bleiben zweckmäßig erhalten); Stufe: = 0 und → **Schritt 2.**

6.8. Numerische Erfahrungen bei der Lösung von Traveling Salesman Problemen

6.8.1. Untersuchte Probleme

Nach der Darstellung der Verfahren zur Lösung des Traveling Salesman Problems soll jetzt über die mit ihnen gewonnenen numerischen Erfahrungen berichtet werden. Insbesondere sind die zwei ausführlich diskutierten Eröffnungsverfahren, die beiden suboptimierenden Iterationsverfahren der *Drei-* und *Viergruppenpermutation* und die vier Versionen der *begrenzten Enumeration* untersucht worden. An bis zu 150 Beispielen wurden die einzelnen Verfahren getestet. Die Rechnungen wurden auf der elektronischen Rechenanlage IBM 7040 des Rechenzentrums der Technischen Hochschule Darmstadt durchgeführt. Die Programme waren in FORTRAN IV geschrieben. Da in diesen Programmen Zähler für Rechenschritte eingebaut waren und da während der Rechnung verschiedene Statistiken geführt wurden, sind die später genannten Rechenzeiten relativ hoch. Die gleichen Verfahren lassen sich sicher um den Faktor 5 bis 10 beschleunigen, wenn man sie nicht in *Testprogramme*, sondern in *Arbeitsprogramme* einbaut.

Die Untersuchungen, über deren Ergebnisse hier berichtet wird, bauen auf einer Reihe von teilweise länger zurückliegenden Voruntersuchungen auf. Die ersten Erfahrungen mit Reihenfolgeproblemen sammelte der Verfasser 1962 auf der Rechenanlage IBM 650 und später auf der National Elliott 803 B. Seit 1964 wurden einzelne Methoden auf der IBM 7090 des Deutschen Rechenzentrums getestet. Erst mit den dort gewonnenen Erfahrungen über das Verhalten von Reihenfolgeproblemen war es möglich, die abschließenden Experimente gezielt und planmäßig durchzuführen.

Insbesondere wurde bei den Voruntersuchungen erkannt, welchen starken Einfluß die Problemstruktur auf die Ergebnisse hat. Zwei Gruppen von Problemen sind streng zu unterscheiden. Die eine Gruppe bilden die „geographischen“ Probleme. Das sind solche, in denen die „Kosten“ zwischen zwei Orten der geographischen Entfernung zwischen ihnen ungefähr proportional ist. Dabei ergab sich kein signifikanter Unterschied zwischen Problemen, in denen die durch ein Verkehrsnetz festgelegten Entfernungen oder z.B. die Luftlinie gewählt wurde. Wegen dieser Übereinstimmung wurden in den späteren Versuchen jeweils solche Probleme getestet, in denen die Koordinaten x und y von n Orten mit Hilfe von Zufallszahlen erzeugt wurden und die Entfernung zwischen zwei Orten i und j als Mittelwert der Luftlinie und der Koordinatenentfernung

$$d_{ji}=d_{ij}=\tfrac{1}{2}\{|x_i-x_j|+|y_i-y_j|+\sqrt{(x_i-x_j)^2+(y_i-y_j)^2}\}$$

gewählt wurde. Dieses sind die in der Gruppe A zusammengefaßten Probleme der „künstlichen Landkarte".

Ganz anders verhielten sich die Probleme mit „willkürlicher" Kostenmatrix, in denen die Kosten zwischen zwei „Orten" keine Entsprechung in einer geographischen Entfernung zwischen ihnen besitzen. Eine derartige Struktur haben beispielsweise häufig die *Umrüstkostenprobleme*. Bei ihnen ist meistens auch keine Symmetrie zwischen dem Übergang von i auf j und von j auf i zu finden. In den Gruppen B und C sind diese Probleme zusammengefaßt.

In den Problemen der Gruppe C wurden die „Kosten" zwischen je zwei Orten mit gleichverteilten Zufallszahlen zwischen 0 und 100 erzeugt. Diese Probleme sind stark unsymmetrisch, d.h. im allgemeinen ist $d_{ij}\neq d_{ji}$. Zweitens gilt für sie nicht die *Dreiecksbedingung* $d_{hi}+d_{ij}\geqq d_{hj}$. Es könnte also sein, daß eine Folge $A-B-C$ geringere Kosten als $A-C$ verursacht. Dieses kann gelegentlich beim erwähnten Umrüstkostenproblem der industriellen Fertigung auftreten.

Die Probleme der Gruppe B wurden in gleicher Weise erzeugt wie die der Gruppe C. Jedoch wurden die Kostenelemente so korrigiert, daß die *Dreiecksbedingung* galt. Falls also anfangs $d_{hi}+d_{ij}\leqq d_{hj}$ war, wurde $d_{hj}=d_{hi}+d_{ij}$ gesetzt. Hierzu wurde das Verfahren von Floyd [55] (vgl. Abschnitt 5.3) eingesetzt.

Die Unterteilung in die drei Problemgruppen ist besonders wichtig, wie an den Rechenergebnissen später zu sehen ist. Während in der Gruppe A mit dem zweiten Eröffnungs- und beiden suboptimierenden Iterationsverfahren sehr gute, häufig optimale Lösungen erzielt wurden, lieferten die gleichen Verfahren in der Gruppe C bei hohem Rechenaufwand nur mäßige Ergebnisse. Hingegen arbeiteten die Enumerationsverfahren in den Gruppen B und C sehr viel erfolgreicher als in der Gruppe A.

Die behandelten Problemgrößen jeder Gruppe betrugen 10, 15, 20, 25, 30, 35, 40, 60, 80 und 100 Orte. In jeder Gruppe wurden je fünf Probleme von jeder Größe untersucht, bei 100 Orten z.T. weniger.

6.8.2. Erfahrungen mit heuristischen Verfahren

Zunächst seien die Ergebnisse der heuristischen Verfahren diskutiert. Die verwendeten Eröffnungsverfahren waren das *Verfahren des besten Nachfolgers* (in den Tabellen als EV 1 bezeichnet) und das *Verfahren der sukzessiven Einbeziehung von Stationen* (EV 2). Beide Verfahren wurden bei Problemen mit 20 und mehr Orten mit 20 verschiedenen Anfangsorten (EV 1) bzw. Anfangszyklen (EV 2) durchgeführt. Bei Problemen mit 15 und 10 Orten wurden sie nur fünfzehn- bzw. zehnmal eingesetzt. Man erhielt somit insgesamt bis zu 40 bzw. 30 oder 20 verschiedene Lösungen. In der Tabelle 6.54 ist die gesamte Rechenzeit zur Berechnung aller Ausgangslösungen eines Problems jeder untersuchten Größe angegeben. Diese Zeiten waren nur von der Größe, nicht von der Struktur des Problems abhängig.

Tabelle 6.54. *Gesamte Rechenzeit für je 20 (15, 10) Abläufe beider Näherungsverfahren*

Problemgröße (Zahl der Orte)	Rechenzeit für 40 (30, 20) Ausgangslösungen (min:sec)
10	1,2
15	2,1
20	4,8
25	7,3
30	10,3
35	13,9
40	17,9
60	39,4
80	1:09
100	1:47

Die Qualität der mit den Näherungsverfahren erzielten Lösungen war unterschiedlich. In der Gruppe *A* lieferte das EV 2 sehr gute, aber das EV 1 sehr mäßige Lösungen. In der Gruppe *B* war das EV 2 zwar noch dem EV 1 überlegen, aber beide Verfahren waren weniger erfolgreich als in der Gruppe *A*. In der Gruppe *C* schließlich lieferten das EV 1 schlechte, das EV 2 im Durchschnitt noch schlechtere Lösungen. In den drei Tabellen 6.55 bis 6.57 sind u.a. die mit den Näherungsverfahren erzielten Lösungen für die drei Problemgruppen angegeben. Nach der Problemnummer und -größe in den beiden ersten Spalten folgt in der Spalte 3 die maximale Gesamtreduktion, die als Kosten der Lösung des entsprechenden Zuordnungsproblems gleich der unteren Grenze der Kosten des Traveling Salesman Problems ist. Die Kosten des optimalen Rundreisewegs sind in der Spalte 4 angegeben. Striche kennzeichnen nicht berechnete Lösungen. In den Spalten 5 und 6 stehen die Kosten der im ersten Durchlauf des Verfahrens EV 1 und EV 2 gefundenen Lösungen.

Wendet man beide Verfahren nur je einmal an, wobei man am ersten Ort beginnt, so erhält man diese Lösungen. In den Spalten 7 und 8 stehen die Kosten der besten aus je 20 (bzw. 15 oder 10) Lösungen, die mit den Verfahren EV 1 und EV 2 gefunden wurden. Mit Sternen (*) sind alle Lösungen gekennzeichnet, die gleich der Optimallösung sind.

In der Gruppe *A* (Tabelle 6.55) wurden mit EV 1 nur dreimal, mit EV 2 jedoch zwölfmal in 18 Problemen die Optimallösung gefunden. Insgesamt lieferte EV 2 in 42 von 48 Problemen eine bessere Lösung als EV 1.

In der Gruppe *B* (Tabelle 6.56) führten EV 1 in 2 Fällen und EV 2 in 9 Fällen von 35 auf die optimale Lösung. Mit EV 2 wurde in 46 von 49 Problemen eine bessere Lösung als mit EV 1 erzielt.

In der Gruppe *C* (Tabelle 6.57) gelang mit EV 1 in 2, mit EV 2 in 4 von 40 Problemen das Erreichen des Optimums. Insgesamt führte das EV 2 nur in 11 von 49 Fällen auf eine bessere Lösung als EV 1. Aber meistens, gerade bei den größeren Problemen, lagen auch die mit EV 1 gefundenen Lösungen weit vom Optimum entfernt.

Von den bis zu 40 mit EV 1 und EV 2 gefundenen Lösungen wurden die jeweils drei besten mit den suboptimierenden Iterationsverfahren behandelt. Die mit ihnen erzielten Lösungen sind in den Spalten 9 bis 11 der Tabellen 6.55 bis 6.57 angegeben. In der Spalte 12 steht die insgesamt für die Eröffnungsverfahren und die Iterationsverfahren zur Erzielung der drei Lösungen benötigte Rechenzeit. Die gefundenen Lösungen waren gegenüber den mit EV 1 und EV 2 erzielten Rundreisen häufig wesentlich verbessert.

In der Gruppe *A* führten die Iterationsverfahren in 16 von 18 Fällen auf die Optimallösung. Sehr häufig waren alle drei mit ihnen erzielten Lösungen gleich gut, was eine optimale Lösung vermuten läßt, auch wenn sie nicht mit exakten Methoden wegen der Problemgröße bestätigt werden konnte. Die Rechenzeiten für die Iterationsverfahren waren in dieser Gruppe relativ gering.

Auch in der Gruppe *B* waren die Ergebnisse zufriedenstellend. In 22 von 40 Problemen wurde die Optimallösung gefunden. Die Rechenzeiten schwankten bei größeren Problemen stark, lagen aber etwa in der gleichen Größenordnung wie in der Gruppe *A*.

In der Gruppe *C* lieferten die Iterationsverfahren nur in 12 von 40 Problemen die Optimallösung. Häufiger ergab sich jedoch eine vom Optimum recht weit entfernte Lösung. Auch die Rechenzeiten waren unerfreulich hoch. Das liegt vor allem an den schlechten mit EV 1 und EV 2 gefundenen Lösungen, die eine große Zahl an Verbesserungsschritten erforderlich machten.

Die in den Gruppen *A* und *B* gemachten Erfahrungen stimmen mit den Erfahrungen anderer Autoren überein, daß nämlich einige subopti-

Tabelle 6.55. *Die mit den Eröffnungs- und suboptimierenden Iterationsverfahren in der Gruppe A erzielten Ergebnisse*

Problem-Nr.	Zahl der Orte	Reduktion	Optimallösung	Erste Lösung mit		Beste Lösung mit		Verbesserte Lösungen			Zeit (min:sec)
				EV 1	EV 2	EV 1	EV 2	1	2	3	
A 1	10	670	761	814	807	761*	775	761*	769	761*	3,9
A 2	10	457	578	643	578*	599	578*	578*	578*	578*	4,0
A 3	10	516	675	723	675*	679	675*	675*	675*	675*	4,3
A 4	10	572	648	696	793	648*	648*	648*	648*	648*	3,8
A 5	10	538	642	731	672	690	642*	642*	642*	642*	4,7
A 6	15	658	742	784	762	759	746	746	746	746	7,6
A 7	15	569	745	834	846	745*	745*	745*	745*	745*	7,3
A 8	15	492	719	849	751	749	719*	719*	719*	719*	8,4
A 9	15	717	843	938	937	885	856	843*	843*	843*	14,8
A 10	15	540	753	765	887	757	753*	753*	753*	753*	7,7
A 11	20	806	957	1122	986	1010	967	957*	957*	957*	15,4
A 12	20	712	921	1153	989	1017	929	929	929	929	10,8
A 13	20	598	827	984	858	910	827*	827*	827*	827*	13,2
A 14	20	591	669	787	693	677	669*	669*	669*	669*	12,7
A 15	20	668	794	798	841	798	794*	794*	794*	794*	12,0
A 16	25	726	917	1241	1035	1004	917*	917*	917*	917*	17,7
A 17	25	–	–	1083	1009	1036	976	976	980	976	22,8
A 18	25	816	938	1080	1012	994	943	943	943	938*	19,4
A 19	25	750	817	911	861	851	817*	817*	817*	823	14,2
A 20	25	–	–	1328	907	907	907	904	904	904	22,0
A 21	30	–	–	1114	1033	1052	962	962	962	962	30,4
A 22	30	–	–	1097	917	903	880	880	880	880	24,1
A 23	30	–	–	1031	1159	1031	982	971	971	971	38,0
A 24	30	–	–	1237	1225	1158	1081	1081	1081	1081	26,6
A 25	30	–	–	1242	1117	1175	1081	1041	1041	1087	49,5
A 26	35	–	–	1426	1024	1261	1015	1012	1011	1012	38,7
A 27	35	–	–	1345	1192	1202	1132	1109	1097	1113	1:18,0
A 28	35	–	–	1353	1220	1245	1149	1149	1149	1128	1:09,4
A 29	35	–	–	1525	1203	1168	1091	1090	1100	1100	34,1
A 30	35	–	–	1066	1151	1066	1101	1041	1060	1060	1:08,3
A 31	40	–	–	1365	1201	1319	1180	1179	1179	1178	1:09,6
A 32	40	–	–	1563	1226	1258	1195	1148	1158	1148	1:38,4
A 33	40	–	–	1294	1240	1235	1120	1109	1109	1083	1:27,9
A 34	40	–	–	1456	1286	1165	1207	1125	1162	1125	1:48,5
A 35	40	–	–	1375	1118	1165	1118	1099	1099	1099	1:20,9
A 36	60	–	–	1953	1741	1686	1579	1542	1506	1550	5:06,8
A 37	60	–	–	1743	1402	1594	1362	1307	1299	1368	3:38,3
A 38	60	–	–	1845	1506	1752	1460	1408	1455	1452	8:25,9
A 39	60	–	–	1681	1502	1477	1370	1354	1354	1354	5:07,8
A 40	60	–	–	1633	1481	1546	1431	1409	1408	1408	3:47,9
A 41	80	–	–	1946	1529	1793	1506	1490	1498	1510	5:39,3
A 42	80	–	–	1894	1688	1812	1625	1587	1594	1571	14:53,8
A 43	80	–	–	1614	1755	1600	1569	1535	1516	1516	18:43,3
A 44	80	–	–	1881	1793	1800	1728	1649	1654	1692	13:04,4
A 45	80	–	–	1950	1699	1801	1688	1683	1636	1662	8:01,9
A 46	100	–	–	2266	1995	2161	1933	1874	1890	1895	29:12,4
A 47	100	–	–	2246	1990	2102	1868	1815	1783	1814	28:22,7
A 48	100	–	–	1885	1774	1779	1712	1648	–	–	>20 min

Tabelle 6.56. *Die mit den Eröffnungs- und suboptimierenden Iterationsverfahren in der Gruppe B erzielten Ergebnisse*

Problem Nr.	Zahl der Orte	Reduktion	Optimallösung	Erste Lösung mit		Beste Lösung mit		Verbesserte Lösungen			Zeit (min:sec)
				EV 1	EV 2	EV 1	EV 2	1	2	3	
B 1	10	132*	132	205	132*	148	132*	132*	132*	132*	4,3
B 2	10	129	152	175	152*	163	152*	152*	152*	152*	6,0
B 3	10	108*	108	139	108*	108*	108*	108*	108*	126	3,6
B 4	10	92	93	111	108	93*	93*	93*	93*	94	2,9
B 5	10	196	202	261	232	212	202*	202*	206	202*	3,8
B 6	15	157*	157	191	162	191	162	157*	157*	159	8,4
B 7	15	156	164	198	168	198	168	164*	169	165	8,3
B 8	15	164*	164	204	174	192	164*	164*	164*	164*	9,4
B 9	15	117	119	161	121	152	119*	119*	121	121	5,5
B 10	15	99*	99	118	102	105	99*	99*	102	102	5,5
B 11	20	171	181	208	209	207	192	186	186	182	13,6
B 12	20	162	164	202	166	202	166	164*	164*	174	10,5
B 13	20	141	145	192	156	163	148	145*	147	147	14,0
B 14	20	152	154	215	177	190	168	154*	163	159	21,4
B 15	20	178*	178	233	204	200	180	180	180	180	14,1
B 16	25	108	109	145	130	135	118	118	109*	109*	21,2
B 17	25	172	173	220	178	197	178	175	175	174	18,8
B 18	25	165	167	212	174	194	174	167*	171	171	22,4
B 19	25	172	174	204	188	204	181	179	174*	174*	29,4
B 20	25	83*	83	110	98	99	83*	83*	83*	83*	20,2
B 21	30	147*	147	221	166	185	154	151	152	149	42,0
B 22	30	185	188	231	211	213	198	189	188*	194	38,4
B 23	30	97	99	157	111	130	104	100	99*	99*	32,8
B 24	30	126*	126	168	153	133	134	132	133	126*	41,4
B 25	30	116	122	176	136	154	126	123	123	123	34,9
B 26	35	124	130	176	153	160	141	135	134	137	59,8
B 27	35	156*	156	221	187	196	168	159	162	159	41,8
B 28	35	151	153	243	194	194	177	154	161	159	1:15,3
B 29	35	152	153	210	187	189	168	163	156	156	1:11,7
B 30	35	110*	110	143	133	136	117	115	116	118	31,2
B 31	40	114	115	156	150	156	133	129	128	119	1:53,5
B 32	40	121	123	170	131	149	129	129	130	128	34,8
B 33	40	162*	162	240	186	236	172	167	162*	165	1:32,4
B 34	40	105	106	144	109	129	109	108	106*	107	45,5
B 35	40	114*	114	158	134	145	126	118	120	120	1:04,1
B 36	60	–	–	186	133	172	133	127	124	122	2:56,2
B 37	60	–	–	213	179	195	169	156	158	152	6:11,5
B 38	60	–	–	451	446	443	427	421	423	424	2:30,0
B 39	60	–	–	202	153	173	149	137	137	129	4:44,1
B 40	60	–	–	163	124	139	121	114	109	122	3:22,5
B 41	80	–	–	241	218	237	216	204	202	201	15:40,2
B 42	80	–	–	509	470	482	457	444	437	437	11:52,9
B 43	80	–	–	2336	2338	2336	2327	2325	2325	2325	2:44,4
B 44	80	–	–	166	139	163	133	117	117	119	12:28,9
B 45	80	–	–	1667	1631	1649	1611	1611	1608	1611	2:27,4
B 46	100	–	–	2798	2794	2797	2784	2783	2782	2782	4:14,8
B 47	100	–	–	150	140	146	128	112	111	118	35:02,6
B 48	100	–	–	3814	3817	3814	3814	3814	3814	3814	3:45,9
B 49	100	–	–	2901	2899	2897	2888	2884	2886	–	>30 min

Tabelle 6.57. *Die mit den Eröffnungs- und suboptimierenden Iterationsverfahren in der Gruppe C erzielten Ergebnisse*

Problem-Nr.	Zahl der Orte	Reduktion	Optimallösung	Erste Lösung mit		Beste Lösung mit		Verbesserte Lösungen			Zeit (min:sec)
				EV 1	EV 2	EV 1	EV 2	1	2	3	
C 1	10	132*	132	255	222	132*	132*	132*	161	161	3,5
C 2	10	129	165	260	165*	260	165*	165*	176	189	3,8
C 3	10	108*	108	199	153	108*	108*	108*	133	108*	5,3
C 4	10	97*	97	142	128	142	128	97*	97*	97*	8,0
C 5	10	196	202	296	206	235	202*	202*	206	202*	3,6
C 6	15	158	163	292	234	190	200	163*	163*	187	15,4
C 7	15	156	174	330	308	179	233	174*	200	200	12,6
C 8	15	164	182	286	290	283	208	183	192	183	12,9
C 9	15	120*	120	258	234	188	190	133	120*	120*	23,6
C 10	15	108*	108	237	212	273	193	117	147	117	30,6
C 11	20	183	185	333	330	228	267	226	191	194	25,9
C 12	20	171*	171	391	226	258	228	177	172	171*	37,3
C 13	20	150	152	329	312	285	210	163	162	172	28,8
C 14	20	162	171	325	364	237	212	176	186	171*	31,0
C 15	20	182*	182	395	271	213	230	197	186	197	18,2
C 16	25	109	112	332	316	228	219	126	112*	151	1:02,6
C 17	25	187	190	333	413	265	280	205	212	213	41,2
C 18	25	165	174	312	306	256	304	177	174*	200	39,7
C 19	25	180	189	324	355	217	261	199	203	218	42,2
C 20	25	114	119	295	318	230	189	144	144	142	37,9
C 21	30	148	149	306	362	172	307	163	188	164	1:20,2
C 22	30	188	193	323	388	281	331	201	197	237	1:44,6
C 23	30	106	111	357	296	232	257	133	129	131	1:43,6
C 24	30	128	129	346	339	247	260	142	164	140	2:46,3
C 25	30	124	143	309	399	277	322	164	158	160	2:07,3
C 26	35	127	134	441	430	321	334	171	152	163	2:45,2
C 27	35	166*	166	439	372	283	337	197	197	199	3:19,0
C 28	35	157	162	431	463	302	331	207	204	202	3:08,4
C 29	35	175	177	447	485	257	339	226	202	232	2:05,2
C 30	35	110	114	278	308	220	264	131	152	143	1:55,8
C 31	40	119	120	332	403	268	272	154	172	172	3:26,0
C 32	40	133	134	379	370	241	319	147	189	149	3:40,3
C 33	40	168	171	447	431	300	361	183	194	198	5:16,6
C 34	40	112	116	231	522	226	265	161	139	131	2:27,6
C 35	40	124	126	283	268	216	268	133	160	143	3:01,2
C 36	60	–	–	448	429	347	417	177	177	161	17:03,6
C 37	60	–	–	386	518	270	407	205	188	210	10:47,8
C 38	60	–	–	847	828	696	757	549	524	535	16:03,1
C 39	60	–	–	388	503	237	381	180	153	153	7:20,0
C 40	60	–	–	392	484	254	387	171	152	165	12:20,1
C 41	80	–	–	485	602	359	492	228	233	247	35:19,9
C 42	80	–	–	719	784	640	769	485	491	509	23:35,4
C 43	80	–	–	2343	2355	2339	2341	2327	2329	2331	7:12,3
C 44	80	–	–	418	524	265	427	174	165	176	22:28,9
C 45	80	–	–	2129	2013	2022	1934	1905	1915	1914	7:14,0
C 46	100	–	–	2811	2847	2802	2794	2783	2782	2782	13:46,0
C 47	100	–	–	471	653	389	544	156	175	157	103:46,1
C 48	100	–	–	3834	3817	3814	3814	3814	3814	3814	2:21,1
C 49	100	–	–	2953	2925	2953	2898	2888	2885	2885	9:36,7

mierende Iterationsverfahren mit relativ hoher Wahrscheinlichkeit zum Optimum oder einer in der Nähe liegenden Lösung führen. So schlagen Bellmore und Nemhauser [17] den „3-opt"-Algorithmus von Lin als besonders geeignet vor, der im Prinzip ja nichts anderes ist als die *Dreigruppenpermutation* (vgl. Abschnitt 6.6.2). Der Verfasser hat in seinen Versuchen die zusätzliche Erfahrung gemacht, daß gerade die Ergänzung der *Dreigruppenpermutation* durch die *Viergruppenpermutation* besonders günstig ist und in fast allen Beispielen dazu beitrug, mit der *Dreigruppenpermutation* erzielte Suboptima zu überwinden.

Die vom Verfasser gemessenen Rechenzeiten stehen in einer guten Relation zu den von Lin [115] angegebenen Zeiten von rund $30 \cdot n^3 \cdot 10^{-6}$ sec (IBM 7094) pro „3-opt"-Lösung. Die in den Tabellen 6.55 und 6.56 für bis zu 40 Eröffnungsverfahrensdurchläufe plus drei iterativ benötigten Zeiten auf der IBM 7040 sind etwa um den Faktor 50 höher. Davon entfällt ein Faktor von 10 bis 15 auf die unterschiedliche Arbeitsgeschwindigkeit beider Rechenanlagen und der Faktor 3 auf die Zahl der berechneten Suboptima. Weitere, nicht analysierbare Faktoren können in der unterschiedlichen Programmqualität (Testprogramm – Arbeitsprogramm) liegen. Ferner wird es Unterschiede in der Zahl der Rechenoperationen je Iterationsschritt geben, da Lin alle Dreiertäusche durchprobiert, während in der *Drei-* und *Viergruppenpermutation* nur hoffnungsträchtige Vertauschungen versucht werden.

Die in der Gruppe *C* gemachten Erfahrungen widersprechen den Erfahrungen anderer Autoren. Hier wurden mit den suboptimierenden Iterationsverfahren bei relativ hohen Rechenzeiten nur relativ schlechte Lösungen gefunden, von denen man nicht behaupten kann, daß sie in der Nähe des Optimums liegen.

6.8.3. Erfahrungen mit der begrenzten Enumeration

Im folgenden seien die mit den vier Versionen der *begrenzten Enumeration* gewonnenen Ergebnisse diskutiert, die in den Tabellen 6.58 bis 6.60 gezeigt sind. Die ersten vier Spalten sind identisch mit denen der drei vorhergehenden Tabellen. In der Spalte 5 ist die anfängliche obere Grenze beim Enumerationsprozeß angegeben. Sie ist gleich den Kosten der besten mit den *suboptimierenden Iterationsverfahren* erzielten Lösungen. Die Sterne kennzeichnen wieder die Identität mit der Optimallösung. In den Spalten 6 bis 9 stehen für die vier Enumerationsverfahren die Zahlen der effektiven Bauschritte. Die entsprechenden Rechenzeiten (einschließlich der für die anfängliche Lösung des Zuordnungsproblems, aber ohne Eröffnungs- und Iterationsverfahren) sind in den Spalten 10 bis 13 angegeben. Die Striche in den Tabellen bezeichnen nicht gerechnete Fälle bzw. nicht erhaltene Lösungen. Die Versionen 1 und 2 wurden nach 50000 bzw. 20000 Bauschritten abgebrochen. Die Version 3 wurde einmal nach 150, zweimal nach 20 min Rechenzeit abgebrochen. Die Version 4 wurde nur auf kleinere Probleme angewandt, an denen man bereits ihre geringe Eignung erkennen konnte.

In der Gruppe *A* führte die erste Version nur in Problemen mit 10 Orten in vertretbarer Zeit zum Ziel. Die zweite Version ließ noch die Lösung von Problemen mit 15 Orten zu. Mit der dritten Version ließen sich auch Probleme mit 20 Orten in verhältnismäßig kurzer Zeit lösen. Die vierte Version war bereits bei 10 Orten nicht mehr wirtschaftlich. Zur exakten Lösung größerer Probleme scheint keine dieser Versionen geeignet.

In der Gruppe *B* führten die erste Version bis zu 15 Orten und die zweite bis zu 20 Orten sicher zum Ziel. Die dritte Version bewährte sich ausgezeichnet für alle Probleme bis zu 40 Orten. An größeren Problemen ist es nicht getestet worden. Jedoch ist aus den Rechenzeiten zu schließen, daß es sich auch für Probleme mit 60, vielleicht sogar 80 Orten eignet. Die vierte Version erwies sich wieder als die schlechteste.

In der Gruppe *C* waren mit den ersten beiden Versionen Probleme mit bis zu 20 bzw. 30 Orten in vertretbarer Zeit zu lösen. Jedoch zeigte sich bereits bei 15 Orten, deutlicher jedoch bei 25 und mehr Orten die dritte Version wieder deutlich überlegen. Auch Probleme mit 40 Orten ließen sich in kurzer Zeit lösen. Die vierte Version blieb wieder hinter allen anderen zurück.

Bezüglich der einzelnen Versionen ergaben sich folgende Aussagen. Die erste Version eignet sich je nach Problemstruktur für Probleme mit höchstens 10 bis 20 Orten. Sie hat den Vorzug, daß sie einfach zu programmieren ist und wenig Speicherplatz erfordert. Sie ist daher auch für kleine Rechenanlagen verwendbar. Andererseits sind bei kleinen Problemen die Ausgangslösungen fast immer optimal, so daß der Vorteil dieser Version begrenzt ist.

Die zweite Version hat nur eine geringe Anwendungsbreite. Sie ist bei den kleinen Problemen nicht oder kaum schneller als die erste Version. Andererseits sind die mit ihr lösbaren Probleme kaum größer. Außerdem sind die Programmierung aufwendiger und der Speicherbedarf höher.

Die dritte Version ist der Favorit unter den vier Versionen der begrenzten Enumeration. Zwar lassen sich *geographische Probleme* auch nur bis zu 20 Orten sicher lösen. Dagegen sind die Probleme der Gruppen *B* und *C* bis zu über 40 Orten hinaus in sehr geringer Rechenzeit zu lösen. Teilweise lagen die für die Enumeration verbrauchten Rechenzeiten unter denen für die Errechnung der Ausgangslösung. Das Rechenprogramm ist relativ unkompliziert. Es besteht im wesentlichen aus Aufrufen des Unterprogramms zur Lösung von Zuordnungsproblemen. Beim Lösen der Zuordnungsprobleme geht man dabei selbstverständlich

Tabelle 6.58. *Die mit den Versionen der begrenzten Enumeration in der Gruppe A erzielten Ergebnisse*

Problem-Nr.	Zahl der Orte	Reduktion	Optimallösung	Ausgangslösung	Bauschritte bei Enumerationsversion				Zeit (min:sec) für Enumerationsversion			
					1	2	3	4	1	2	3	4
A 1	10	670	761	761*	3353	1051	36	73	15,1	19,6	6,9	2:41,2
A 2	10	457	578	578*	3384	1705	89	118	12,7	26,8	8,4	4:02,8
A 3	10	516	675	675*	6851	1500	78	131	21,4	21,5	4,2	4:11,6
A 4	10	572	648	648*	890	177	14	–	6,6	6,3	5,2	–
A 5	10	538	642	642*	3291	1384	56	–	12,8	24,5	5,5	–
A 6	15	658	742	746	> 50000	3086	187	–	> 3 min	1:09,8	36,3	–
A 7	15	569	745	745*	32732	1706	182	–	2:33,6	41,0	26,2	–
A 8	15	492	719	719*	> 50000	14279	4114	–	> 3 min	5:01,9	6:28,7	–
A 9	15	717	843	843*	> 50000	3318	226	–	> 3 min	1:20.7	1:02,9	–
A 10	15	540	753	753*	> 50000	1823	254	–	> 3 min	42,9	28,6	–
A 11	20	806	957	957*	> 50000	> 50000	1106	–	> 4 min	> 23 min	3:04,9	–
A 12	20	712	921	929	> 50000	> 50000	834	–	> 5 min	> 20 min	3:27,0	–
A 13	20	598	827	827*	> 50000	> 50000	1370	–	> 4 min	> 20 min	4:19,4	–
A 14	20	591	669	669*	> 50000	21767	144	–	> 5 min	9:21,8	42,7	–
A 15	20	668	794	794*	34487	1253	110	–	3:18,8	37,2	37,2	–
A 16	25	726	917	917*	> 50000	> 50000	2892	–	> 6 min	> 27 min	10:17,6	–
A 17	25	710	–	976	> 50000	> 50000	> 30000	–	> 6 min	> 26 min	> 150 min	–
A 18	25	816	938	938*	> 50000	> 50000	182	–	> 6 min	> 25 min	1:44,4	–
A 19	25	750	817	817*	> 50000	> 50000	642	–	> 6 min	> 26 min	3:00,8	–
A 20	25	696	–	904	> 50000	> 50000	> 4000	–	> 6 min	> 27 min	> 20 min	–
A 21	30	804	–	962	> 50000	> 50000	> 2000	–	> 7 min	> 30 min	> 20 min	–
A 22	30	713	–	880	> 50000	–	–	–	> 7 min	–	–	–
A 23	30	852	–	971	> 50000	–	–	–	> 7 min	–	–	–
A 24	30	804	–	1081	> 50000	–	–	–	> 7 min	–	–	–
A 25	30	759	–	1041	> 50000	–	–	–	> 7 min	–	–	–

Tabelle 6.59. *Die mit den Versionen der begrenzten Enumeration in der Gruppe B erzielten Ergebnisse*

Problem-Nr.	Zahl der Orte	Reduktion	Optimallösung	Ausgangslösung	Bauschritte bei Enumerationsversion				Zeit (min:sec) für Enumerationsversion			
					1	2	3	4	1	2	3	4
B 1	10	132*	132	132*	0	0	0	0	0,6	0,6	0,7	0,7
B 2	10	129	152	152*	1372	314	5	14	7,6	7,7	8,3	26,0
B 3	10	108*	108	108*	0	0	0	0	1,6	1,6	1,6	1,6
B 4	10	92	93	93*	22	18	4	14	1,4	1,6	4,0	29,3
B 5	10	196	202	202*	66	21	6	3	1,4	1,5	8,3	8,1
B 6	15	157*	157	157*	0	0	0	0	2,4	2,4	2,7	2,6
B 7	15	156	164	164*	1213	204	45	96	6,6	5,1	10,5	3:20,8
B 8	15	164*	164	164*	0	0	0	0	5,4	5,4	5,6	5,2
B 9	15	117	119	119*	4622	351	2	2	25,8	11,8	5,4	10,6
B 10	15	99*	99	99*	0	0	0	0	3,2	3,2	3,5	2,8
B 11	20	171	181	182	> 50000	4664	7	300	> 4 min	1:53,2	3,8	> 10 min
B 12	20	162	164	164*	1750	32	133	81	11,1	2,3	33,6	4:02,5
B 13	20	141	145	145*	5740	379	23	–	35,3	10,5	8,0	–
B 14	20	152	154	154*	11106	436	6	–	1:04,7	12,6	3,7	–
B 15	20	178*	178	180	10194	513	25	–	56,3	14,8	8,2	–
B 16	25	108	109	109*	32325	186	5	–	3:45,9	7,3	3,3	–
B 17	25	172	173	174	> 50000	> 50000	12	–	> 5 min	> 25 min	4,8	–
B 18	25	165	167	167*	0	0	2	–	2,8	2,8	3,1	–
B 19	25	172	174	174*	> 50000	> 50000	5	–	> 5 min	> 23 min	4,1	–
B 20	25	83*	83	83*	0	0	0	–	2,5	2,5	2,9	–
B 21	30	147*	147	149	> 50000	2712	18	–	> 6 min	1:36,1	5,6	–
B 22	30	185	188	188*	> 50000	> 50000	4	–	> 6 min	> 27 min	6,4	–
B 23	30	97	99	99*	> 50000	> 50000	2	–	> 6 min	> 26 min	3,5	–
B 24	30	126*	126	126*	0	0	0	–	4,6	4,6	6,8	–
B 25	30	116	122	123	> 50000	> 50000	20	–	> 6 min	> 32 min	11,2	–
B 26	35	124	130	134	> 50000	–	47	–	> 7 min	–	30,1	–
B 27	35	156*	156	159	> 50000	–	86	–	> 7 min	–	29,2	–
B 28	35	151	153	154	> 50000	–	18	–	> 8 min	–	9,7	–
B 29	35	152	153	156	> 50000	–	35	–	> 7 min	–	22,4	–
B 30	35	110*	110	115	> 50000	–	69	–	> 8 min	–	33,8	–
B 31	40	114	115	119	> 50000	–	29	–	> 8 min	–	14,4	–
B 32	40	121	123	128	> 50000	–	161	–	> 8 min	–	1:05,1	–
B 33	40	162*	162	162*	0	–	0	–	4,1	–	4,6	–
B 34	40	105	106	106*	> 50000	–	4	–	> 9 min	–	4,6	–
B 35	40	114*	114	118	> 50000	–	15	–	> 9 min	–	7,9	–

Tabelle 6.60. *Die mit den Versionen der begrenzten Enumeration in der Gruppe C erzielten Ergebnisse*

Problem-Nr.	Zahl der Orte	Reduktion	Optimallösung	Ausgangslösung	Bauschritte bei Enumerationsversion				Zeit (min:sec) bei Enumerationsversion			
					1	2	3	4	1	2	3	4
C 1	10	132*	132	132*	0	0	0	0	1,4	1,4	1,4	1,4
C 2	10	129	165	165*	133	48	8	34	2,1	2,4	11,8	1:24,5
C 3	10	108*	108	108*	0	0	0	0	0,6	0,6	0,6	0,6
C 4	10	97*	97	97*	0	0	0	0	1,0	1,0	0,9	1,0
C 5	10	196	202	202*	42	13	6	8	1,2	1,2	6,9	20,4
C 6	15	158	163	163*	120	25	4	12	3,9	4,0	4,8	44,5
C 7	15	156	174	174*	2289	182	14	106	18,9	12,3	11,6	3:27,2
C 8	15	164	182	183	3731	172	12	76	23,2	9,8	8,0	2:21,6
C 9	15	120*	120	120*	0	0	0	0	1,3	1,3	1,3	1,2
C 10	15	108*	108	117	404	59	0	3	5,5	4,7	3,6	10,3
C 11	20	183	185	191	4989	443	3	–	31,9	13,4	3,1	–
C 12	20	171*	171	171*	0	0	0	–	0,9	0,8	0,8	–
C 13	20	150	152	162	3072	468	58	–	19,8	12,9	16,8	–
C 14	20	162	171	171*	4181	191	14	–	25,7	5,5	5,1	–
C 15	20	182*	182	186	929	102	7	–	6,3	3,4	2,4	–
C 16	25	109	112	112*	4224	152	3	–	32,4	7,7	4,0	–
C 17	25	187	190	205	93702	2816	4	–	10:55,3	1:24,4	4,2	–
C 18	25	165	174	174*	14869	183	13	–	1:45,0	8,6	8,5	–
C 19	25	180	189	199	> 200000	10297	50	–	> 22 min	5:12,4	28,3	–
C 20	25	114	119	142	> 200000	10718	248	–	> 22 min	5:24,3	2:06,3	–
C 21	30	148	149	163	> 200000	2733	220	–	> 26 min	1:37,1	1:49,3	–
C 22	30	188	193	197	> 200000	7413	191	–	> 27 min	4:20,1	1:34,1	–
C 23	30	106	111	129	> 200000	44266	99	–	> 27 min	25:49,1	1:00,2	–
C 24	30	128	129	140	> 200000	1262	4	–	> 27 min	46,0	3,8	–
C 25	30	124	143	158	> 50000	10552	375	–	> 6 min	6:10,4	3:09,9	–
C 26	35	127	134	152	> 50000	26491	55	–	> 7 min	17:43,0	31,2	–
C 27	35	166*	166	197	> 50000	26268	0	–	> 8 min	17:52,1	5,8	–
C 28	35	157	162	202	> 50000	30414	31	–	> 8 min	20:55,0	30,5	–
C 29	35	175	177	202	> 50000	17138	349	–	> 7 min	11:35,1	3:42,5	–
C 30	35	110	114	131	> 50000	28888	208	–	> 7 min	19:25,3	2:40,9	–
C 31	40	119	120	154	> 50000	> 50000	339	–	> 8 min	> 38 min	3:33,1	–
C 32	40	133	134	147	> 50000	17724	41	–	> 8 min	13:02,7	43,1	–
C 33	40	168	171	183	> 50000	–	234	–	> 8 min	–	3:03,8	–
C 34	40	112	116	131	–	–	132	–	–	–	1:32,3	–
C 35	40	124	126	133	–	–	124	–	–	–	1:33,4	–

nicht immer wieder von der unreduzierten Ausgangsmatrix aus. Vielmehr baut man direkt auf der jeweils vorhandenen Lösung auf. Das bedeutet, daß man jeweils nur einen *Breakthrough* durchzuführen hat.

Die vierte Version ist für die Praxis unbrauchbar. Sie ist viel zu langsam, um mit vertretbarem Aufwand eine Lösung zu liefern. Ferner ist das Rechenprogramm äußerst umfangreich und kompliziert.

In der folgenden Tabelle 6.61 ist die Problemgröße, bis zu der die drei ersten Versionen geeignet erscheinen, angegeben.

Tabelle 6.61. *Problemgröße, bis zu der die drei ersten Versionen der begrenzten Enumeration mit vertretbarem Aufwand zur optimalen Lösung führen*

	Version		
	1	2	3
Gruppe A	10	15	20
Gruppe B	15	20	40–80
Gruppe C	20	30	40–80

Eine Ursache des unterschiedlichen Verhaltens der Probleme aus der Gruppe A einerseits und B und C andererseits erkennt man an den Lösungen der entsprechenden Zuordnungsprobleme. Bei den Problemen der Gruppe A erhält man im allgemeinen $\frac{n}{2}$ (bei geraden n) oder $\frac{n-1}{2}$ (bei ungeraden n) Kurzzyklen zwischen je 2 (bzw. einmal 3) Orten. Die aus einer geschlossenen Rundreise bestehende Lösung hat dementsprechend sehr viel höhere Kosten als die, die sich aus der Summe der Kurzzyklen ergeben, weil gegenüber den Kurzzyklen ungefähr die Hälfte der Verbindungen ausgetauscht werden muß. Entsprechend ist auch die Differenz zwischen oberer Grenze (Ausgangslösung) und Gesamtreduktion (Zuordnungsproblem) relativ groß. Das bewirkt die vielen Bauschritte der begrenzten Enumeration.

Bei den Problemen der Gruppen B und C ergab die Lösung des Zuordnungsproblems fast immer nur zwei bis drei Kurzzyklen und manchmal sogar eine geschlossene Rundreise. Die Differenz zwischen Ausgangslösung und Reduktion war daher gering, was den Enumerationsprozeß verkürzte.

Mit diesen Erfahrungen decken sich auch die mit *Branching and Bounding* gemachten Erfahrungen von Little, Murty, Sweeney und Karel [116] (vgl. Abschnitt 6.7.2). *Geographische Probleme* ließen sich nur bis zu Größen von 20 Orten in vertretbarer Rechenzeit lösen. Bei mit Zufallszahlen erzeugten Problemen konnten Probleme mit 40 Orten noch in durchschnittlich 8 min auf einer IBM 7090 gelöst werden.

6.8.4. Empfehlungen für die Wahl eines Verfahrens

Abschließend seien auf Grund der Rechenerfahrung einige Empfehlungen für die zweckmäßige Verfahrensauswahl zur Behandlung von Traveling Salesman Problemen gegeben. Für alle kleinen Probleme erscheint es günstig, mit EV 2 und evtl. auch EV 1 möglichst viele Lösungen zu bestimmen und die beste als Ausgangslösung zu wählen. Dann wird die Matrix mit einem Verfahren zur Lösung des Zuordnungsproblems reduziert und anschließend das erste Verfahren der begrenzten Enumeration angewendet.

Für alle Probleme der Gruppe *A* mit bis zu 20 Orten und der Gruppen *B* und *C* mit bis zu etwa 80 Orten seien ebenfalls mit EV 2 und EV 1 mehrere Lösungen berechnet, unter denen die beste als Ausgangslösung gewählt wird. Es erscheint nicht unbedingt erforderlich, eine mit Iterationsverfahren verbesserte Ausgangslösung zu verwenden, außer bei Problemen der Gruppe *C* mit mehr als 30 Orten. Nach Reduktion der Matrix wird hier mit der dritten Version der begrenzten Enumeration die optimale Lösung gesucht. Auch Bellmore und Nemhauser [17] empfehlen das der dritten Version ähnliche Verfahren von Eastman [48] und Shapiro [160] (vgl. Abschnitt 6.7.5).

Für Probleme der Gruppe *A* mit mehr als 20 bis 25 Orten sind nur die suboptimierenden Iterationsverfahren geeignet. Auch hier berechnet man mit EV 2 zweckmäßigerweise mehrere Lösungen, von denen man eine oder mehrere iterativ zu verbessern versucht. Es erscheint ausreichend, von nur einer einzigen Ausgangslösung auszugehen.

Probleme mit mehr als 60 bis 80 Orten erfordern relativ hohe Rechenzeiten. Es ist bei ihnen zu prüfen, ob man nicht durch Zusammenfassen von Ortsgruppen die Probleme verkleinern kann. Ein Beispiel dazu beschreibt Rothkopf [153].

6.9. Rundreiseprobleme besonderer Struktur

Nachdem bisher nur das klassische Traveling Salesman Problem behandelt wurde, sollen jetzt noch einige besondere Rundreiseprobleme skizziert und geeignete Verfahren zu ihrer Lösung vorgeschlagen werden. Einige dieser Sonderfälle sind auch bei Gonzales [67] und anderen Autoren erwähnt.

Eine nur geringe Veränderung des Problems ist erforderlich, wenn der Reisende nicht zum Startort zurückzukehren hat, sondern an einem beliebigen anderen Ort die Reise beendigen soll. Dieses bedeutet formal nichts anderes, als wenn die Rückreise vom letzten Ort zum Startort nichts kosten würde. Man kann also die erste Spalte der Kostenmatrix durch Nullen ersetzen und das Problem mit den gleichen Verfahren wie das klassische Traveling Salesman Problem lösen. Für das Beispiel aus dem Abschnitt 6.3 ist die entsprechende Kostenmatrix in der Tabelle 6.62 dargestellt. Die optimale Rundreise lautet $A-E-F-B-C-G-C$ mit den Kosten von 85 Einheiten.

Tabelle 6.62. *Veränderte Kostenmatrix für das Problem mit offenem Ausgang*

von \ bis	A	B	C	D	E	F	G
A	∞	20	33	23	12	18	16
B	0	∞	24	31	20	14	20
C	0	25	∞	26	23	22	18
D	0	28	28	∞	16	16	11
E	0	23	22	17	∞	6	5
F	0	13	22	18	7	∞	6
G	0	19	17	12	6	6	∞

Dieses Problem mit *offenem Ausgang* spielt häufig in der Praxis eine große Rolle, wenn zunächst nur die ersten der zu bereisenden Orte bekannt sind. Es wird dann die für diese Orte günstigste Route berechnet. Sowie weitere Orte bekannt werden, wird die Rechnung für alle noch nicht bereisten Orte fortgesetzt. Die gleiche *gleitende* Planung wäre für die Berechnung der optimalen Bearbeitungsreihenfolge verschiedener Aufträge bei folgeabhängigen Umrüstkosten durchzuführen.

Wenn ein anderer Ort als der Startort A (beispielsweise der Ort B) fest als Zielort vorgegeben ist, ist die Veränderung gegenüber dem ursprünglichen Problem ebenfalls gering. Nun wird A nur als Ausgangsort, nicht aber als Zielort auftreten. Dafür ist B nur Zielort und nicht Ausgangsort. In der Kostenmatrix verschwinden also die Spalte von A und die Zeile von B. Diese Matrix ist in der Tabelle 6.63 gezeigt. Die optimale Lösung lautet $A-E-F-G-D-C-B$ und hat die Kosten von 89 Einheiten.

Tabelle 6.63. *Veränderte Kostenmatrix für das Problem mit B als Zielort*

von \ bis	B	C	D	E	F	G
A	∞	33	23	12	18	16
C	25	∞	26	23	22	18
D	28	28	∞	16	16	11
E	23	22	17	∞	6	5
F	13	22	18	7	∞	6
G	19	17	12	6	6	∞

Zur Lösung dieser beiden leicht abgewandelten Probleme eignen sich alle Verfahren, die auch für das klassische Traveling Salesman Problem anwendbar sind.

Die Probleme, in denen gleichzeitig mehrere Rundreisen für mehrere Reisende oder Lieferwagen zu bestimmen sind, sind ebenfalls nur wenig schwieriger zu lösen. Die Kostenmatrix enthält gegenüber der des ursprünglichen Problems den Ort A genauso häufig als Ausgangsort und als Zielort, wie die Anzahl der Rundreisen ist. Beispielsweise sollen zwei Reisende je genau drei Orte besuchen. Die Kostenmatrix ist in der Tabelle 6.64 gezeigt. Die optimalen Routen lauten $A-E-F-B-A$ und $A-G-C-D-A$. Die Gesamtkosten betragen 133 Einheiten. Dieses Problem kann mit allen vier Versionen der begrenzten Enumeration gelöst werden, wobei die dritte Version stärker, die anderen nur geringfügig abzuwandeln wären.

Tabelle 6.64. *Kostenmatrix für das Problem mit zwei Rundreisen*

von \ bis	*A*	*A*	*B*	*C*	*D*	*E*	*F*	*G*
A	∞	∞	20	33	23	12	18	16
A	∞	∞	20	33	23	12	18	16
B	19	19	∞	24	31	20	14	20
C	35	35	25	∞	26	23	22	18
D	24	24	28	28	∞	16	16	11
E	13	13	23	22	17	∞	6	5
F	20	20	13	22	18	7	∞	6
G	19	19	19	17	12	6	6	∞

Komplizierter wird das Problem bei zusätzlichen Restriktionen, z. B. wenn gefordert ist, daß keiner der beiden Reisenden mehr als 70 Entfernungseinheiten zurücklegen soll. Diese Bedingung ist durch die obige Lösung nicht erfüllt, da die zweite Rundreise 83 Einheiten lang ist. Vielmehr lauten jetzt die Reiserouten $A-G-C-E-A$ und $A-D-F-B-A$. Die Gesamtkosten sind auf 139 Einheiten gestiegen.

Häufig ist nicht gefordert, daß jeder Reisende gleich viele Orte bereist, sondern es ist lediglich die Obergrenze der Reiselänge als Begrenzung vorgegeben.

Möglicherweise ist auch statt der Zahl der Orte und der zu fahrenden Strecke nur die Zeit begrenzt. Dabei setzt sich der Zeitverbrauch aus den Besuchs- oder Ladezeiten, die pro Ort verschieden sein können, und den Fahrzeiten zusammen.

Bei Fahrten von Lieferfahrzeugen ist neben oder statt der Zeit bzw. der Anzahl der zu beliefernden Orte und der insgesamt zu fahrenden Strecke zumeist die volumen- und gewichtsmäßige Ladefähigkeit der Wagen zu berücksichtigen.

Für die Probleme mit derartigen Nebenbedingungen eignen sich vor allem die beiden ersten Versionen der begrenzten Enumeration. Sind die Nebenbedingungen sehr restriktiv, wird die erste Version schneller sein. Engen die Bedingungen die Lösungen nur gering ein, ist die zweite Version vorzuziehen.

In ähnlichen Problemen werden für die verschiedenen Rundreisen nicht der gleiche, sondern verschiedene Ausgangsorte zu wählen sein.

In einem anderen, verhältnismäßig häufig bei Fuhrunternehmen und Reedereien auftretenden Rundreiseproblem sind Zuladungen an verschiedenen Orten einzuplanen. Dabei darf die Gesamtladekapazität des Fahrzeugs nicht überschritten werden. Schwierigkeiten bei der Lösung entstehen u. a. dadurch, daß einige Orte teilweise mehr als nur einmal zum Be- und/oder Entladen besucht werden müssen. Zur exakten Lösung eignet sich die erste Version der begrenzten Enumeration. Allerdings sind nur sehr kleine Probleme exakt zu lösen. Bei allen größeren Problemen ist mit heuristischen Verfahren eine Lösung zu suchen.

Tabelle 6.65. *Matrix der zu befördernden Mengen*

von \ bis	*A*	*B*	*C*	*D*	*E*	*F*	*G*
A	–	6	2	–	4	3	–
B	–	–	–	–	–	–	9
C	–	–	–	5	–	7	–
D	14	–	–	–	–	–	–
E	–	7	–	4	–	–	–
F	–	–	6	–	3	–	–
G	4	–	8	6	–	–	–

Zur Erläuterung des Problems sei das Beispiel von Abschnitt 6.3 modifiziert. Es sollen die in der Tabelle 6.65 angegebenen Mengen mit einem Fahrzeug transportiert werden. Der eingesetzte Lieferwagen hat eine Ladekapazität von 20 Mengeneinheiten. Der optimale Weg mit Beladungsprotokoll ist in der Tabelle 6.66 gezeigt.

Tabelle 6.66. *Die optimale Fahrtroute bei Zu- und Entladungen an den einzelnen Orten*

Teilstrecke $i-j$	Entladung am Ort i	Zuladung am Ort i	Lademenge
$A-E$	–	15	15
$E-F$	4	7	18
$F-B$	3	–	15
$B-F$	13	9	11
$F-G$	–	6	17
$G-C$	9	8	16
$C-F$	16	12	12
$F-E$	7	3	8
$E-G$	3	4	9
$G-D$	–	10	19
$D-A$	15	14	18

Zwei Versionen dieses Problems sind zu unterscheiden. Bei der ersten Version ist eine zwischenzeitliche Entladung und Lagerung nicht erlaubt. Die einmal geladene Ware darf vor dem Bestimmungsort nicht ausgeladen werden. Bei der zweiten Version ist zwischenzeitliches Lagern erlaubt. Beispielsweise hätte man im obigen Fall im Ort F während der Fahrten $F-B$ und $B-F$ die von A für C vorgesehene Ladung von zwei Mengeneinheiten lagern können, um dadurch eine höhere Ladekapazität zu erzielen. In diesem Beispiel hätte sich zwar nichts geändert. Jedoch kann eine solche Lagerung an Zwischenstationen in anderen Fällen erhebliche Einsparungen an Fahrkilometern bewirken.

Eine weitere Komplizierung des Problems entsteht, wenn statt des Weges eines einzigen Fahrzeugs oder Schiffes der Einsatz eines ganzen Fuhrparks oder einer ganzen Flotte zu planen ist. Hier wird es ausgeschlossen sein, Probleme von in der Praxis auftretenden Größenordnungen exakt optimal zu lösen. Jedoch werden auch hier mit heuristischen Verfahren gute Lösungen zu erzielen sein.

Eine weitere Abwandlung des klassischen Traveling Salesman Problems liegt dann vor, wenn ein bestimmter Fahrplan (Zeitplan) vorgegeben ist, wenn also öffentliche Verkehrsmittel zu benutzen sind, die nur zu bestimmten Zeitpunkten von den einzelnen Orten abfahren. Ein solches Problem eines Reisenden soll hier behandelt werden. Die Abfahrtzeiten für die einzelnen Fahrten sind in der Tabelle 6.67 angegeben. Jedes Fahrzeug fährt genau einmal pro Stunde. Die Fahrtzeiten betragen pro Entfernungseinheit (vgl. Abb. 6.1 und Tabelle 6.1) 1 min. Ferner sei der Aufenthalt zur Geschäftsabwicklung an den einzelnen Orten zu berücksichtigen. Dieser ist in der vorletzten Spalte der Tabelle 6.67 angegeben. Außerdem ist für die einzelnen Kunden ein spätester Ankunftszeitpunkt vereinbart, der in der letzten Spalte der Tabelle 6.67 steht.

Tabelle 6.67. *Abfahrtzeiten (Minute jeder Stunde) der Verkehrsmittel (Striche kennzeichnen nicht befahrene Strecken), Aufenthaltsdauer zur Geschäftsabwicklung an jedem Ort und spätester Ankunftstermin an jedem Ort*

von \ bis	*A*	*B*	*C*	*D*	*E*	*F*	*G*	Aufenthaltsdauer zur Geschäftsabwicklung (min)	Spätester Ankunftstermin (Std:min)
A	–	0	–	10	20	–	–	–	–
B	30	–	30	–	–	40	–	10	1:30
C	–	35	–	50	–	–	15	20	2:30
D	40	–	45	–	–	–	25	50	5:00
E	50	–	–	–	–	5	35	20	beliebig
F	–	25	–	–	40	–	10	10	3:30
G	–	–	10	20	30	40	–	30	5:00

Gesucht ist der Reiseweg mit kürzester Dauer. Die mit der ersten Version der begrenzten Enumeration errechnete Optimalreise ist in der Tabelle 6.68 angegeben. Hier sind beim Enumerationsprozeß neben der Zeitminimierung die durch die spätesten Ankunftstermine gesetzten Bedingungen zu beachten. Je mehr derartige Bedingungen vorliegen und je restriktiver sie sind, desto schneller läuft die Enumeration ab, da viele Folgen, die hinsichtlich des Optimierungskriteriums noch weitergebaut würden, wegen der Nichteinhaltung von Nebenbedingungen frühzeitig abgebrochen werden.

Tabelle 6.68. *Reiseweg kürzester Dauer in Abhängigkeit des in der Tabelle 6.67 angegebenen Zeitplans und der gesetzten Nebenbedingung (Die Teilstrecke $C-F$ läuft über den Umsteigeort G)*

Teilstrecke	Abfahrt (Std:min)	Ankunft (Std:min)	Zeit nach Geschäftsabwicklung (Std:min)
$A-B$	0:00	0:20	0:30
$B-C$	0:30	0:54	1:14
$C-(G)-F$	1:15(1:40)	(1:33)1:46	1:56
$F-E$	2:40	2:47	3:07
$E-G$	3:35	3:40	4:10
$G-D$	4:20	4:32	5:22
$D-A$	5:40	6:03	

Die hier gezeigten Sonderfälle stehen nur stellvertretend für die unzähligen Varianten, die in der Praxis auftreten. Wegen ihrer Verschiedenartigkeit der Probleme gibt es kein allgemeines Verfahren, mit dem sie alle zu lösen sind. Vielmehr ist man bei Spezialproblemen gezwungen, eigene Verfahren zu entwickeln bzw. bekannte Verfahren abzuwandeln. Die in diesem Buch behandelten Verfahren können dabei nur als Anregungen dienen. Je komplizierter ein Problem ist, um so weniger bestehen Hoffnungen auf ein schnell arbeitendes exaktes Verfahren. Vielmehr wird man auf heuristische Verfahren angewiesen sein.

KAPITEL 7

Das Chinese Postman's Problem

7.1. Allgemeines

Ein Rundreiseproblem, das prima facie dem im Kapitel 6 behandelten *Traveling Salesman Problem* ähnelt, ist das *Chinese Postman's Problem.* Während beim *Traveling Salesman Problem* ein Rundweg durch einen Graphen gesucht ist, der jeden *Knoten* einmal berührt, ist beim *Chinese Postman's Problem* nach einem Rundweg gefragt, der jede *Kante* eines Graphen mindestens einmal enthält. Derartige Rundwege werden täglich von Briefträgern gegangen, die die Anlieger der durchschrittenen Straßen mit ihrer Post versorgen. Gesucht ist dabei jeweils der optimale, d.h. der z.B. kürzeste, schnellste oder kostenminimale Rundweg. Soweit man die entsprechenden Längen, Zeiten bzw. Kosten der einzelnen Strecken kennt, liegt also wieder ein Problem vom *Typ AK* vor. Es sei im folgenden aus Gründen der einheitlichen Terminologie unterstellt, daß jeweils der kürzeste Weg gesucht ist. Bei anderen Zielsetzungen gelten die Ausführungen dieses Kapitels analog.

Das Chinese Postman's Problem wurde erstmals 1960 von dem Chinesen Mei-Ko Kwan [108] untersucht. Daher hat es in seinem Namen den geographischen Hinweis erhalten (vgl. Busacker und Saaty [26, 27] sowie Edmonds [49]), obwohl sich das Problem prinzipiell nicht von dem eines deutschen, französischen, russischen oder sonst eines Briefträgers der westlichen oder östlichen Hemisphäre unterscheidet.

Da alle Wege des Netzes einmal durchlaufen werden *müssen*, besteht die gesuchte Rundreise aus einer einfach durchzuführenden Aneinanderreihung aller Strecken, soweit zur Verbindung dieser Strecken keine zusätzlichen *unproduktiven Wege* erforderlich sind. Wie noch gezeigt wird, besteht die Möglichkeit der einfachen Aneinanderreihung in zusammenhängenden *ungerichteten Graphen* immer dann, wenn zu jedem Knoten eine gerade Zahl von Kanten führt. In zusammenhängenden *gerichteten Graphen* ist diese Möglichkeit dann gegeben, wenn für jeden Knoten die Zahl der zu ihm hinführenden Pfeile gleich der Zahl der von ihm fortführenden Pfeile ist. Soweit es also alle Strecken umfassende Rundwege ohne *unproduktive* Wege gibt, ist das Chinese Postman's Problem gar kein Optimierungsproblem. Erst wenn *unproduktive* Wege unumgänglich sind, liegt ein Optimierungsproblem vor. Denn es müssen diejenigen *unproduktiven* Wege gesucht werden, die einen Rundweg mit minimaler Weglänge zulassen.

Die Auswahl dieser *unproduktiven* Wege ist relativ einfach. Verschiedene Lösungsansätze sind dazu möglich. Zwei Ansätze sind von Kwan [108] und Edmonds [49] vorgeschlagen worden. Hier sollen weitere Ansätze vorgetragen werden, die sich an Testbeispielen sehr gut bewährt haben.

Allgemein gilt, daß sich das *Chinese Postman's Problem* wesentlich leichter lösen läßt als das ähnlich aussehende *Traveling Salesman Problem*. Analog zu der im Abschnitt 6.3 erwähnten Verwandtschaft zwischen dem *Traveling Salesman Problem* und dem *Problem des längsten Weges mit Knotenrestriktion* (Abschnitt 5.4.1) ist das *Chinese Postman's Problem* mit dem *Problem des längsten Weges mit Kantenrestriktion* (Abschnitt 5.4.2) verwandt. Auch bei jenen Problemen ergaben sich durch die *Knotenrestriktion* wesentlich größere algorithmische Schwierigkeiten als durch die *Kantenrestriktion*. Eine Erklärung dafür, daß sich das *Chinese Postman's Problem* leichter lösen läßt als das *Traveling Salesman Problem*, mag darin liegen, daß man es hier immer mit einem zusammenhängenden Graphen zu tun hat, zu dem sogar zusätzlich noch Kanten hinzugefügt werden. Beim Traveling Salesman Problem geht man zwar auch von einem zusammenhängenden Graphen aus; die Lösung besteht aber in einer Auswahl einiger Kanten des Graphen. Die Schwierigkeit bei der Bestimmung der optimalen Lösung liegt darin, daß der Graph nicht in disjunkte Untergraphen zerfallen darf, wie es u.a. durch das Lösen des entsprechenden *Zuordnungsproblems* fast immer geschieht. Beim *Chinese Postman's Problem* werden also Kanten hinzugefügt; beim *Traveling Salesman Problem* werden dagegen Kanten (durch Nichtauswahl) quasi entfernt. Durch das Entfernen können wesentliche Eigenschaften des Graphen, insbesondere die Eigenschaft des Zusammenhangs, verlorengehen, die beim Hinzufügen stets erhalten bleiben.

7.2. Das Königsberger Brückenproblem

Das *Chinese Postman's Problem* hat einen berühmten Ahnen in dem *Königsberger Brückenproblem*, das 1736 Euler (vgl. u.a. Busacker und Saaty [27], S. 199) beschrieben hat. Euler bewegte die Frage, ob es einen Spaziergang gäbe, bei dem er jede der sieben Königsberger Brücken, die beide Ufer des Pregel und zwei Inseln verbinden, genau einmal benutzen würde. In der Abb. 7.1 ist die Lage der Brücken skizziert. In der Abb. 7.2 ist das gleiche Problem als Graph dargestellt, in dem beide Ufer und beide Inseln als Knoten und die Brücken als Kanten gezeichnet sind. In diesem Fall gibt es keinen Weg, der jede Kante genau einmal benutzt.

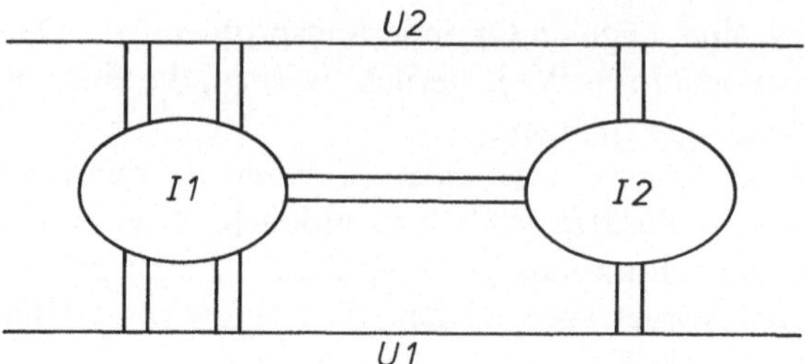

Abb. 7.1. Skizze der Königsberger Brücken ($U1$, $U2$=Ufer, $I1$, $I2$=Inseln)

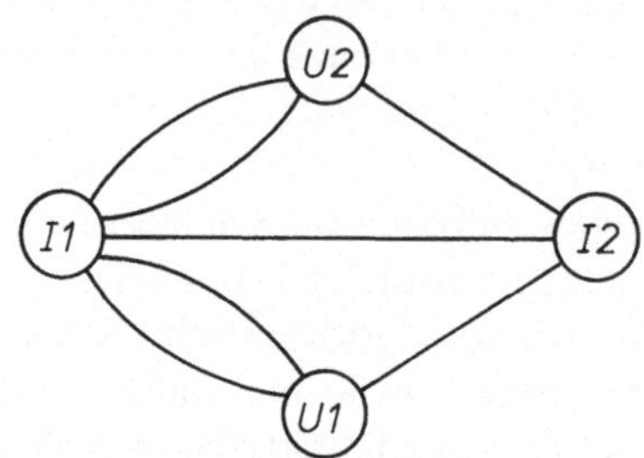

Abb. 7.2. Graph zum Königsberger Brückenproblem

Euler wies nach, daß dann und nur dann ein alle Kanten einmal benutzender Rundweg in einem zusammenhängenden ungerichteten Graphen besteht, wenn in alle Knoten eine gerade Zahl von Kanten einmündet. Wenn Start- und Zielknoten verschieden sind, müssen in beide eine ungerade Anzahl Kanten münden, weil eine zusätzliche Kante vom Ziel zum Start den Rundweg vervollkommnen würde.

Daß diese Bedingungen *notwendig* sind, ist leicht einzusehen. Wenn in einen Knoten eine ungerade Zahl n von Kanten einmündet, wird man diesen Ort $\frac{n-1}{2}$-mal besuchen und ebenso oft verlassen und ihn schließlich noch einmal besuchen, ohne ihn dann auf einer nicht benutzten Kante verlassen zu können. Es wäre ein zusätzlicher Weg erforderlich, der beim *Chinese Postman's Problem* als *unproduktiv* bezeichnet werden soll. Analog ergibt sich, daß bei nicht identischen Start- und Zielknoten beide eine ungerade Kantenzahl aufweisen müssen.

Euler zeigte, daß die Bedingung der Geradzahligkeit der einmündenden Kanten nicht nur *notwendig*, sondern auch *hinreichend* ist. In jedem Graphen läßt sich leicht ein Kreis feststellen, der verschiedene Knoten miteinander verbindet. Wenn dieser Rundweg noch nicht alle Kanten des Graphen enthält, muß er mindestens einen Knoten enthalten, dessen Kanten noch nicht alle benutzt sind. Von diesem Knoten aus läßt sich nun leicht ein neuer Kreis finden. Eine noch nicht gewählte Kante muß zu irgendeinem Knoten führen, von dem wieder eine Kante wegführen muß, weil an allen Knoten eine gerade Anzahl Kanten endet. Irgendwann kommt man auf diese Weise zum Ausgangsknoten zurück. Den so gefundenen Kreis kann man in den schon gefundenen Rundweg einbauen. Wenn es jetzt noch Knoten gibt, deren Kanten noch nicht alle benutzt sind, kann man durch dieselbe Konstruktion den Weg verlängern.

In der Abb. 7.3 ist ein Beispiel dazu gegeben. Ein erster Rundweg von A aus läßt sich u.a. dadurch finden, daß man jeweils zu dem Knoten mit dem niedrigsten Buchstaben geht. Man erhält den Kreis $A-B-C-D-A$. Dieser Weg ist in den Abb. 7.3b–d gestrichelt. Nun sucht man mit den übrigen Kanten den nächsten Kreis von A aus: $A-E-D-$

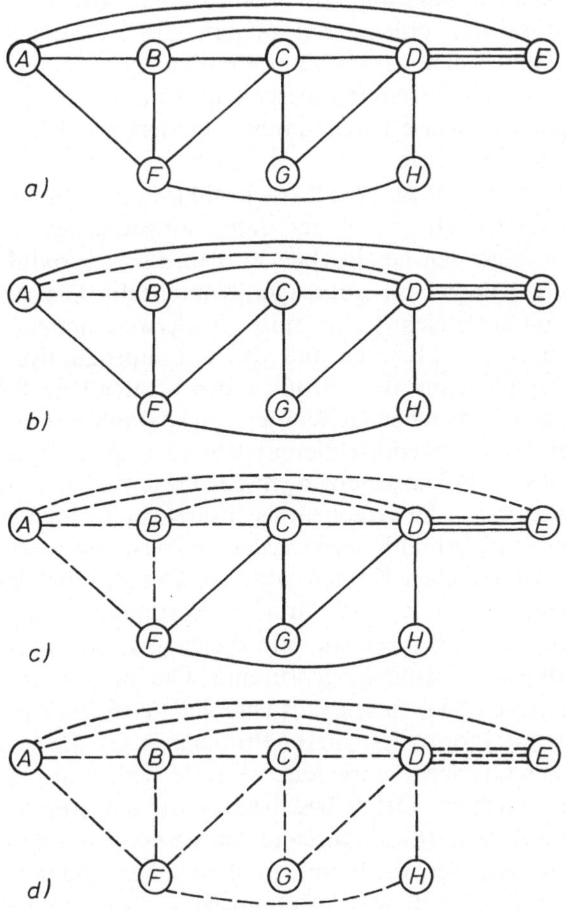

Abb. 7.3a–d. Bestimmung von Rundwegen durch alle Kanten im zusammenhängenden Graphen mit gerader Kantenzahl für alle Knoten

$B-F-A$. Die Kanten dieses Kreises sind in den Abb. 7.3c und d ebenfalls gestrichelt. Nun kann man z.B. vom Knoten C ausgehen und den Kreis $C-F-H-D-E-D-G-C$ finden, dessen Kanten in der Abb. 7.3d ebenfalls gestrichelt sind. Alle drei Kreise lassen sich nun zu einem Rundweg zusammenfassen, beispielsweise zu: $A-B-C-F-H-D-E-D-G-C-D-A-E-D-B-F-A$.

7.3. Das Chinese Postman's Problem in ungerichteten Graphen

Während es Euler nur um die Existenz von Rundwegen ging, die alle Kanten benutzen, interessiert beim *Chinese Postman's Problem* insbesondere die Wahl der *unproduktiven* Wege, die eingefügt werden müssen, wenn ohne sie kein Rundweg durch alle Kanten existiert.

Zunächst seien Probleme mit ungerichteten Graphen betrachtet. Wenn alle Knoten eine gerade Zahl einmündender Kanten aufweisen, ist nur eine Aneinanderreihung dieser Kanten erforderlich. Sie kann in prinzipiell gleicher Weise vorgenommen werden, wie es in der Abb. 7.3 am Beispiel gezeigt wurde.

Im allgemeinen Fall wird die Kantenzahl jedoch nicht für alle Knoten gerade sein. Die Bestimmung der dann erforderlichen *unproduktiven Wege* soll im folgenden beschrieben werden. Die unproduktiven Wege verbinden die Knoten mit ungerader Kantenzahl. Die Anzahl dieser Knoten sei mit m bezeichnet. Sie muß trivialerweise immer gerade sein. Zur Verbindung der m Knoten sind also $m/2$ unproduktive Wege erforderlich. Sie bestehen aus neu einzufügenden Kanten bzw. Kantenzügen. Soweit man an die bestehenden Kanten eines Graphen (die z.B. Straßen in einem Verkehrsnetz repräsentieren) gebunden ist, sind die unproduktiven Wege als Mehrfachbenutzungen der bestehenden Kanten zu verstehen. Man kann sie im Graphen als zusätzliche Kanten eintragen. In den entsprechenden Abbildungen werden sie meist gestrichelt dargestellt. Durch diese zusätzlichen Kanten wird die Geradzahligkeitsbedingung für alle Knoten erfüllt, so daß dann die Bestimmung des Rundweges kein Problem mehr ist. Gesucht sind diejenigen unproduktiven Wege mit der geringsten Kantenlängensumme. Die in den unproduktiven Wegen enthaltenen Kanten seien als *unproduktive Kanten* bezeichnet.

Edmonds [49] formuliert dieses Problem in ein *Matching Problem* um, das in der Graphentheorie eine zentrale Bedeutung hat. Hier soll dieser Ansatz nicht im Detail beschrieben werden. Eng verwandt mit ihm ist der im Abschnitt 7.3.2 gezeigte Ansatz der ganzzahligen linearen Planungsrechnung, der wiederum zu dem Zuordnungsproblem enge Verbindungen hat. Von diesem Ansatz ausgehend wird im Abschnitt 7.3.3 die Anwendung der begrenzten Enumeration vorgeführt. Vorher wird im Abschnitt 7.3.1 der Lösungsansatz von Kwan [108] dargestellt.

Zur Erläuterung der einzelnen Ansätze diene das in der Abb. 7.4 gezeigte Beispiel, in dem der kürzeste Weg vom Ort A durch alle Kanten zurück zum Ort A gesucht ist. Nur die Knoten A und B haben eine gerade Zahl einmündender Kanten. Unter vielen gleich optimalen Wegen lautet einer : $A-B-C-D-E-F-G-E-G-H-G-F-D-C-A$. Die unproduktiven Wege enthalten die Kanten $C-D$, $E-G$, $F-G$ und $G-H$ mit der Länge von 14 Einheiten. Der gesamte Rundweg ist 57 Einheiten lang.

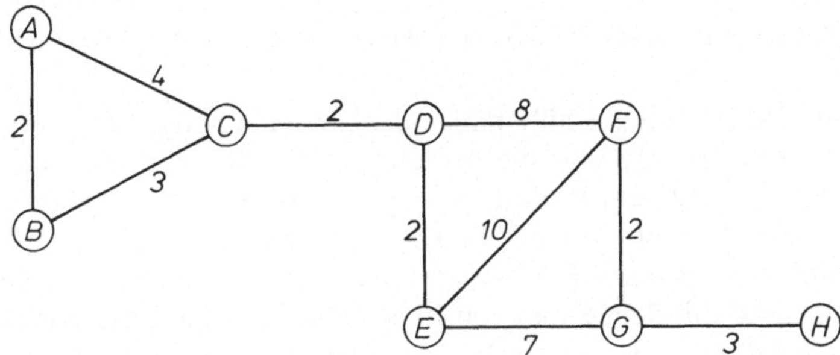

Abb. 7.4. Beispiel zum *Chinese Postman's Problem* im ungerichteten Graphen (Zahlen an den Kanten = Entfernungen)

7.3.1. Das Verfahren der wesentlichen Kreise von Kwan

Kwan [108] beschreibt zur Bestimmung der optimalen unproduktiven Wege ein Verfahren, das hier als *Verfahren der wesentlichen Kreise* bezeichnet werden soll. Dabei sei ein Kreis ein geschlossener Kantenzug (vgl. Abschnitt 2.2). Er sei *wesentlich* genannt, wenn er eine Lösungsverbesserung bringt (vgl. Kapitel 5). Das im Prinzip gleiche Verfahren wurde bereits im Abschnitt 5.4.2 zur Berechnung von längsten Wegen mit Kantenrestriktion beschrieben.

Kwan beginnt mit willkürlich eingefügten unproduktiven Wegen zwischen den Knoten mit ungerader Kantenzahl, beispielsweise mit $C-D$, $E-F$ und $G-H$. Sie sind in der Abb. 7.5 gestrichelt gezeichnet. Nun baut er alle möglichen Kreise auf, in denen unproduktive Kanten enthalten sind. Wenn man die in einem Kreis enthaltenen unproduktiven Kanten herausnimmt und dafür die übrigen Kanten dieses Kreises als unproduktive Kanten zusätzlich in den Graphen einfügt, bleibt die Geradzahligkeit der Kanten für jeden Knoten bestehen. Wenn die Länge der dabei neu eingefügten Kanten geringer ist als die der herausgenommenen Kanten, so ist durch ihren Tausch eine Verringerung der Kantenlängensumme der unproduktiven Kanten zu erzielen. Die Kantenlängen-

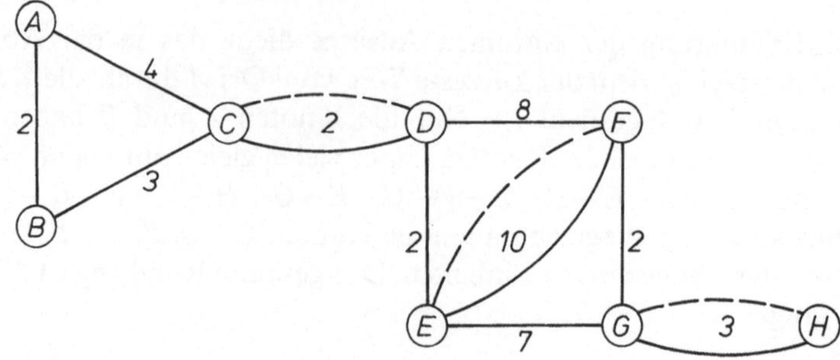

Abb. 7.5. *Chinese Postman's Problem* mit willkürlichen unproduktiven Wegen (gestrichelt)

differenz jedes Kreises erhält man, indem man die Längen der unproduktiven Kanten positiv und die der übrigen Kanten negativ nimmt und saldiert. Bei positivem Endsaldo ist eine Verbesserung möglich. Solche Kreise seien hier als *wesentliche* Kreise bezeichnet. In diesem Beispiel sind nur die Kreise $D-E-F-D$ mit dem Kantenlängensaldo Null und $E-F-G-E$ mit dem Saldo von Eins zu bilden. Eine Lösungsverbesserung wird durch den zweiten Kreis erzielt. Also wird die unproduktive Kante $E-F$ durch die Folge der unproduktiven Kanten $F-G$ und $E-G$ ersetzt. Der neue Graph ist in der Abb. 7.6 gezeigt. Da in ihm keine wesentlichen Kreise mehr bestehen, sind die in ihm enthaltenen unproduktiven Wege optimal.

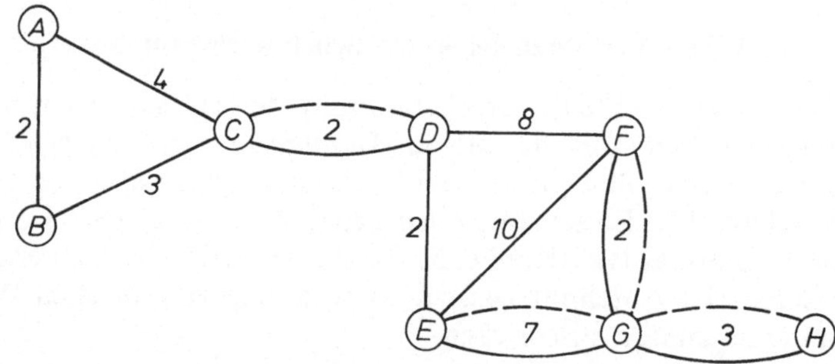

Abb. 7.6. *Chinese Postman's Problem* mit optimalen unproduktiven Wegen (gestrichelt)

Die Bestimmung sämtlicher Kreise mit unproduktiven Kanten kann bei großen Netzen sehr aufwendig werden. Dieses Verfahren ist daher für die Praxis relativ wenig geeignet, insbesondere deshalb, weil es ein schneller arbeitendes Verfahren gibt, das im folgenden beschrieben ist.

7.3.2. Der Lösungsansatz der ganzzahligen linearen Planungsrechnung

Zu einer schnelleren Bestimmung der optimalen unproduktiven Wege kommt man meistens über einen Ansatz, der von der *ganzzahligen linearen Planungsrechnung* ausgeht und teilweise einen anschließenden kurzen Prozeß der *begrenzten Enumeration* erfordert.

Mit i bzw. j $(=1, 2, \ldots, m)$ seien die Knoten mit ungerader Kantenzahl gekennzeichnet. Die kürzesten Entfernungen zwischen ihnen seien mit d_{ij} bezeichnet. Sie lassen sich beispielsweise mit dem Algorithmus von Floyd [55] (vgl. Abschnitt 5.3) berechnen. Die Variable x_{ij} gibt an, ob der unproduktive Weg von i nach j in den Graphen einzufügen ist ($x_{ij}=1$) oder nicht ($x_{ij}=0$). Um keine Kante doppelt zu erfassen, seien die d_{ij} und x_{ij} nur für $j>i$ definiert. Gesucht sind die unproduktiven Wege mit minimaler Kantenlängensumme; das kommt in der Zielfunktion zum Ausdruck:

$$\text{Minimiere} \quad D=\sum_{i=1}^{m-1} \sum_{j=i+1}^{m} d_{ij} x_{ij}.$$

In den Restriktionen wird formuliert, daß zu jedem der m Knoten ein unproduktiver Weg führen muß:

$$\sum_{i=1}^{k-1} x_{ik} + \sum_{j=k+1}^{m} x_{kj} = 1 \qquad \text{für } k=1, 2, \ldots, m.$$

Ferner gilt für alle x_{ij} die im Text bereits formulierte „0–1"-Bedingung:

$$x_{ij}=\begin{cases}0\\1\end{cases} \qquad \text{für } i=1, 2, \ldots, m \text{ und } j=1, 2, \ldots, m.$$

Dieses Problem ist dem *Zuordnungsproblem* der linearen Planungsrechnung sehr ähnlich, das im Abschnitt 3.2 ausführlich behandelt ist. Wenn man $d_{ji}=d_{ij}$ (mit $d_{ii}=\infty$) und $x_{ji}=x_{ij}$ und $D_2=2D$ setzt, kann man das obige Problem „verdoppeln" zu:

$$\text{Minimiere } D_2=\sum_{i=1}^{m} \sum_{j=1}^{m} d_{ij} x_{ij}$$

unter den Restriktionen:

$$\sum_{i=1}^{m} x_{ij}=1 \qquad \text{für } j=1, 2, \ldots, m,$$

$$\sum_{j=1}^{m} x_{ij}=1 \qquad \text{für } i=1, 2, \ldots, m,$$

$$x_{ij}=x_{ji} \qquad \text{für } i=1, 2, \ldots, m \text{ und } j=1, 2, \ldots, m,$$

$$x_{ij}=\begin{cases}0\\1\end{cases} \qquad \text{für } i=1, 2, \ldots, m \text{ und } j=1, 2, \ldots, m.$$

Bis auf die Bedingung $x_{ij}=x_{ji}$ ist dieses Problem identisch mit dem Zuordnungsproblem. Wegen der Symmetrie $d_{ij}=d_{ji}$ wird die Lösung des Zuordnungsproblems häufig die Symmetriebedingung $x_{ij} = x_{ji}$ erfüllen. In den betrachteten Testbeispielen war das meistens der Fall. Allerdings ist das nicht immer so. Das läßt sich am obigen Beispiel erkennen. In der Tabelle 7.1 ist die Matrix des entsprechenden Zuordnungsproblems gezeigt. Die durch das Lösen reduzierte Matrix ist in der Tabelle 7.2 angegeben.

Tabelle 7.1. *Matrix der Entfernungen zwischen den Knoten mit ungerader Kantenzahl. Ausgangsmatrix des Zuordnungsproblems*

von \ bis	*C*	*D*	*E*	*F*	*G*	*H*
C	∞	2	4	10	11	14
D	2	∞	2	8	9	12
E	4	2	∞	9	7	10
F	10	8	9	∞	2	5
G	11	9	7	2	∞	3
H	14	12	10	5	3	∞

Tabelle 7.2. *Matrix nach Lösen des Zuordnungsproblems. Reduktion $D_2^* = 18$. Die Zuordnungen sind unterstrichen*

von \ bis	*C*	*D*	*E*	*F*	*G*	*H*
C	∞	$\underline{0}$	0	7	10	10
D	0	∞	$\underline{0}$	7	10	10
E	$\underline{0}$	0	∞	6	6	6
F	5	5	4	∞	$\underline{0}$	0
G	8	8	4	0	∞	$\underline{0}$
H	8	8	4	$\underline{0}$	0	∞

Die Lösung des Zuordnungsproblems ist nicht symmetrisch. Das bedeutet, daß mit ihr die optimalen unproduktiven Wege noch nicht bestimmt sind. Zu deren Berechnung läßt sich das Verfahren der begrenzten Enumeration anschließen.

7.3.3. Die begrenzte Enumeration

Soweit die Lösung des Zuordnungsproblems nicht symmetrisch ist, läßt sich aus ihr zumindest eine untere Grenze für die Länge der unproduktiven Wege ableiten, auf der der Enumerationsprozeß aufbauen kann. Durch die Symmetriebedingung $x_{ij} = x_{ji}$ erfährt der Lösungsraum des Zuordnungsproblems eine Einschränkung. Das bedeutet, daß die Kosten niemals kleiner sein können als die Kosten der Lösung des Zuordnungsproblems. Aus diesem Grund sei die obige Zielfunktion in

Anlehnung an die durch Lösen des Zuordnungsproblems reduzierte Matrix in der folgenden Weise umgeformt, wobei (wie im Abschnitt 3.2) wieder mit u_i und v_j die Reduktionskonstanten der Zeilen und Spalten bezeichnet werden:

$$\begin{aligned} D_2 &= \sum_{i=1}^{m} \sum_{j=1}^{m} d_{ij} x_{ij} \\ &= \sum_{i=1}^{m} \sum_{j=1}^{m} (d_{ij} - u_i - v_j) x_{ij} + \sum_{i=1}^{m} u_i + \sum_{j=1}^{m} v_j \\ &= \sum_{i=1}^{m} \sum_{j=1}^{m} d_{ij}^* x_{ij} + D_2^*. \end{aligned}$$

Hier kennzeichnet der Stern (*) die Elemente der Lösung des Zuordnungsproblems.

Wegen $d_{ij}^* \geqq 0$ hat jede Lösung mindestens die Kosten von D_2^*, im Beispiel also 18. Die tatsächlichen Kosten erhält man durch Addition der d_{ij}^* für die ausgewählten Verbindungen.

Bei der Bestimmung der unproduktiven Wege bewirkt die Symmetriebedingung mit der Auswahl eines $x_{ij} = 1$ gleichzeitig die Auswahl von $x_{ji} = 1$. Die Kosten D_2 wachsen dabei um $d_{ij}^* + d_{ji}^*$.

Beim Prozeß der begrenzten Enumeration werden jeweils Paare von Knoten gebildet, die durch einen unproduktiven Weg verbunden werden. Die Kosten beginnen mit D_2^*, zu denen jeweils die Summen $d_{ij}^* + d_{ji}^*$ addiert werden. Beim Erreichen oder Übersteigen einer oberen Grenze werden die Paare wieder abgebaut.

Tabelle 7.3. *Durchführung der begrenzten Enumeration. Mit „!" ist eine Lösungsverbesserung gekennzeichnet. Mit „*" sind Mißerfolge markiert*

Lfd. Nr.	Eff. Nr.	Unproduktive Wege	Länge (Kosten) D_2
1	1		18
2	2	$C-D$	18
3	3	$C-D, E-F$	28
4	4	$C-D, E-F, G-H$	28!
5		$C-D, E-G$	28*
6		$C-D, E-H$	28*
7	5	$C-E$	18
8		$C-E, D-F$	30*
9		$C-E, D-G$	36*
10		$C-E, D-H$	36*
11		$C-F$	30*
12		$C-G$	36*
13		$C-H$	36*

Vor Beginn des Enumerierens ist eine Anfangslösung zu bestimmen, deren Kosten die anfängliche obere Grenze bilden. Hier sei die schlechte Lösung mit den Wegen $C-F$, $D-E$ sowie $G-H$ und den Kosten von $\{18+(7+5)+(0+0)+(0+0)\}=30$ gewählt. Der Enumerationsprozeß ist in der Tabelle 7.3 durchgeführt, deren Inhalt selbsterklärend ist.

Insgesamt 13 Bauschritte waren erforderlich, um die optimale Lösung zu finden. Davon waren nur 5 Bauschritte erfolgreich. Die optimale Lösung besteht aus den unproduktiven Wegen $C-D$, $E-F$ und $G-H$ mit einer Kantenlängensumme von $D=\frac{1}{2}D_2=14$. Dabei läuft der unproduktive Weg $E-F$ über den Knoten G. Das ist beim Aufstellen der Entfernungsmatrix der Tabelle 7.1 mit dem Algorithmus von Floyd berechnet worden. Die unproduktiven Kanten heißen also $C-D$, $E-G$, $F-G$ und $G-H$. Wie sich mit diesen Kanten der gesamte Rundweg aufstellen läßt, ist im ersten Teil des Abschnitts 7.3 gezeigt.

Abschließend seien die einzelnen Schritte des Verfahrens zusammengestellt:

Schritt 1: Bestimmung der Knoten mit ungerader Kantenzahl. Ist die Kantenzahl für alle Knoten gerade, → **Schritt 6.**

Schritt 2: Berechnung (und Speicherung) der kürzesten Wege zwischen diesen Knoten. Zusammenstellung der Entfernungen zwischen ihnen als Matrix (d_{ij}) mit $d_{ii}=\infty$.

Schritt 3: Reduktion der Matrix (d_{ij}) um D_2^* zur Matrix (d_{ij}^*) durch Lösen des entsprechenden Zuordnungsproblems.

Schritt 4: Falls die Lösung des Zuordnungsproblems die Symmetriebedingung $x_{ij}=x_{ji}$ erfüllt, werden die dieser Lösung entsprechenden unproduktiven Kanten in den Graphen eingefügt, → **Schritt 6.**

Schritt 5: Bestimmung der optimalen unproduktiven Wege (bzw. Kanten) durch begrenzte Enumeration. Einfügen der Kanten in den Graphen.

Schritt 6: Ermittlung des Rundweges durch alle Kanten.

7.4. Das Chinese Postman's Problem in gerichteten Graphen

Wenn ein Graph nur aus gerichteten Kanten (Pfeilen) besteht, die also nur in einer Richtung durchlaufen werden dürfen, ist die Berechnung des optimalen Weges durch alle Kanten noch einfacher als bei einem ungerichteten Graphen. Soweit der Graph zusammenhängend ist, ist eine notwendige und hinreichende Bedingung für die Existenz eines Rundweges, der jede Kante einmal enthält, daß für jeden Knoten die

Zahl der hinführenden Kanten gleich der Zahl der fortführenden Kanten ist. Das läßt sich ähnlich zeigen wie im Abschnitt 7.2 für ungerichtete Graphen. Hier sei auf den Beweis verzichtet.

Wenn ein Knoten i genau a_i mehr zu ihm hinführende als fortführende Pfeile aufweist, so sind a_i von ihm fortführende Pfeile als unproduktive Wege zusätzlich einzufügen. Hat dagegen ein Knoten j genau b_j mehr von ihm fortführende als zu ihm hinführende Pfeile, so müssen b_j zu ihm hinführende Pfeile als unproduktive Wege zusätzlich eingeplant werden. Jeder unproduktive Weg geht von einem Knoten mit mehr hinführenden Pfeilen zu einem Knoten mit mehr fortführenden Pfeilen. Die Länge des kürzesten Weges von einem Knoten i zu einem Knoten j sei mit d_{ij} bezeichnet. Sie lassen sich beispielsweise mit dem Algorithmus von Floyd (Abschnitt 5.3) berechnen. Gesucht sind wieder diejenigen unproduktiven Wege, deren Kantenlängensumme minimal ist. Mit $i=1,2,\dots,m$ als Index für die Wege mit mehr hinführenden Pfeilen und $j=1,2,\dots,n$ als Index für die Wege mit mehr fortführenden Pfeilen und x_{ij} als Zahl der unproduktiven Wege vom Knoten i zum Knoten j läßt sich das Problem der optimalen unproduktiven Wege wie folgt definieren:

$$\text{Minimiere } D=\sum_{i=1}^{m}\sum_{j=1}^{n} d_{ij}\,x_{ij}$$

unter den Restriktionen

$$\sum_{i=1}^{m} x_{ij}=b_j \qquad \text{für } j=1,2,\dots,n,$$

$$\sum_{j=1}^{n} x_{ij}=a_i \qquad \text{für } i=1,2,\dots,m,$$

$$x_{ij}\geqq 0, \qquad \text{ganzzahlig}.$$

Dieses Problem ist identisch mit dem Transportproblem der linearen Planungsrechnung (Abschnitt 3.3) und läßt sich entsprechend rasch lösen.

Sowie man die so bestimmten optimalen unproduktiven Wege in den Graphen eingefügt hat, läßt sich der Rundweg in gleicher Weise aufstellen, wie es zu Beginn des Abschnitts 7.3 für ungerichtete Graphen beschrieben wurde.

Das in der Abb. 7.7 gezeigte Beispiel diene der Veranschaulichung. In die Knoten A und B führen mehr Pfeile hinein als von ihnen fortführen. Dagegen haben die Knoten C, D und E mehr fortführende Pfeile.

Je nachdem, ob auch für die unproduktiven Wege die Richtungen der Pfeile Gültigkeit haben oder nicht, ergeben sich unterschiedliche Entfernungen d_{ij} zwischen den Knoten. Bei Nichtgültigkeit der Richtungsvorschriften erhält man das in der Tabelle 7.4, anderenfalls das in der Tabelle 7.5 gezeigte Transportproblem.

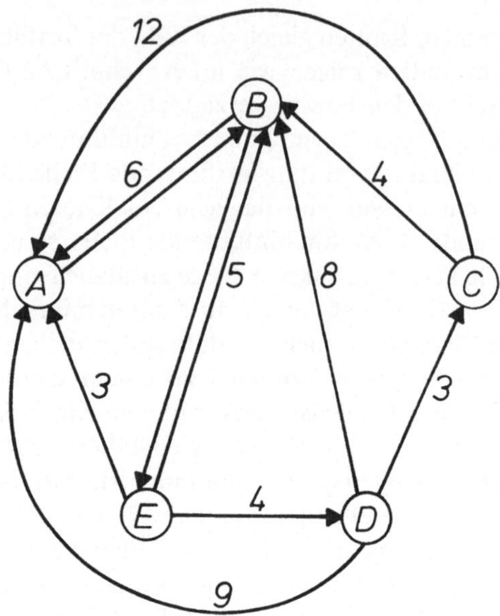

Abb. 7.7. Beispiel zum *Chinese Postman's Problem* im gerichteten Graphen (Zahlen an den Kanten = Entfernungen)

Tabelle 7.4. *Transportproblem bei Ungebundenheit an die Pfeilrichtungen*

von \ bis	C	D	E	a_i
A	10	7	3	3
B	4	8	5	2
b_j	1	2	2	5

Tabelle 7.5. *Transportproblem bei Bindung an die Pfeilrichtungen*

von \ bis	C	D	E	a_i
A	18	15	11	3
B	12	9	5	2
b_j	1	2	2	5

Im ersten Fall sind $x_{BC}=x_{AD}=x_{BD}=1$ und $x_{AE}=2$. Das bedeutet, daß je ein unproduktiver Weg von B nach C und D sowie von A nach D und ferner zwei Wege von A nach E gehen. Darin sind die unproduktiven Kanten $A-E$ dreimal, $B-C$ zweimal und $C-D$ sowie $E-D$ je einmal enthalten. Man erhält mit ihnen den in der Abb. 7.8 gezeigten Graphen. Die Länge der unproduktiven Wege beträgt 25 Einheiten. Eine der vielen möglichen Rundreisen lautet: $A-B-A-E-A-E-B-C-A-E-D-B-C-B-E-D-C-D-A$ und hat die Länge von 90 Einheiten.

Im zweiten Fall sind unter mehreren gleichwertigen Lösungen $x_{AC}=1$ und $x_{AD}=x_{BE}=2$. In den dadurch gekennzeichneten unproduktiven Wegen sind die Kanten $B-E$ fünfmal, $A-B$ und $E-D$ dreimal sowie $D-C$ einmal enthalten. Mit ihnen ergibt sich der in der Abb. 7.9 gezeigte Graph. Die Länge der unproduktiven Wege beträgt 58 Einheiten. Eine

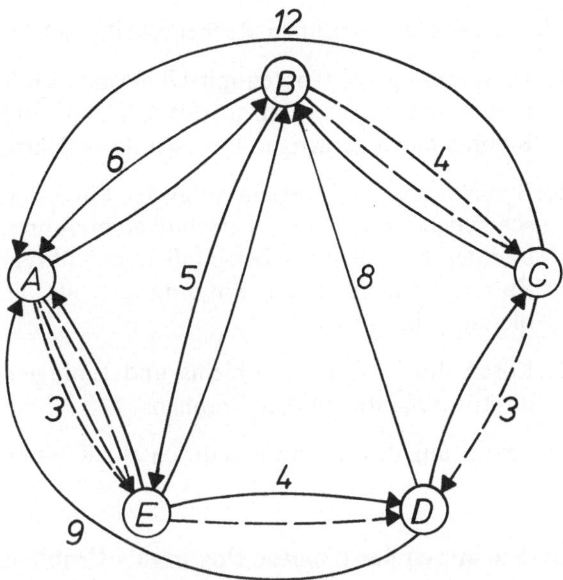

Abb. 7.8. *Chinese Postman's Problem* mit optimalen unproduktiven Wegen (gestrichelt)

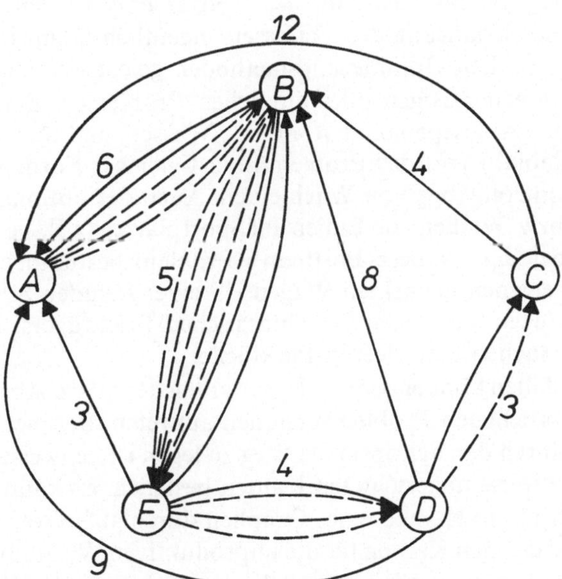

Abb. 7.9. *Chinese Postman's Problem* mit optimalen unproduktiven Wegen (gestrichelt)

der vielen möglichen Rundreisen mit der Länge von 123 Einheiten lautet: $A-B-A-B-E-A-B-E-B-E-D-A-B-E-D-B-E-D-C-B-E-D-C-A$.

Abschließend seien die einzelnen Rechenschritte zusammengestellt:

Schritt 1: Bestimmung der Knoten mit Überschuß an hinführenden bzw. mit Überschuß an fortführenden Kanten. Hat kein Knoten einen derartigen Überschuß, → **Schritt 4.**

Schritt 2: Berechnung (und Speicherung) der kürzesten Wege zwischen den Knoten mit Überschuß an hinführenden Kanten und den Knoten mit Überschuß an fortführenden Kanten. Zusammenstellung der Entfernungen als Transportproblemmatrix.

Schritt 3: Lösen des Transportproblems und Einfügen der unproduktiven Kanten in den Graphen.

Schritt 4: Ermittlung des Rundweges durch alle Kanten.

7.5. Varianten des Chinese Postman's Problems

Das *Chinese Postman's Problem* hat für die Praxis bei weitem nicht die Bedeutung wie das verwandte *Traveling Salesman Problem.* Bis heute ist es nach der Erfahrung des Verfassers eigentlich kaum in der Praxis mit mathematischen Optimierungsmethoden gelöst worden, obwohl es eine Reihe von derartigen oder ähnlichen Problemen gibt. Für Briefträger, für das Ablesepersonal von Gas-, Wasser- und Stromuhren und für die Müllabfuhr tritt das Problem in fast gleicher Form auf. Ähnlich ist es für Kontrollgänge von Wachleuten. Auch der optimale Rundweg zum Fegen bzw. Weißen von Linien auf Sportplätzen (z. B. Tennisplätzen) läßt sich über das Chinese Postman's Problem bestimmen. Auch das Suchen des eigenen geparkten Wagens in einer fremden Stadt führt zu ähnlichen Wegen wie denen des chinesischen Briefträgers. Das gleiche gilt für das Suchen einer leeren Parklücke.

In Einzelfällen können sehr viele Varianten der in den Abschnitten 7.3 und 7.4 besprochenen Problemversionen auftreten. Beispielsweise kann ein Graph, durch den der optimale Weg zu legen ist, teilweise aus gerichteten und teilweise ungerichteten Kanten bestehen. Es kann ferner sein, daß nur bestimmte Kanten eines Graphen durchlaufen werden müssen, während alle übrigen Kanten für die unproduktiven Wege zur Verfügung stehen. Weiterhin ist es möglich, daß die zu durchlaufenden Kanten nicht den Start- und Zielknoten berühren oder daß die zu durchlaufenden Kanten keinen zusammenhängenden Graphen innerhalb eines größeren zusammenhängenden Verkehrsnetzes bilden. Dieser Fall führt zu Problemen, die teilweise von dem Typ des Chinese Postman's Problems und teilweise vom Typ des Traveling Salesman Problems sind. Eine ausführlichere Darstellung dieser und weiterer Sonderfälle durch den Verfasser ist in Vorbereitung.

Jedes Chinese Postman's Problem läßt sich in ein (meist sehr viel größeres) Traveling Salesman Problem verwandeln, indem die in jeder Kante liegenden Punkte (z. B. Postempfänger in jeder Straße) als Knoten eines Traveling Salesman Problems aufgefaßt werden. Diese Umwandlung ist jedoch im allgemeinen nicht sinnvoll, da das Traveling Salesman Problem viel schwieriger zu lösen ist als das Chinese Postman's Problem. Leider ist die Umwandlung eines Traveling Salesman Problems in ein Chinese Postman's Problem im allgemeinen nicht möglich.

Ein weiteres Problem vom Typ des Königsberger Brückenproblems bildet das mit einem Strich zu zeichnende, von Mädchen oft mit Sprüchen wie „Wer dies nicht kann, kriegt keinen Mann" begleitete Häuschen, das in der Abb. 7.10 skizziert ist. Anfangs- und Endknoten haben eine ungerade Kantenzahl.

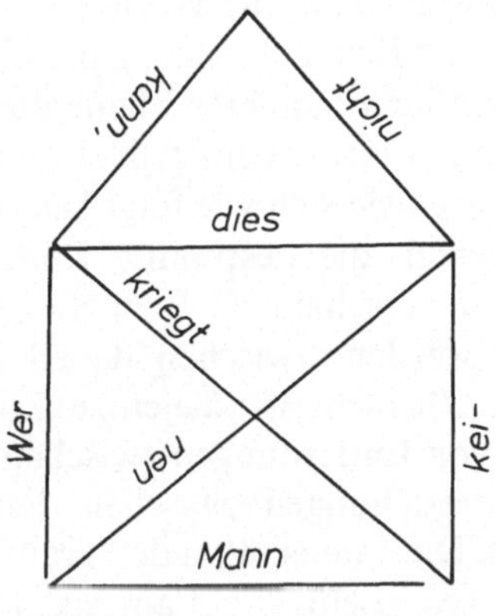

Abb. 7.10. „Häuschen"-Graph

KAPITEL 8

Raumzuordnungsprobleme

8.1. Allgemeines

Eine Gruppe von besonders schwierig zu lösenden Problemen bilden die Reihenfolgeprobleme vom *Typ AV*. Bei diesen Problemen sollen optimale Reihenfolgen aus allen vorhandenen Elementen gebildet werden, wobei aber die Kosten (bzw. die Werte anderer Zielgrößen) für die Aufeinanderfolge je zweier Elemente nicht a priori bekannt sind, sondern mit der Anordnung sämtlicher anderer Elemente variieren.

Charakteristisch für Probleme vom *Typ AV* sind die *Raumzuordnungsprobleme*. Allgemein lassen sie sich wie folgt beschreiben. Es sind n Orte (oder Räume) vorgegeben, die bestimmte Entfernungen voneinander haben. Diesen sollen n verschiedene Elemente (z.B. Maschinen oder Personen) zugeordnet werden, zwischen denen bestimmte Transportbeziehungen bestehen. Gesucht ist diejenige Zuordnung, bei der die Summe der Produkte von Entfernungen zwischen den Orten und Intensitäten der Transportbeziehungen zwischen den ihnen zugeordneten Elementen minimal ist. Die Intensitäten der Transportbeziehungen können Mengen, Frequenzen (Zahl von Fahrten, Telefongesprächen etc.) und andere Größen sein.

Es ist also die optimale Reihenfolge gesucht, in der bestimmte Elemente einer bestehenden Reihenfolge von Orten zuzuordnen sind.

In anderer Formulierung lautet das gleiche Problem: Gegeben sind zwei Mengen mit je n Elementen. Zwischen den Elementen einer jeden Gruppe bestehen bekannte (Entfernungs- bzw. Intensitäts-)Beziehungen. Gesucht ist diejenige Abbildung der einen Menge auf die andere, bei der die Summe der Produkte der Beziehungen zwischen den einander zugeordneten Elementen minimal ist.

8.2. Die Formulierung als quadratisches Zuordnungsproblem

Derartige Raumzuordnungsprobleme lassen sich relativ einfach als quadratisches Zuordnungsproblem definieren. Allerdings lassen sich solche Zuordnungsprobleme nicht mit vertretbarem Rechenaufwand lösen. Unter anderem hat sich Lawler [111] intensiv mit diesen Problemen auseinandergesetzt.

Mit i bzw. j $(=1, 2, \ldots, n)$ seien im folgenden die Orte (Elemente der einen Menge) und mit k bzw. l $(=1, 2, \ldots, n)$ die ihnen zuzuordnenden Elemente (Elemente der anderen Menge) indiziert. Die Entfernungen zwischen den Orten i und j seien mit d_{ij}, die Transportbeziehungen zwischen den Elementen k und l mit f_{kl} bezeichnet. Die Variablen x_{ik} geben an, ob das k-te Element dem i-ten Ort zugeordnet ist $(x_{ik}=1)$ oder nicht $(x_{ik}=0)$. Damit erhält man die quadratische Zielfunktion:

$$\text{Minimiere } D=\sum_{i=1}^{n}\sum_{j=1}^{n}\sum_{k=1}^{n}\sum_{l=1}^{n} d_{ij} f_{kl} x_{ik} x_{jl}.$$

Mit dieser Zielfunktion wird ausgedrückt, daß nur dann die Kosten $d_{ij} f_{kl}$ anfallen, wenn das k-te Element dem Ort i und das l-te Element dem Ort j zugeordnet werden. Diese Kosten sind über alle (n^2) Ortepaare und alle (n^2) Elementepaare zu summieren.

Ferner gelten die Restriktionen, durch die sichergestellt wird, daß jedes Element nur einem Ort und jeder Ort nur einem Element zugeordnet wird:

$$\sum_{i=1}^{n} x_{ik}=1 \qquad \text{für } k=1, 2, \ldots, n,$$

$$\sum_{k=1}^{n} x_{ik}=1 \qquad \text{für } i=1, 2, \ldots, n,$$

$$x_{ik}=\begin{cases}1\\0\end{cases} \qquad \text{für } i=1, 2, \ldots, n \text{ und } k=1, 2, \ldots, n.$$

8.3. Heuristische Verfahren

Man kann kleine Raumzuordnungsprobleme dieses Typs durch *Vollenumeration* lösen. Bei n Orten und n verschiedenen Elementen gibt es $n!$ verschiedene Lösungen. Das bedeutet, daß schon bei $n>7$ (vgl. Tabelle 2.2) eine Vollenumeration praktisch nicht mehr durchführbar ist. Nur geringfügig größer sind die Probleme, die man mit *Entscheidungsbaumverfahren* lösen kann. Die *dynamische Planungsrechnung* führt praktisch zu einer Vollenumeration, da sich keine inhaltsgleichen Zustände ergeben, und scheidet damit aus. Bei der *begrenzten Enumeration* und beim *Branching and Bounding* ist die Reduzierung der Bauschritte gegenüber der *Vollenumeration* ebenfalls gering, so daß sie auf Probleme mit mehr als $n>10$ kaum noch anwendbar ist. Die Zahl der Bauschritte reduziert sich nur geringfügig, weil hier im Gegensatz zu beispielsweise dem Traveling Salesman Problem keine wirksamen Kostenuntergrenzen für Lösungsmengen (Branching and Bounding) zu berechnen sind bzw. keine wirksame Kostenreduzierung (begrenzte Enumeration) möglich ist.

Zur Lösung praktischer Probleme kommen daher nur *heuristische Verfahren* in Betracht. Diese sind wieder in *Eröffnungsverfahren* und *suboptimierende Iterationsverfahren* zu untergliedern. Wie beim Traveling Salesman Problem empfiehlt sich auch hier die kombinierte Anwendung dieser Verfahren. Das bedeutet, daß zunächst mit einem oder mehreren Eröffnungsverfahren, die evtl. mit verschiedenen Anfangszuordnungen starten, möglichst viele Ausgangslösungen berechnet werden, von denen man die beste oder die besten zur weiteren iterativen Verbesserung auswählen kann. Auf diese Lösungen wendet man dann verschiedene suboptimierende Iterationsverfahren an, deren Zusammenspiel nach den im Abschnitt 4.4 angegebenen Möglichkeiten organisiert werden kann.

Im Prinzip lassen sich fast die gleichen heuristischen Verfahren anwenden, die für das Traveling Salesman Problem geeignet sind (vgl. Abschnitt 6.6). Nur sind hier die Kosten jeweils etwas umständlicher zu berechnen. Ausführliche Zusammenstellungen verschiedener Verfahren, die in der Literatur behandelt sind, haben u.a. Burckhardt [25] und Kiehne [100] gegeben.

In den folgenden beiden Abschnitten sollen einige heuristische Verfahren skizziert werden. Zu ihrer Erläuterung diene das folgende Beispiel, dessen unsymmetrische Entfernungsmatrix (d_{ij}) in der Tabelle 8.1 und dessen Transportbeziehungsmatrix (f_{kl}) in der Tabelle 8.2 angegeben sind. Es ist $n=5$.

Tabelle 8.1. *Entfernungsmatrix* (d_{ij})

von \ bis	A	B	C	D	E
A	0	130	70	60	160
B	140	0	80	150	80
C	70	70	0	90	90
D	70	150	80	0	160
E	150	70	90	170	0

Tabelle 8.2. *Transportbeziehungsmatrix* (f_{kl})

von \ bis	1	2	3	4	5
1	0	3	5	0	4
2	4	0	2	10	3
3	1	6	0	5	10
4	2	8	4	0	3
5	2	2	7	5	0

Die durch Vollenumeration bestimmte Optimallösung besteht in den Zuordnungen $A-2$, $B-5$, $C-3$, $D-4$ und $E-1$. Die Gesamtkosten betragen $D=8010$ Einheiten.

8.3.1. Eröffnungsverfahren

In der Literatur sind mehrere Eröffnungsverfahren vorgeschlagen worden, u.a. von Bloch [20], Buser [28] und Lee und Moore [113]. Die

Probleme, für deren Lösung diese Verfahren entwickelt wurden, sind teilweise etwas verschieden von dem bisher skizzierten Problem.

Es gibt einige Verfahren, die im Prinzip ähnlich arbeiten wie das *Verfahren des besten Nachfolgers* beim Traveling Salesman Problem. Kennzeichnend für sie ist, daß während des Ablaufs des Verfahrens der „*Freiheitsgrad*" sinkt. Das bedeutet, daß anfangs gute Zuordnungen gefunden werden, aber gegen Ende des Verfahrens nur noch recht schlechte Zuordnungen möglich sind. Drei derartige Verfahren werden als erste dargestellt.

Das einfachste Verfahren besteht darin, daß man für alle Orte p die Entfernungssummen

$$D_p = \sum_{j=1}^{n} d_{pj} + \sum_{i=1}^{n} d_{ip}$$

und für alle Elemente q die Transportbeziehungssummen

$$F_q = \sum_{l=1}^{n} f_{ql} + \sum_{k=1}^{n} f_{kq}$$

ausrechnet. Nun ordnet man dem Ort mit dem kleinsten (zweitkleinsten usw.) D_p das Element mit dem größten (zweitgrößten usw.) F_q zu. In der Tabelle 8.3 sind die Summen angegeben. Bei diesem Verfahren würde man die Zuordnungen $C-3$, $A-2$, $B-4$, $D-5$ und $E-1$ erhalten. Die Gesamtkosten betragen $D=9420$ Einheiten.

Tabelle 8.3. *Zwischenwerte zum obigen Beispiel*

Ort p	D_p	Element q	F_q
A	850	1	21
B	870	2	38
C	640	3	40
D	930	4	37
E	970	5	36

Bei einem zweiten Verfahren beginnt man in gleicher Weise, indem man dem Ort mit dem kleinsten D_p das Element mit dem größten F_q zuordnet. Dann wird dem Ort mit der geringsten Entfernung zu dem erstgewählten Ort das Element mit der stärksten Transportbeziehung zu dem erstgewählten Element zugeordnet. An dritter, vierter, ... usw. Stelle wird dann jeweils demjenigen Ort, für den die Summe der Entfernungen zu den bereits gewählten Orten am kleinsten ist, dasjenige Element zugeordnet, für das die Summe der Transportbeziehungen zu den bereits gewählten Elementen am größten ist. Im Beispiel beginnt man also mit der Zuordnung $C-3$. Es folgen $A-5$, $D-4$, $B-2$, $E-1$. Die Gesamtkosten betragen $D=8740$ Einheiten.

Ein weiteres Verfahren (vgl. [129], Abschnitt 9.4.2) arbeitet mit paarweiser Zuordnung. Hier wird zunächst dem Ortepaar mit der geringsten Entfernung das Elementepaar mit der stärksten Transportbeziehung zugeordnet, ohne daß bereits festgelegt wird, welches der beiden Elemente auf welchen der beiden Orte fällt. Im unsymmetrischen Fall wie im obigen Beispiel kann man für die Entfernungen die Mittelwerte von Hin- und Gegenrichtung verwenden. Nun wird das Ortepaar mit der nächstgeringsten Entfernung gesucht. Ist keiner der beiden Orte in einem bereits gewählten Ortepaar enthalten, wird unter den Elementen, die noch keinem gewählten Elementepaar angehören, das Paar mit der stärksten Transportbeziehung zur Zuordnung ausgewählt. Ist einer der beiden Orte in einem bereits gewählten Ortepaar enthalten, so werden nur solche Elementepaare gebildet, von denen ein Element aus dem diesem Ortepaar zugeordneten Elementepaar stammt. Ist einem der beiden Orte bereits ein Element fest zugeordnet, so werden nur Paare aus diesem Element und freien Elementen gebildet. Sind beide Orte in je einem gewählten Ortepaar enthalten, so sind nur die Paare aus den ihnen zugeordneten Elementen zu bilden. Im Beispiel würde man mit dem Ortepaar (A, D) und dem Elementepaar (2, 4) beginnen. Es folgt das Ortepaar (A, C), für das die mit den Elementen 2 und 4 zu bildenden Paare in Frage kommen. Die stärksten Transportbeziehungen hat das Paar (3, 4). Da der Ort A in beiden Ortepaaren und das Element 4 in beiden Elementepaaren erscheint, ergibt sich die Festzuordnung $A-4$ und als Folge davon auch $C-3$ und $D-2$. Nun folgt das Ortepaar (B, C); gleichberechtigt wäre (B, E). Da dem Ort C das Element 3 fest zugeordnet ist, sind nur Paare mit diesem Element zu bilden. Das Paar (3, 5) hat die stärksten Transportbeziehungen. Daraus folgt die Zuordnung $B-5$. Es bleiben schließlich der Ort E und das Element 1 übrig. Die Zuordnungen lauten also $A-4$, $B-5$, $C-3$, $D-2$ und $E-1$. Die Gesamtkosten betragen $D=8060$ Einheiten.

Allen bisher genannten Eröffnungsverfahren haftet der Nachteil des abnehmenden Freiheitsgrades an, der beim *Verfahren des besten Nachfolgers* zur Lösung des Traveling Salesman Problems (Abschnitt 6.6.1) bereits festgestellt wurde. Vorteilhafter war dort das *Verfahren der sukzessiven Einbeziehung von Stationen*, bei dem der Freiheitsgrad mit dem Ablauf des Verfahrens wuchs. Dieses Verfahren läßt sich für Raumzuordnungsprobleme abwandeln. Man beginnt z. B. mit der Zuordnung von einem beliebigen Element zu einem beliebigen Ort. Nun wählt man jeweils ein weiteres Element und teilt es entweder einem noch freien Ort zu oder einem belegten Ort. Im letzteren Fall wird das Element, das diesem Ort bisher zugeordnet war, auf einen freien Ort verschoben. Man wählt unter den verschiedenen Möglichkeiten jeweils die kostengünstigste. Bei der Berechnung der Kosten werden immer die Kosten zwischen allen zugeordneten Elementen berücksichtigt. Der Freiheitsgrad, d.h. die Zahl der verschiedenen Möglichkeiten, wächst anfangs, nimmt aber später wieder ab. Für insgesamt n Orte und Elemente bestehen bei zunächst einem festgelegten Element für die Zuordnung des zweiten Elementes $2(n-1)$ Möglichkeiten, bei zwei festgelegten Elementen für das dritte Element $3(n-2)$ Möglichkeiten, allgemein bei der Zuordnung des k-ten Elements $(k+1)(n-k)$ Möglichkeiten. Bei $n=5$ erhält man für $k=1$ bis 4 die Zahlen 8, 9, 8, 5. Bei $n=10$ lauten für $k=1$ bis 9 die Zahlen 18, 24, 28, 30, 30, 28, 24, 18 und 10. Selbst wenn der Freiheitsgrad zum Schluß abnimmt, ist er dennoch sehr viel größer als bei den zuerst beschriebenen Verfahren. Allerdings ist der Rechenaufwand entsprechend höher. Insgesamt müssen $\sum_{k=1}^{n-1}(k+1)(n-k)=\frac{n^3+3n^2-4n}{6}$ Möglichkeiten berechnet werden; das sind 30 Möglichkeiten für $n=5$, 210 für $n=10$, 1520 für $n=20$ und 22050 für $n=50$. Da sich das Verfahren mit verschiedenen Anfangsorten und verschiedenen Anfangselementen starten läßt, kann man mit ihm mehrere Lösungen berechnen, von denen dann die beste gewählt wird. Darüber hinaus läßt sich das Verfahren in ähnlicher Form wie das *Verfahren der sukzessiven Einbeziehung von Stationen* verschieden modifizieren.

Am obigen Beispiel soll das Verfahren erläutert werden. Anfangs sei willkürlich die Zuordnung $A-1$ gewählt. Nun sei das Element 2 optimal einzufügen. Es läßt sich an den freien Orten B, C, D und E unterbringen oder dem bereits gebundenen Ort A zuordnen, wobei das Element 1 auf einen der freien Orte umzuverteilen ist. Die Kosten der acht Möglichkeiten sind in der Tabelle 8.4 angegeben.

Tabelle 8.4. *Kosten bei der Zuordnung des zweiten Elementes. Mit „!" ist die beste Lösung gekennzeichnet*

x	$A-1$ $x-2$	$A-2$ $x-1$
B	950	940
C	490	490
D	460	450!
E	1080	1090

Die beste Kombination besteht in den Zuordnungen $A-2$ und $D-1$. Nun wird das dritte Element möglichst gut einzufügen versucht. Es kann entweder den noch freien Orten B, C oder E zugeordnet werden oder eines der Elemente 1 und 2 von ihren Orten D und A auf einen freien Ort verdrängen. Die Kosten für die neun verschiedenen Kombinationen sind in der Tabelle 8.5 zusammengestellt.

Tabelle 8.5. *Kosten bei der Zuordnung des dritten Elementes*

x	$A-2$ $D-1$ $x-3$	$A-2$ $D-3$ $x-1$	$A-3$ $D-1$ $x-2$
B	2450	2380	2520
C	1500!	1560	1570
E	2640	2640	2830

Am günstigsten sind die Zuordnungen $A-2$, $D-1$ und $C-3$. Nun folgt das vierte Element. Unter den acht Möglichkeiten, deren Kosten in der Tabelle 8.6 angegeben sind, besteht die beste aus den Zuordnungen $A-4$, $D-1$, $C-3$ und $B-2$.

Tabelle 8.6. *Kosten bei der Zuordnung des vierten Elementes*

x	$A-2$ $D-1$ $C-3$ $x-4$	$A-2$ $D-1$ $C-4$ $x-3$	$A-2$ $D-4$ $C-3$ $x-1$	$A-4$ $D-1$ $C-3$ $x-2$
B	4890	4570	4200	3130!
E	5450	4890	4440	3340

Für die Zuordnung des letzten Elementes bestehen fünf Möglichkeiten. Die beste (Tabelle 8.7) enthält die Zuordnungen $A-5$, $B-2$, $C-3$, $D-1$ und $E-4$. Die Kosten betragen $D=8150$ Einheiten.

Tabelle 8.7. *Kosten bei der Zuordnung des letzten Elementes*

x	$A-4$ $D-1$ $C-3$ $B-2$ $x-5$	$A-4$ $D-1$ $C-3$ $B-5$ $x-2$	$A-4$ $D-1$ $C-5$ $B-2$ $x-3$	$A-4$ $D-5$ $C-3$ $B-2$ $x-1$	$A-5$ $D-1$ $C-3$ $B-2$ $x-4$
E	9430	9520	9520	8780	8150!

Auch bei diesem Verfahren und bei Modifikationen davon ist nicht garantiert, daß man die optimale oder eine in der Nähe des Optimums liegende Lösung erhält. Es ist daher empfehlenswert, das Verfahren mit verschiedenen Ausgangszuordnungen und verschiedenen Auswahlreihenfolgen der Elemente mehrfach anzuwenden und die beste gefundene Lösung auszusuchen.

Eine große Zahl weiterer Eröffnungsverfahren und vieler Modifikationen der genannten Verfahren existieren oder können rasch entwickelt werden. Je weniger der Freiheitsgrad während der Rechnung eingeschränkt wird, um so größer ist im allgemeinen die Chance, eine gute Lösung zu finden. Aber ähnlich wie beim Traveling Salesman Problem ist es empfehlenswert, eine iterative Lösungsverbesserung anzuschließen. Über die dazu erforderlichen suboptimierenden Iterationsverfahren wird im nächsten Abschnitt berichtet.

8.3.2. Suboptimierende Iterationsverfahren

In der Literatur sind viele suboptimierende Iterationsverfahren zur Lösung von Raumzuordnungsproblemen beschrieben worden. Eine Zusammenstellung geben u.a. Burckhardt [25] und Kiehne [100]. Die Verfahren bauen fast alle auf dem Vertauschen von je zwei, teilweise auch drei Elementen auf. Einzeldarstellungen geben u.a. Armour, Buffa und Vollmann [5, 24], Berr und Müller [19], Hillier und Connors [81, 82], Pack, Kiehne und Reinermann [145] sowie Roberts und Flores [152].

Das Vertauschen von zwei Elementen entspricht etwa dem „2-opt"-Algorithmus von Lin [115] (vgl. Abschnitt 6.6.2). Jedoch sind hier für jeden versuchten Tausch mehr Rechenoperationen als dort erforderlich. Bei diesem Verfahren vertauscht man die Elemente aller $\binom{n}{2}=\frac{n(n-1)}{2}$ Ortspaare versuchsweise. Ist durch einen solchen Tausch eine Lösungsverbesserung zu erzielen, so wird der Tausch durchgeführt. Bezeichnet man die Orte, deren Elemente vertauscht werden, mit den Indizes p und q, die übrigen Orte mit dem laufenden Index i oder j, die Indizes der ihnen zugeordneten Elemente mit k_p, k_q, k_i und k_j und die Menge aller Orte außer p und q mit N, so ergeben sich die durch den Tausch eingesparten Kosten:

$$\begin{aligned}\Delta=&\sum_{i\in N}(d_{ip}-d_{iq})(f_{k_i k_p}-f_{k_i k_q})+\sum_{j\in N}(d_{pj}-d_{qj})(f_{k_p k_j}-f_{k_q k_j})\\&+(d_{pq}-d_{qp})(f_{k_p k_q}-f_{k_q k_p})+(d_{pp}-d_{qq})(f_{k_p k_p}-f_{k_q k_q}).\end{aligned}$$

Für den symmetrischen Fall ($d_{ij}=d_{ji}$; $f_{k_i k_j}=f_{k_j k_i}$) ist dieser Ausdruck entsprechend einfacher.

Zwei Versionen von Tauschverfahren sind üblich. Erstens können alle Tauschmöglichkeiten untersucht und der Tausch mit der größten Verbesserung durchgeführt werden. Zweitens kann man jeweils sofort beim Erkennen einer Verbesserungsmöglichkeit den Tausch vollziehen. Weitere Modifikationen beider Versionen sind möglich. Die erste Version sei auf die oben mit dem ersten Eröffnungsverfahren gefundene Lösung angewendet. Diese Lösung besteht aus den Zuordnungen $A-2$, $B-4$, $C-3$, $D-5$ und $E-1$ und hat die Kosten von 9420 Einheiten. Für die Orte $p=B$ und $q=D$ wird die größte Verbesserung erzielt, deren Kosteneinsparung sich wie folgt ergibt:

$$\begin{aligned}\Delta = \ & (130-\ 60)\cdot(10-\ 3)\\ &+(\ 70-\ 90)\cdot(\ 5-10)\\ &+(\ 70-170)\cdot(\ 0-\ 4)\\ &+(140-\ 70)\cdot(\ 8-\ 2)\\ &+(\ 80-\ 80)\cdot(\ 4-\ 7)\\ &+(\ 80-160)\cdot(\ 2-\ 2)\\ &+(150-150)\cdot(\ 3-\ 5)\\ &+(\ 0-\ 0)\cdot(\ 0-\ 0)=1410\end{aligned}$$

Diese Lösung, die aus den Zuordnungen $A-2$, $B-5$, $C-3$, $D-4$ und $E-1$ besteht, ist durch einen Zweiertausch nicht weiter zu verbessern. Tatsächlich ist sie die Optimallösung, was man jedoch nicht allgemein erkennen kann.

Wenn man jeweils sofort beim Entdecken einer Verbesserungsmöglichkeit den Zweiertausch vornehmen will, empfiehlt es sich, die Tauschversuche an denjenigen Zuordnungen zu beginnen, bei denen die Chance einer Verbesserung möglichst hoch ist. Sie ist für solche Zuordnungen $p-k_p$ gering, bei denen der dem Ort p nächstgelegene Ort das Element mit der stärksten Transportbeziehung zum Element k_p, der zweitnächstgelegene Ort das Element mit der zweitstärksten Transportbeziehung usw. enthält. Je weniger diese Übereinstimmung gegeben ist, um so höher ist die Chance einer Verbesserung der Lösung.

In prinzipiell gleicher Weise wie der Zweiertausch arbeitet der Dreiertausch, der etwa dem „3-opt"-Algorithmus von Lin und der *Dreigruppenpermutation* (vgl. Abschnitt 6.6.2) beim Traveling Salesman Problem entspricht. Hier werden jeweils die Elemente der drei Orte p, q und r miteinander vertauscht. Dabei bestehen jeweils die beiden Alternativen $k_p \to k_q \to k_r \to k_p$ und $k_p \to k_r \to k_q \to k_p$. Beide müssen betrachtet werden. Die Differenzkosten im ersten Fall lauten mit N als Menge aller Orte außer p, q und r:

$$\begin{aligned}\Delta = \ & \sum_{i\in N}(d_{ir}-d_{ip})\, f_{k_i k_r} + \sum_{j\in N}(d_{rj}-d_{pj})\, f_{k_r k_j}\\ &+\sum_{i\in N}(d_{iq}-d_{ir})\, f_{k_i k_q} + \sum_{i\in N}(d_{qj}-d_{rj})\, f_{k_q k_j}\\ &+\sum_{i\in N}(d_{ip}-d_{iq})\, f_{k_i k_p} + \sum_{j\in N}(d_{pj}-d_{qj})\, f_{k_p k_j}\\ &+(d_{rp}-d_{pq})\, f_{k_r k_p}+(d_{pq}-d_{qr})\, f_{k_p k_q}+(d_{qr}-d_{rp})\, f_{k_q k_r}\\ &+(d_{pr}-d_{qp})\, f_{k_p k_r}+(d_{qp}-d_{rq})\, f_{k_q k_p}+(d_{rq}-d_{pr})\, f_{k_r k_q}\\ &+(d_{rr}-d_{pp})\, f_{k_r k_r}+(d_{qq}-d_{rr})\, f_{k_q k_q}+(d_{pp}-d_{qq})\, f_{k_p k_p}.\end{aligned}$$

Für den zweiten Fall ergeben sich die Differenzkosten entsprechend. Insgesamt gibt es $\binom{n}{3}$ Dreiergruppen, die auf je zwei Arten zu vertauschen sind. Es sind also jeweils $2\binom{n}{3}$ Alternativlösungen zu betrachten.

Weiterhin sind Vertauschungen noch höherer Ordnung möglich. Bei jeweils m zu vertauschenden Elementen gibt es $\binom{n}{m}$ verschiedene Gruppen mit je m Orten bzw. Elementen. Für die m Elemente bestehen jeweils

$$z_m = m! - 1 - \sum_{k=1}^{m-2} \binom{m}{k} \cdot z_{m-k}$$

Alternativanordnungen, die nicht bereits in Vertauschungen niedrigerer Ordnung ($<m$) betrachtet wurden. Dabei sind $z_1=0$, $z_2=1$, $z_3=2$, $z_4=9$, $z_5=44$, $z_6=265$. Der Ausdruck für z_m ergibt sich aus der folgenden Überlegung. Grundsätzlich gibt es $m!$ verschiedene Anordnungen von m Elementen. Davon geht die vorhandene Lösung als Alternativanordnung ab. Weiterhin sind in dieser Menge $m \cdot z_{m-1}$ Lösungen enthalten, die mit der Vertauschung $(m-1)$-ten Grades gefunden wurden; ferner $\binom{m}{2} \cdot z_{m-2}$ Lösungen von Vertauschungen $(m-2)$-ten Grades. Allgemein sind es für Vertauschungen k-ten

Tabelle 8.8. *Zahl der zu berechnenden Lösungen in Abhängigkeit von m und n*

	m	2	3	4	5	6
	z_m	1	2	9	44	265
$n=10$	$\binom{n}{m}$	45	120	210	252	210
	$\binom{n}{m} \cdot z_m$	45	240	1890	11088	55650
$n=20$	$\binom{n}{m}$	190	1140	4845	15504	38760
	$\binom{n}{m} \cdot z_m$	190	2280	43605	682176	10271400
$n=50$	$\binom{n}{m}$	1225	19600	230300	2118760	15890700
	$\binom{n}{m} \cdot z_m$	1225	39200	2072700	93225440	4211035500

Grades $\binom{m}{k} \cdot z_{m-k}$ Lösungen. Diese werden von $(m!-1)$ abgezogen, was im obigen Ausdruck geschehen ist.

Bei $\binom{n}{m}$ verschiedenen Gruppen mit je m Elementen, von denen jede zu z_m verschiedenen Alternativanordnungen führt, sind also pro Lösungsverbesserung jeweils $\binom{n}{m} \cdot z_m$ Vertauschungen zu prüfen. In der Tabelle 8.8 sind für $n=10$, $n=20$ und $n=50$ sowie $m=2$ bis 6 diese Zahlen berechnet. Man erkennt an den Größenordnungen dieser Zahlen, daß man nur bei kleinen Problemen (etwa bis $n=10$) Vertauschungen der Ordnung bis $m=5$ durchführen kann. Bei Problemen mit $n \leqq 20$ könnte man evtl. bis zur Ordnung $m=4$ gehen. Bis zu $n=50$ wäre noch die Ordnung $m=3$ vertretbar. Bei größeren Problemen sind nur noch Vertauschungen von Zweiergruppen bezüglich des Rechenaufwandes zu vertreten.

8.4. Raumzuordnungsprobleme in der Praxis und verwandte Probleme

Raumzuordnungsprobleme treten in der Praxis in vielen Variationen auf. Ferner gibt es Reihenfolgeprobleme, die sich mathematisch wie Raumzuordnungsprobleme formulieren lassen, obwohl sie an sich mit dem Zuordnen von Räumen nichts zu tun haben. Hierzu gehört das Problem der Triangulierung von Matrizen, das im Abschnitt 8.4.1 behandelt wird. Auch das Traveling Salesman Problem läßt sich wie ein Raumzuordnungsproblem formulieren. Das wird im Abschnitt 8.4.2 gezeigt.

Eine Erscheinungsform des Raumzuordnungsproblems ist das „Hochzeitstafelproblem" oder „Wo sitzt die Schwiegermutter"-Problem. Hier geht es darum, die Teilnehmer einer (Hochzeits-)Tafel so auf die vorhandenen Plätze zu verteilen, daß ein Maximum an Kontakt zwischen ihnen bzw. ein Minimum an Verdruß entsteht. Die Kontaktwege (d_{ij}) ergeben sich z. B. aus den Entfernungen zwischen den einzelnen Plätzen, gewichtet mit den Winkeln, die mit der Sitzrichtung gebildet werden. Als Intensitätsbeziehungen (f_{kl}) lassen sich im Maximierungsfall z. B. die gewichteten Interessengemeinschaften, Bekanntschaftsgrade, Sympathieintensitäten usw. zwischen den Schmausern berücksichtigen. Im Fall der Verdrußminimierung werden dagegen die erwarteten Streitfrequenzen zwischen ihnen in Ansatz zu bringen sein. Daß Reihenfolgeprobleme dieser Art mit dem Traveling Salesman Problem verwandt sind, erkennt man, wenn man sich die Tafel als einen großen runden Tisch vorstellt, über dessen Mitte man nicht hinwegsehen kann. Im Extremfall wird jeder Schmauser nur Kontakt mit seinen beiden direkten Sitznachbarn haben. Nun ist das Problem der optimalen Sitzordnung mit dem Traveling Salesman Problem identisch.

In der Fertigungsindustrie treten Raumzuordnungsprobleme häufig bei der innerbetrieblichen Standortoptimierung für die Fertigungsmaschinen auf. Hier wird allgemein eine solche Reihenfolge der Maschinen angestrebt, bei der die Werkstofftransporte zwischen (dem Rohstofflager und) den Maschinen (und dem Fertigwarenlager) möglichst wenig Kosten verursachen. Wegen des unterschiedlichen Raumbedarfs der Maschinen und weiteren Bedingungen, daß z.B. lärm- oder geruchserzeugende Maschinen getrennt anzuordnen sind, unterscheiden sich die Probleme der Praxis häufig stark von dem oben behandelten idealisierten Beispiel.

Typische Raumzuordnungsprobleme ergeben sich ferner bei der Planung und Belegung von Büroräumen, bei der Planung und Raumaufteilung von Krankenhäusern, allgemein bei der Aufstellung von Grundrissen und der Zuordnung der einzelnen Funktionen zu den Räumen bei Bauten aller Art. Hier ist häufig eine komplizierte Studie aller Arbeitsabläufe erforderlich, um die Transportbeziehungen (f_{kl}) zwischen den Elementen zu bestimmen. Am Beispiel des Krankenhausbaues hat Keller [98] einen derartigen Versuch unternommen.

8.4.1. Die Triangulierung von Input-Output-Matrizen

Ein Reihenfolgeproblem, welches in der Volkswirtschaftslehre eine besondere Rolle spielt, ist das der *Triangulierung von Input-Output-Matrizen.* In ihnen werden die wertmäßig erfaßten Güterströme zwischen den einzelnen Wirtschaftsgruppen einer Volkswirtschaft zusammengestellt. Gesucht ist eine solche Reihenfolge der Wirtschaftsgruppen, für die die Güterstromsumme zu Wirtschaftsgruppen mit jeweils höherer Reihenfolgenummer maximal ist. Die Bestimmung dieser Reihenfolge ist durchaus sinnvoll. Sie gibt die Konsumentennähe bzw. die Urproduktionsferne der Wirtschaftsgruppen an.

Zur mathematischen Formulierung des Problems sei mit f_{kl} der Güterstrom von der Wirtschaftsgruppe k zur Wirtschaftsgruppe l (mit $k, l=1, 2, \ldots, n$) bezeichnet. Gesucht ist eine solche Permutationsmatrix P, durch die die Summe

$$D=\sum_{k=1}^{n-1} \sum_{l=k}^{n} f_{kl}^*$$

mit $(f_{kl}^*)=P(f_{kl})P^T$ einen maximalen Wert annimmt. In anderer Formulierung mit $d_{ij}=0$ für $i \leqq j$ und $d_{ij}=1$ für $i>j$ lautet das Problem analog zum Raumzuordnungsproblem:

$$\text{Minimiere}\quad D=\sum_{i=1}^{n}\sum_{j=1}^{n}\sum_{k=1}^{n}\sum_{l=1}^{n} d_{ij} f_{kl} x_{ik} x_{jl},$$

$$\sum_{i=1}^{n} x_{ik}=1 \qquad \text{für } k=1,2,\ldots,n,$$

$$\sum_{k=1}^{n} x_{ik}=1 \qquad \text{für } i=1,2,\ldots,n,$$

$$x_{ik}=\begin{cases}1\\0\end{cases} \qquad \text{für } i=1,2,\ldots,n \text{ und } k=1,2,\ldots,n.$$

Dabei ist $x_{ik}=1$, wenn der k-te Wirtschaftszweig die i-te Nummer der Reihenfolge erhält. Somit ist dieses Problem formal identisch mit dem Raumzuordnungsproblem und dem quadratischen Zuordnungsproblem (vgl. Abschnitt 8.2).

Dieses Problem ist u.a. von Helmstädter [79, 80] sowie von Korte und Oberhofer [102, 103] behandelt worden. Die letzteren beschreiben in [102] zwei Lösungsverfahren. Das erste ist eine lexikographische Version des *Branching and Bounding*, mit anderen Worten, ein Verfahren der *begrenzten Enumeration.* Es ist nur für relativ kleine Probleme anwendbar. Das zweite ist ein suboptimierendes Iterationsverfahren, das im Prinzip den Zweiertauschverfahren entspricht.

Das folgende Beispiel, das keiner Input-Output-Tabelle einer realen Volkswirtschaft entspricht, diene der Erläuterung des Problems. Die Güterströme zwischen den fünf Wirtschaftsgruppen A bis E sind in der Tabelle 8.9 dargestellt. Die optimale Reihenfolge der Wirtschaftsgruppen lautet $E-C-A-D-B$. Die in diese Reihenfolge umsortierte Input-Output-Matrix ist in der Tabelle 8.10 angegeben. Die Summe der in und oberhalb der Diagonale stehenden Güterströme beträgt 294 Einheiten. Unterhalb der Diagonale stehen 112 Einheiten.

Tabelle 8.9.
Input-Output-Matrix

von \ nach	*A*	*B*	*C*	*D*	*E*
A	10	37	18	29	8
B	7	22	5	7	16
C	45	9	12	14	14
D	16	28	2	0	19
E	12	16	25	17	18

Tabelle 8.10.
Triangulierte Input-Output-Matrix

von \ nach	*E*	*C*	*A*	*D*	*B*
E	18	25	12	17	16
C	14	12	45	14	9
A	8	18	10	29	37
D	19	2	16	0	28
B	16	5	7	7	22

8.4.2. Die Verwandtschaft zwischen dem Traveling Salesman Problem und Raumzuordnungsproblemen

Ähnlich wie sich das Problem der Triangulierung von Input-Output-Matrizen formal wie ein Raumzuordnungsproblem darstellen ließ, kann man auch das *Traveling Salesman Problem* als Sonderfall des Raumzuordnungsproblems ansehen. Darauf wurde im Abschnitt 8.4 im Zusammenhang mit dem Hochzeitstafelproblem bereits hingewiesen.

Man kann sich das Traveling Salesman Problem als das folgende Raumzuordnungsproblem vorstellen. Die Matrix (d_{ij}) gibt die Entfernungen zwischen den zu besuchenden Orten an. Die Koeffizienten f_{kl} sind dagegen gleich Null mit Ausnahme von $f_{k,k+1}=1$ für $k=1, 2, \ldots, (n-1)$ und von $f_{n1}=1$; sie geben die Aufeinanderfolge von zwei Orten an. Wieder gilt das im Abschnitt 8.2 formulierte Gleichungssystem. Dabei kennzeichnet $x_{ik}=1$, daß der i-te Ort den k-ten Platz in der Rundreise einnimmt.

KAPITEL 9

Probleme der Maschinenbelegungsplanung

9.1. Allgemeines

Das zentrale Problem jeder Fertigungsplanung und -steuerung bildet die Maschinenbelegung. Hier wird festgelegt, *wann welcher Auftrag* (oder welches Produkt) *auf welcher Maschine* (oder Maschinengruppe, Kostenstelle usw.) bearbeitet wird. Dieses Problem ist immer dann ein *Reihenfolgeproblem*, wenn die Maschinenkapazität begrenzt ist. Durch die begrenzte Kapazität wird das zeitliche Nacheinander der Bearbeitung von einzelnen Aufträgen erzwungen. Je stärker die Kapazität der einzelnen Maschinen ausgelastet ist, um so schwieriger ist die Aufstellung eines guten Maschinenbelegungsplans bzw. die Berechnung einer guten Bearbeitungsreihenfolge.

Beispiele für Maschinenbelegungspläne sind in den Abb. 9.1, 9.2 und 9.4 gezeigt. In ihnen wird für jede Maschine auf einer Zeitskala aufgetragen, wann welcher Auftrag bearbeitet werden soll. Der Belegungsplan enthält somit die Bearbeitungsreihenfolge. In der betrieblichen Praxis werden diese Pläne im allgemeinen nicht gezeichnet, sondern mit Stecktafeln und anderen Organisationsmitteln dargestellt. Auf diese Darstellungsfragen soll hier jedoch nicht eingegangen werden. Vielmehr steht im Mittelpunkt dieser Betrachtungen, wie ein guter bis optimaler Belegungsplan berechnet werden kann. Außerdem sollen einige Gedanken zur Zielsetzung, d.h. zum Optimierungskriterium der Belegungsplanung vorgetragen werden.

In der industriellen Praxis treten die Maschinenbelegungsprobleme in sehr verschiedenen Formen auf. Hier sollen zwei Grundtypen behandelt werden. Im Abschnitt 9.2 werden die Probleme skizziert, die bei Einzel- und Kleinserienfertigung auftreten, wenn der Betrieb nach dem Werkstattprinzip organisiert ist. Im Abschnitt 9.3 folgen Probleme des Einsatzes von Betriebsmitteln bei der Terminplanung mit Hilfe der Netzplantechnik.

Allgemein gilt für nahezu alle derartigen Probleme der Praxis, daß eine exakte Berechnung der Optimallösung mit vertretbarem Aufwand nicht möglich ist, da die Zahl der Aufträge oder Arbeitsgänge fast immer sehr groß ist. Die Zahl der Alternativen ist meistens sogar so groß, daß nicht einmal suboptimierende Iterationsverfahren angewendet werden können. Meistens ist man auf Eröffnungsverfahren angewiesen, die häufig mit einfachen Prioritätsregeln arbeiten.

Die Maschinenbelegungsprobleme gehören überwiegend zum *Typ AV*; denn es sind alle Aufträge zu bearbeiten, und die Gesamtkosten sind variabel, d. h. sie ergeben sich nicht aus der Summe der Folgekosten von je zwei Aufträgen.

9.2. Die Maschinenbelegungsplanung bei der Organisationsform der „Werkstattfertigung“

9.2.1. Geschichtlicher Überblick über die Lösungsansätze

Über die Probleme und Methoden der Maschinenbelegungsplanung sind viele Arbeiten erschienen. Ausführliche und systematische Zusammenstellungen der wichtigsten in der Literatur behandelten Probleme, Modelle und Lösungsmethoden geben u. a. die Arbeiten von Albach [3], Bussmann und Mertens [29], Dickhut [41], Hoss [84], Mensch [122] sowie Muth und Thompson [143]. Hier sei daher der Überblick über die bisherige Entwicklung und den heutigen Stand der Forschung auf ein Mindestmaß beschränkt.

Viele Impulse zur besseren Maschinenbelegungsplanung kamen aus dem Gebiet des Operations Research. Nach den „klassischen“ Ansätzen von Salveson [154] und Johnson [94] in den Jahren 1952 und 1954 folgten viele andere Arbeiten, in denen spezielle Probleme beschrieben, Modelle entwickelt und Lösungsverfahren skizziert wurden. In einigen dieser Arbeiten wurden nur Modelle formuliert, aber keine Lösungsmethoden angegeben. Dabei handelt es sich überwiegend um Modelle der *ganzzahligen linearen Planungsrechnung*, die mit den heutigen Rechenmethoden nicht lösbar sind, sobald sie für Probleme der in der Praxis auftretenden Größenordnung aufgestellt werden. In anderen Arbeiten wurden einfache Rechenverfahren beschrieben, die für Probleme bestimmter Größe oder Struktur optimale Lösungen, anderenfalls dem Optimum nahe Lösungen erlauben. Ferner wurden Verfahren gezeigt, mit denen immer eine exakt optimale Lösung möglich ist, die aber wegen des mit der Problemgröße progressiv steigenden Rechenaufwands nur auf kleine Probleme anwendbar sind. Dazu gehören vor allem die *Entscheidungsbaumverfahren.* Schließlich gibt es die große Gruppe von Arbeiten, in denen *heuristische Verfahren* vorgeschlagen und über ihre durch numerische Untersuchungen getestete Eignung berichtet wird. In diese Gruppe gehören auch die Verfahren der Arbeitsverteilung nach *Prioritätsregeln.*

Verschiedene Modelle der *ganzzahligen linearen Planungsrechnung* zur Maschinenbelegungsplanung wurden u.a. von Adam [2], Bowman [22], Dinkelbach [44], Manne [118], Schmitt [155] und Wagner [170] formuliert. Bereits für kleine Probleme werden diese Modelle so umfangreich, daß selbst ohne Ganzzahligkeitsbedingung ihre Lösung schwierig und aufwendig ist (vgl. u.a. Hoss [84], S.134–137, und Zimmermann [177], S.159). Die größere Einschränkung ihrer Anwendbarkeit erfahren diese Modelle jedoch durch die Ganzzahligkeitsbedingung für die Variablen. Es gibt keine Rechenverfahren, mit denen sich auch nur mittelgroße Probleme der ganzzahligen linearen Planungsrechnung sicher und schnell lösen lassen. Darauf wurde bereits im Abschnitt 3.5 hingewiesen. Über einige negative Erfahrungen mit den heutigen Methoden berichten u.a. Giglio, Story und Wagner [63, 161].

In anderen Veröffentlichungen wurden Verfahren zur Bestimmung exakt optimaler Belegungspläne für Probleme spezieller Struktur beschrieben. Johnson [94] und Mitten [126] gaben Methoden zur Bestimmung optimaler Belegungspläne bei Problemen mit zwei Fertigungsmaschinen und gleicher Bearbeitungsreihenfolge aller Produkte an. Johnsons Methode ist auch auf gewisse Dreimaschinenprobleme anwendbar. Bei den übrigen Drei- und Mehrmaschinenproblemen garantieren diese Verfahren keine optimalen Pläne mehr. Eine Umwandlung bestimmter Maschinenbelegungsprobleme in ein Traveling Salesman Problem schlagen u.a. Piehler [147], Schweitzer [158] und Seiffart [159] vor. Jedoch ist damit nicht viel gewonnen, da dieses Problem kaum leichter zu lösen ist. In verschiedenen Veröffentlichungen wurden für gewisse Belegungsprobleme *Entscheidungsbaumverfahren* angewendet (vgl. Brooks und White [23], Ignall und Schrage [89], Jaeschke [90–92], Lomnicki [117] und Müller-Merbach [138]). Das dazu gehörende, in [138] beschriebene Verfahren der *begrenzten Enumeration* wird in Abschnitt 9.2.4 ausführlich diskutiert. Auf die mit ihm an 69 Beispielen gewonnenen numerischen Erfahrungen wird noch genauer eingegangen. Schließlich sei noch das aufwendige, von Giffler und Thompson [61] angegebene Verfahren erwähnt, in dem „durch vollständige Enumeration der aktiven Maschinenbelegungspläne" (vgl. Albach [3], S. 36) der Optimalplan gefunden wird. Da die Entscheidungsbaumverfahren nur für kleine Probleme anwendbar sind und relativ hohen Rechenaufwand verursachen, sind sie für die meisten Probleme der Praxis ungeeignet. Dort werden *heuristische Verfahren* angewandt, die häufig gute, aber nur selten optimale Pläne liefern. Einige dieser Methoden bestehen aus so einfachen Regeln, daß sie nicht einmal zentral zur Erstellung eines Belegungsplanes, sondern direkt am Arbeitsplatz bzw. im Meisterbüro zur Auftragsverteilung eingesetzt werden. Diese Regeln werden im allgemeinen als *Vorrang-* oder *Prioritätsregeln* (vgl. u.a. Albach [3], v. Falkenhausen [50,

51], Hoss [84], S. 137–175, Keck [97], Baker und Dzielinski [7], Conway [32, 33], Conway und Maxwell [34], Conway, Maxwell und Miller [35]) bezeichnet. Weitere Näherungsverfahren wurden u. a. von Dudek und Teuton [47] und Palmer [146] behandelt. Eine Kombination von Näherungsverfahren und Enumerationsverfahren hat Groh [69] vorgeschlagen.

9.2.2. Arbeitsverteilung mit Prioritätsregeln

Man darf die Probleme der Maschinenbelegungsplanung nicht allein unter algorithmischen Aspekten sehen. Vielmehr spielen auch die Gesichtspunkte der betrieblichen Organisation und des Informationsflusses eine äußerst wichtige Rolle. Zweifellos ist es in Betrieben mit geographisch getrennten Fertigungsstätten, in Betrieben mit sehr vielen Kleinaufträgen und dort, wo häufige Plankorrekturen und Planerneuerungen erforderlich sind, sehr aufwendig, zentral die Belegungspläne zu erarbeiten und die in ihnen enthaltene Information rechtzeitig den entsprechenden Stellen zuzuleiten. Im ersten Fall wirken die langen Wege hindernd, im zweiten Fall sind die Pläne sehr umfangreich, im dritten Fall sind die Pläne sehr häufig zu erstellen. In derartigen Fällen wird die Maschinenbelegungsplanung zumeist dezentral durchgeführt, indem jeder Fertigungsabteilung alle in ihr zu bearbeitenden Aufträge übergeben werden und der dieser Abteilung vorstehende Meister zu entscheiden hat, wann die einzelnen Arbeiten durchgeführt werden. Diese Arbeitsverteilung durch den Meister ist eigentlich nicht mehr als Belegungsplanung zu bezeichnen, da nur jeweils dann, wenn auf einer Maschine eine Arbeit abgeschlossen ist, entschieden wird, welche neue Arbeit auf dieser Maschine durchgeführt werden soll. Eine Vorausplanung findet im allgemeinen nicht statt. Der Nachteil eines derartigen Vorgehens ist offensichtlich. Man sieht weder Kapazitätsengpässe noch Terminüberschreitungen voraus. Darauf weisen u. a. auch Brooks und White ([23], S. 34) hin: „Often the hand schedules may not anticipate difficulties". Um eine gewisse Garantie zu haben, daß die Terminüberschreitungen, Zwischenlagerbestände, Schwankungen der Maschinenauslastung usw. in gewissen Grenzen bleiben, hat man den Arbeitsverteilern Regeln vorgeschrieben, nach denen sie die Aufträge zu verteilen haben. Einige dieser *Prioritäts-* oder *Vorrangsregeln* lauten:

1. Es ist jeweils der Auftrag mit der kürzesten Bearbeitungszeit (Operationszeit) zu wählen (K.O.Z.-Regel).

2. Der Auftrag höchster Dringlichkeit (Fertigstellungstermin abzüglich Bearbeitungszeit) ist zu bearbeiten.

3. Der Auftrag mit dem größten Wert (Kapitalbindung) hat den Vorrang.

Mit Hilfe der digitalen Simulation sind viele derartige Vorrangregeln auf ihre typischen Auswirkungen hin untersucht worden (vgl. u.a. Albach [3], v. Falkenhausen [50, 51], Hoss [84], S. 137–175, Keck [97], Baker und Dzielinski [7], Conway [32, 33], Conway und Maxwell [34], Conway, Maxwell und Miller [35]). Es läßt sich damit für einzelne Betriebe die betriebsindividuell günstigste Regel finden. Allerdings ist der oben zitierte Nachteil der Nichtvorhersehbarkeit von Schwierigkeiten durchaus nicht behoben.

9.2.3. Optimierungskriterien und Gutenbergs „Ablaufplanungsdilemma"

Bevor man einen optimalen Belegungsplan aufstellen oder die Eignung einer Prioritätsregel beurteilen kann, muß man ein Optimierungskriterium definieren. Im allgemeinen wird eine solche Planung angestrebt, bei der der Betriebsgewinn am größten ist. Wenn der Verkaufserlös von den Fertigstellungsterminen unabhängig, also konstant ist, kann das Kriterium des maximalen Gewinns durch das der minimalen Kosten ersetzt werden, wobei hier nur die belegungsabhängigen Kosten interessieren. In ihnen können u.a. enthalten sein: Lagerkosten für Halb- und Fertigfabrikate, Umrüstkosten, Kosten für schwankende Beschäftigung, Kosten für verspätete Lieferung (Konventionalstrafe). Diese Kosten lassen sich im allgemeinen mit hinreichender Genauigkeit bestimmen, so daß ihrer Verwendung bei der Belegungsplanung nichts im Wege steht. Das Kriterium der minimalen belegungsabhängigen Kosten reicht aus, soweit der Auftragsbestand hoch genug ist, um Belegungspläne über längere Zeiträume aufzustellen.

Häufig ist das nicht der Fall. Bei geringen Auftragsbeständen läßt sich nur für kurze Zeit im voraus planen. Bei diesen Plänen ist aber der unsichere Auftragseingang der Zukunft zu berücksichtigen. Werden keine weiteren Aufträge erwartet, wird man einen derartigen Belegungsplan anstreben, bei dem die Lagerbestände und damit die Lagerkosten möglichst gering sind. Das hat im allgemeinen zur Folge, daß die Maschinen nur mäßig ausgelastet werden. Erwartet man dagegen viele Aufträge, möchte man möglichst rasch viel Fertigungskapazität wieder zur Verfügung haben. Man wird also die vorliegenden Aufträge frühestmöglich abzuschließen versuchen und nimmt die höheren Lagerkosten und sonstige durch rasche Abwicklung entstehenden Kosten in Kauf, verfügt dann aber rechtzeitig wieder über die Maschinen.

Wenn man keine Prognose über die Auftragseingänge besitzt, muß man einen Kompromiß finden zwischen den Alternativen *minimale Lagerkosten durch kürzeste Durchlaufzeiten der Aufträge* und *früheste Freistellung der Maschinen durch maximale Auslastung* (*geringste Brachzeiten*). Beide Planungsmaximen widersprechen sich. Gutenberg ([70],

S. 214) spricht in diesem Zusammenhang von dem „die Praxis der Arbeitsablaufplanung beherrschenden Dilemma“, welches darin besteht, „die Durchlaufzeit des Materials zu minimieren und die Kapazitätsauslastung der Betriebsmittel zu maximieren“. Weitere Gedanken dazu werden von Hoss ([84], S. 19–22, 55–59, 129–133 und 157–170) diskutiert.

Es sei nachdrücklich betont, daß das Ablaufplanungsdilemma nur dann auftreten kann, wenn der Planungshorizont sehr klein, d.h. der Auftragsbestand sehr niedrig ist. Bei einem hinreichend weiten Planungshorizont wird man sinnvollerweise das Kostenminimum anstreben. Dagegen können die Kriterien der *kürzesten Durchlaufzeiten* und der *maximalen Maschinenauslastung* nur unvollkommene Unterziele der Kostenminimierung (bzw. der Gewinnmaximierung) sein. Auch hat sich in den im Abschnitt 9.2.2 zitierten Simulationsuntersuchungen gezeigt, daß sich die Kriterien der *kürzesten Durchlaufzeiten* und der *maximalen Maschinenauslastung* gar nicht so diametral widersprechen, wie es in der Theorie den Anschein haben mag. So führte die K.O.Z.-*Vorrangregel* (K.O.Z. = Kürzeste Operations-Zeit) gleichzeitig auf niedrige Durchlaufzeiten und eine hohe Maschinenauslastung (vgl. u.a. Hoss [84], S. 168).

Albach ([3], S. 16–17) differenziert im Zusammenhang mit dem Optimierungskriterium der Ablaufplanung zwischen Unternehmen, die sich in einem Verkäufermarkt, und solchen, die sich in einem Käufermarkt befinden. Die ersteren zielen auf solche Belegungspläne, durch die der wirtschaftlich optimale Ausgleich zwischen Brachzeit der Betriebsmittel und Liegezeit der Erzeugnisse erreicht wird. In der zweiten Gruppe werden aus Wettbewerbsgründen solche Belegungspläne angestrebt, mit denen die kürzesten Lieferzeiten zu erzielen sind.

Für die meisten Algorithmen zur Erstellung von Belegungsplänen ist es unerheblich, welches Optimierungskriterium ausgewählt ist. Es muß nur quantifizierbar sein, damit es in der Rechnung quantitativ berücksichtigt werden kann.

Das später beschriebene Verfahren der *begrenzten Enumeration* eignet sich für jede beliebige Kombination von Lagerkosten, Umrüstkosten, Konventionalstrafe, Aufwand für brachliegende Betriebsmittel usw. als Optimierungskriterium. Bei dem im folgenden Kapitel beschriebenen klassischen Maschinenbelegungsproblem ist als Optimierungskriterium beispielsweise die minimale Brachzeit der letzten Fertigungsmaschine gewählt.

9.2.4. Das klassische Job Shop Scheduling Problem und seine Lösung mit der begrenzten Enumeration

Das klassische Job Shop Scheduling Problem wurde 1954 erstmals von Johnson [94] behandelt. Es war ein Problem mit den Voraussetzungen *identical routing* und *passing not permitted* (vgl. Jaeschke [91]), welches bei den von ihm behandelten Zwei- und Dreimaschinenproblemen keine Einschränkung der Lösungen darstellt. Gesucht wurde die Lösung, bei der der letztbearbeitete Auftrag so früh wie möglich fertiggestellt ist, d. h. bei der die Brachzeit auf der letzten Maschine minimal ist.

Identical routing bedeutet, daß alle Aufträge alle Maschinen in der gleichen Reihenfolge durchlaufen, und zwar jede Maschine genau einmal. *Passing not permitted* besagt, daß die Bearbeitungsreihenfolge der Aufträge für alle Maschinen gleich ist, daß also kein Auftrag einen anderen „überholen" darf. Die Voraussetzung des *identical routing* bezieht sich auf die Struktur des Problems. Sie kann entweder erfüllt sein oder nicht.

Dagegen ist *passing not permitted* eine Voraussetzung, die nur bei Problemen bis zu drei Fertigungsmaschinen keine Einschränkung bedeutet. Bei mehr als drei Maschinen kann es geschehen, daß durch „Überholen" bessere Lösungen erzielt werden als ohne. Für den Rechenaufwand sind beide Voraussetzungen sehr entscheidend. Bei Erfüllung der Voraussetzungen ist nur eine, für alle Maschinen gleiche Bearbeitungsfolge zu bestimmen. Bei n Aufträgen gibt es $n!$ verschiedene Lösungen. Wird dagegen das „Überholen" erlaubt, erhält man bei m Maschinen bis zu $(n!)^m$ verschiedene Lösungen.

Für dieses klassische Maschinenbelegungsproblem sind eine Reihe von Lösungsvorschlägen veröffentlicht worden, insbesondere die *ganzzahlige lineare Planungsrechnung*, die Umwandlung in ein *Traveling Salesman Problem* und Lösung dieses Problems, *Branching and Bounding* sowie die *begrenzte Enumeration*. Die meisten der im Abschnitt 9.2.1 erwähnten Arbeiten beziehen sich auf dieses klassische Problem. Im folgenden soll nur die *begrenzte Enumeration* (vgl. [138]) beschrieben werden.

Ähnlich wie bei der Lösung des Traveling Salesman Problems beginnt auch bei der Maschinenbelegungsplanung die begrenzte Enumeration mit einem oder verschiedenen Näherungsverfahren zur Bestimmung einer guten Ausgangslösung. Falls diese Lösung nicht bereits als optimal zu erkennen ist, beginnt der Enumerationsprozeß.

An folgendem Zahlenbeispiel sei die Vorgehensweise erläutert. Es sind sechs Aufträge A bis F abzuwickeln, die alle die Maschinen 1 bis 3 in der gleichen Reihenfolge durchlaufen. Die Bearbeitung eines Auftrags kann auf den Maschinen 2 und 3 erst beginnen, wenn die Bearbeitung auf der vorhergehenden Maschine 1 bzw. 2 abgeschlossen ist. Gesucht ist die für alle Maschinen gleiche Reihenfolge der Aufträge, bei der der letztbearbeitete Auftrag möglichst früh fertig ist. Die Bearbeitungszeiten jedes Auftrags auf jeder Maschine sind in der Tabelle 9.1 angegeben.

Als erstes wird eine Ausgangslösung gesucht. Für dieses Beispiel soll hier dazu nur ein einziges Näherungsverfahren angewendet werden. Es

Tabelle 9.1. *Bearbeitungszeiten t_{ij} jedes Auftrages $j=A$ bis F auf den Maschinen $i=1$ bis 3*

Maschine	Auftrag					
	A	*B*	*C*	*D*	*E*	*F*
1	2	2	6	4	3	5
2	3	6	2	5	1	4
3	4	3	4	1	2	7

ist ähnlich wie das für das Traveling Salesman Problem diskutierte Verfahren des besten Nachfolgers. Dabei wird jeweils derjenige Auftrag angefügt, bei dem die Brachzeit auf der letzten Maschine am geringsten ist. Falls diese für mehrere Aufträge in gleicher Weise minimal ist, wird unter ihnen der Auftrag mit der längsten Bearbeitungszeit auf der letzten Maschine gewählt. Man erhält so die Folge E (Brachzeit$=$4 Tage), A (6 Tage), C (7 Tage), B (9 Tage), F (10 Tage) und D (10 Tage). Der als letzter bearbeitete Auftrag D ist damit am 31. Tag abgeschlossen. Der Maschinenbelegungsplan für diese Lösung ist in der Abb. 9.1 gezeichnet.

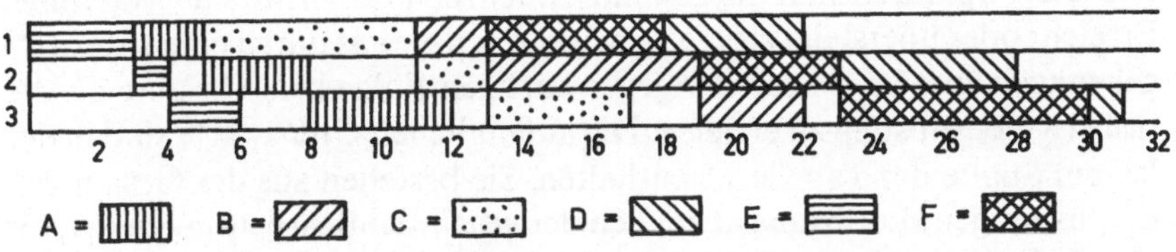

Abb. 9.1. Maschinenbelegungsplan der Ausgangslösung

Für das Enumerieren sind jetzt einige Daten vorzubereiten, die in der Tabelle 9.2 enthalten sind. Zunächst ist für jede Maschine i die gesamte Bearbeitungszeit $T_i=\sum_{j=A}^{F} t_{ij}$ ausgerechnet. Dann folgt die Mindestbrachzeit, die vor Arbeitsbeginn auf den Maschinen 2 und 3 vergehen wird, $TA_i=\min_{j=A}^{F}\left\{\sum_{k=1}^{i-1} t_{kj}\right\}$. Entsprechend wird in $TE_i=\min_{j=A}^{F}\left\{\sum_{k=i+1}^{m} t_{kj}\right\}$ die Mindestdauer angegeben, die nach Abschluß des letzten Auftrags auf der ersten und zweiten Maschine bis zum Abschluß auf der letzten (m-ten) Maschine vergehen wird. Der theoretisch früheste Abschlußtermin $T_{\min}=\max_{i=1}^{m}\{T_i+TA_i+TE_i\}$ des letztbearbeiteten Auftrags ergibt sich aus den Bearbeitungszeiten und den Mindestbrachzeiten vor dem ersten und nach dem letzten Auftrag. Im Beispiel ist $T_{\min}=25$. Wäre $T_{\min}$ gleich dem Abschlußtermin der Ausgangslösung, wäre diese bereits eine Optimallösung. Das ist in diesem Beispiel jedoch nicht der

Tabelle 9.2. *Zeitsummen für die einzelnen Maschinen*

Maschine i	T_i	TA_i	TE_i	$T_i + TA_i + TE_i$	$31-(T_i+TE_i)$
1	22	–	3	25	6
2	21	2	1	24	9
3	21	4	–	25	10

Fall. Also wird mit der begrenzten Enumeration eine Verbesserung gesucht.

Bei der Enumeration wird mit dem ersten Auftrag begonnen, an den jeweils der nächste angeschlossen wird. Dieses ist in Tabelle 9.3 in gleicher Weise durchgeführt wie in [138]. Die Tabelle ist ähnlich aufgebaut wie die der entsprechenden Verfahren für das Traveling Salesman Problem (Tabellen 6.32 und 6.48). Nach der laufenden und effektiven Nummer der Bauschritte und der (Teil-)Folge kommt in der Spalte 4 der Verfügbarkeitstermin (VT), zu dem auf den drei Maschinen der vorhergehende Auftrag abgeschlossen ist. Dann wird die Belegungszeit für den neu in dem betrachteten Bauschritt eingefügten Auftrag (von – bis) angegeben. Die letzte Spalte enthält die gesamte Brachzeit ($\sum$ BZ) für jede Maschine. Erreicht oder übersteigt sie eine gewisse Grenze, was durch einen Stern (*) gekennzeichnet ist, ist mit der gegenwärtigen Folge keine bessere als die bisherige Bestlösung zu erzielen. Die anfänglichen Grenzwerte sind in der letzten Spalte der Tabelle 9.2 enthalten. Sie bestehen aus der Gesamtzeit der bisherigen Bestlösung abzüglich der gesamten Bearbeitungszeit T_i für alle Aufträge und der Mindestbrachzeit TE_i nach dem letzten Auftrag der Folge. Sie sind also gleich der maximalen Brachzeit vor und zwischen den einzelnen Aufträgen.

Nach neun erfolgreichen Schritten (Eff. Nr.) wird eine verbesserte Folge gefunden. Die Grenzwerte für die Brachzeit werden jetzt auf 5, 8 und 9 herabgesetzt, bevor die Enumeration fortgesetzt wird (Tabelle 9.3 b).

Nach der erneuten Verbesserung im Schritt 12 werden die Grenzwerte für die Brachzeit weiter auf 4, 7 und 8 verringert und die Enumeration in der Tabelle 9.3 c fortgesetzt.

Nach der dritten Verbesserung werden die Grenzbrachzeiten auf 3, 6 und 7 reduziert. In der Tabelle 9.3 d wird die Enumeration zum Ende geführt.

Die optimale Lösung mit der Reihenfolge $A-B-E-F-C-D$ und dem Abschlußtermin 28 wurde nach effektiv 17 Bauschritten erreicht. Für die vollständige Durchführung der begrenzten Enumeration waren 21 effektive von insgesamt 50 Bauschritten erforderlich. Hätte man statt der schlechten Ausgangslösung mit dem Endtermin 31 schon die Optimallösung mit dem Termin 28 gekannt, ohne allerdings die Optimalität der

Lösung zu kennen, wären effektiv nur 5 von insgesamt 28 Bauschritten zur begrenzten Enumeration durchzuführen gewesen. Bei vollständiger Enumeration wären $n!$, für $n=6$ also 720 Reihenfolgen auszurechnen gewesen, wozu 1956 Bauschritte benötigt worden wären (vgl. Tabelle 2.2).

Tabelle 9.3a. *Durchführung der begrenzten Enumeration bis zur ersten verbesserten Lösung*

Lfd. Nr	Eff. Nr.	(Teil-)Folge	VT	von – bis	∑BZ
1	1	*A*	0	0– 2	–
			0	2– 5	2
			0	5– 9	5
2	2	*A–B*	2	2– 4	–
			5	5–11	2
			9	11–14	7
3	3	*A–B–C*	4	4–10	–
			11	11–13	2
			14	14–18	7
4	4	*A–B–C–D*	10	10–14	–
			13	14–19	3
			18	19–20	8
5	5	*A–B–C–D–E*	14	14–17	–
			19	19–20	3
			20	20–22	8
6		*A–B–C–D–E–F*	17	17–22	–
			20	22–26	5
			22	26–33	12*
7		*A–B–C–D–F*	14	14–19	–
			19	19–23	3
			20	23–30	11*
8	6	*A–B–C–E*	10	10–13	–
			13	13–14	2
			18	18–20	7
9	7	*A–B–C–E–D*	13	13–17	–
			14	17–22	5
			20	22–23	9
10		*A–B–C–E–D–F*	17	17–22	–
			22	22–26	5
			23	26–33	12*
11	8	*A–B–C–E–F*	13	13–18	–
			14	18–22	6
			20	22–29	9
12	9	*A–B–C–E–F–D*	18	18–22	–
			22	22–27	6
			29	29–30	9

Tabelle 9.3b. *Fortsetzung der begrenzten Enumeration bis zur zweiten verbesserten Lösung*

Lfd. Nr.	Eff. Nr.	(Teil-)Folge	VT	von – bis	∑BZ
13	10	$A-B-C-F$	10	10–15	–
			13	15–19	4
			18	19–26	8
14	11	$A-B-C-F-D$	15	15–19	–
			19	19–24	4
			26	26–27	8
15	12	$A-B-C-F-D-E$	19	19–22	–
			24	24–25	4
			27	27–29	8

Tabelle 9.3c. *Fortsetzung der begrenzten Enumeration bis zur dritten verbesserten Lösung*

Lfd. Nr.	Eff. Nr.	(Teil-)Folge	VT	von – bis	∑BZ
16		$A-B-D$	4	4– 8	–
			11	11–16	2
			14	16–17	9*
17	13	$A-B-E$	4	4– 7	–
			11	11–12	2
			14	14–16	7
18	14	$A-B-E-C$	7	7–13	–
			12	13–15	3
			16	16–20	7
19		$A-B-E-C-D$	13	13–17	–
			15	17–22	5
			20	22–23	9*
20		$A-B-E-C-F$	13	13–18	–
			15	18–22	6
			20	22–29	9*
21		$A-B-E-D$	7	7–11	–
			12	12–17	2
			16	17–18	8*
22	15	$A-B-E-F$	7	7–12	–
			12	12–16	2
			16	16–23	7
23	16	$A-B-E-F-C$	12	12–18	–
			16	18–20	4
			23	23–27	7
24	17	$A-B-E-F-C-D$	18	18–22	–
			20	22–27	6
			27	27–28	7

Tabelle 9.3d. *Fortsetzung und Ende der begrenzten Enumeration*

Lfd. Nr.	Eff. Nr.	(Teil-)Folge	VT	von – bis	∑BZ
25	18	*A–C*	2	2– 8	–
			5	8–10	5
			9	10–14	6
26		*A–C–B*	8	8–10	–
			10	10–16	5
			14	16–19	8*
27		*A–C–D*	8	8–12	–
			10	12–17	7*
			14	17–18	9*
28		*A–C–E*	8	8–11	–
			10	11–12	6*
			14	14–16	6
29		*A–C–F*	8	8–13	–
			10	13–17	8*
			14	17–24	9*
30		*A–D*	2	2– 6	–
			5	6–11	3
			9	11–12	7*
31	19	*A–E*	2	2– 5	–
			5	5– 6	2
			9	9–11	5
32		*A–E–B*	5	5– 7	–
			6	7–13	3
			11	13–16	7*
33		*A–E–C*	5	5–11	–
			6	11–13	7*
			11	13–17	7*
34		*A–E–D*	5	5– 9	–
			6	9–14	5
			11	14–15	8*
35		*A–E–F*	5	5–10	–
			6	10–14	6*
			11	14–21	8*
36		*A–F*	2	2– 7	–
			5	7–11	5
			9	11–18	7*
37		*B*	0	0– 2	–
			0	2– 8	2
			0	8–11	8*
38		*C*	0	0– 6	–
			0	6– 8	6*
			0	8–12	8*
39		*D*	0	0– 4	–
			0	4– 9	4
			0	9–10	9*

Tabelle 9.3 d. Fortsetzung

Lfd. Nr.	Eff. Nr.	(Teil-) Folge	VT	von – bis	∑BZ
40	20	E	0	0– 3	–
			0	3– 4	3
			0	4– 6	4
41	21	$E-A$	3	3– 5	–
			4	5– 8	4
			6	8–12	6
42		$E-A-B$	5	5– 7	–
			8	8–14	4
			12	14–17	8*
43		$E-A-C$	5	5–11	–
			8	11–13	7*
			12	13–17	7*
44		$E-A-D$	5	5– 9	–
			8	9–14	5
			12	14–15	8*
45		$E-A-F$	5	5–10	–
			8	10–14	6*
			12	14–21	8*
46		$E-B$	3	3– 5	–
			4	5–11	4
			6	11–14	9*
47		$E-C$	3	3– 9	–
			4	9–11	8*
			6	11–15	9*
48		$E-D$	3	3– 7	–
			4	7–12	6*
			6	12–13	10*
49		$E-F$	3	3– 8	–
			4	8–12	7*
			6	12–19	10*
50		F	0	0– 5	–
			0	5– 9	5
			0	9–16	9*

Der Belegungsplan der optimalen Lösung ist in der Abb. 9.2 gezeigt.

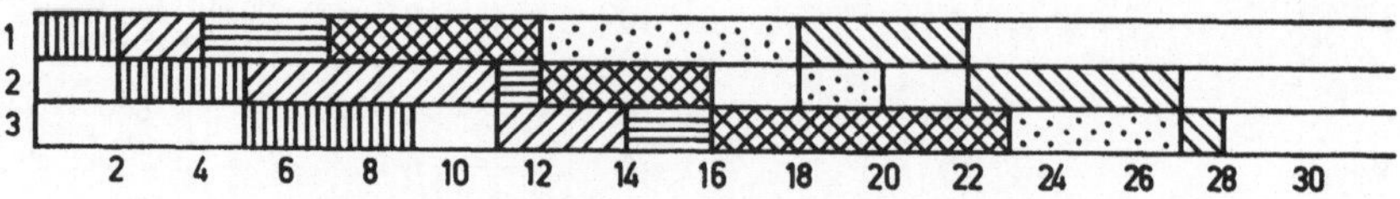

Abb. 9.2. Maschinenbelegungsplan der Optimallösung

9.2.5. Numerische Erfahrungen

Die Methode der begrenzten Enumeration wurde auf der IBM 7040 an einer Reihe von Beispielen getestet. Einige der Beispiele sind aus verschiedenen Literaturquellen übernommen, andere wurden mit Zufallszahlen generiert. Alle Probleme waren vom Typ des im Abschnitt 9.2.4 beschriebenen klassischen Problems. Es gelten also die Bedingungen *identical routing* und *passing not permitted.* Gesucht war die Lösung mit frühester Fertigstellung des letzten Auftrags, d.h. die mit geringster Brachzeit auf der letzten Maschine.

Zur Bestimmung einer guten Ausgangslösung wurde ein Näherungsverfahren in verschiedenen Variationen angewandt. Im Prinzip war es das am obigen Zahlenbeispiel gezeigte Verfahren des besten Nachfolgers. Jedoch wurde nicht die minimale Brachzeit auf der letzten Maschine als Auswahlkriterium genommen, sondern die gewichtete Summe der Brachzeiten aller m Maschinen. Dabei wurde einmal allen Maschinen die gleiche Gewichtung zugeordnet, dann eine in Abhängigkeit der gesamten Bearbeitungszeiten steigende Gewichtung, dann eine in der Reihenfolge der Maschinen von 1 bis m steigende bzw. von 1 bis m fallende Gewichtung und schließlich für m verschiedene Läufe jeweils für eine Maschine das Gewicht 1 und für alle übrigen das Gewicht 0. In die Gruppe der letzteren fällt auch die im obigen Zahlenbeispiel verwendete Gewichtung, bei der nur die Brachzeit der letzten Maschine berücksichtigt ist. Mit allen Gewichtungen wurde in je einem Lauf der günstigste Nachfolger und der günstigste Vorgänger gesucht, wobei im ersten Fall vom ersten und im zweiten Fall vom letztbearbeiteten Auftrag ausgegangen wurde. Es wurden somit jeweils $2m+8$ Ausgangslösungen erzeugt. Dabei zeigte sich keine Gewichtsverteilung als den anderen eindeutig überlegen. Vielmehr führte fast jede in einigen Fällen auf die beste sowie in vielen Fällen auf eine weniger gute Ausgangslösung.

In der Tabelle 9.4 sind die an 69 Beispielen gewonnenen Ergebnisse gezeigt. Nach der Problemnummer enthält die zweite Spalte die Quelle, aus der das Problem übernommen ist. Probleme ohne Quellenangabe sind mit gleichverteilten Zufallszahlen generiert worden. Die Größe der Probleme ist in den Spalten 3 und 4 vermerkt. Es folgt die Mindestzeit (untere Grenze) $T_{\min}$. Sie entspricht der Reduktion bei der Lösung des Traveling Salesman Problems. Es folgen die Zeiten der optimalen Lösung T_{opt} sowie der besten mit Näherungsverfahren gefundenen Ausgangslösung T_n. Schließlich sind die Zahl der effektiven Bauschritte und die Rechenzeit für die begrenzte Enumeration angegeben. Die Sterne (*) kennzeichnen wieder, wenn $T_{\min}$ oder T_n gleich T_{opt} ist.

Alle aus der Literatur übernommenen Beispiele ließen sich in sehr kurzen Rechenzeiten lösen, sogar das von Ignall und Schrage [89] als

Tabelle 9.4. *Untersuchungsergebnis von 69 Testbeispielen*
G/W = Giglio und Wagner [63], I/S = Ignall und Schrage [89], J 1 = Jaeschke [91], J 2 = Jaeschke [92].

Nr.	Quelle	Zahl der Maschinen m	Zahl der Aufträge n	Mindestzeit T_{min}	Optimale Lösung T_{opt}	Beste Näherung T_n	Zahl der Bauschritte	Zeit für Enumeration (min:sec)
1	G/W	3	6	64*	64	67	47	0,5
2	G/W	3	6	69*	69	69*	–	–
3	G/W	3	6	53	57	59	66	0,5
4	G/W	3	6	63*	63	63*	–	–
5	G/W	3	6	63	68	70	119	1,0
6	G/W	3	6	67	76	78	200	1,3
7	–	3	6	457	497	500	672	3,6
8	–	3	6	390	397	419	13	0,2
9	–	3	6	362	418	420	190	1,1
10	–	3	6	286	316	357	33	0,5
11	–	3	6	377*	377	377*	–	–
12	–	3	6	285	345	352	102	0,8
13	–	3	6	409	427	447	124	0,9
14	–	3	6	319	353	423	65	0,6
15	–	3	6	415	423	429	9	0,2
16	–	3	6	288	307	320	15	0,3
17	I/S	3	10	59	66	66*	22522	2:42,8
18	J 1	5	6	218	233	237	74	1,2
19	J 1	6	8	363	381	403	327	5,5
20	J 1	4	9	258	265	271	4140	30,9
21	J 1	4	10	274	289	296	21517	2:56,5
22	J 1	3	20	765*	765	768	75	0,8
23	J 2	5	6	486	494	504	39	0,9
24	J 2	9	23	2274*	2274	2276	46	0,6
25	–	3	10	500	504	506	85385	7:27,9
26	–	3	10	610*	610	610*	–	–
27	–	3	10	665*	665	665*	–	–
28	–	3	10	524	529	529*	8632	44,5
29	–	3	10	665*	665	665*	–	–
30	–	3	10	611	648	720	3033	27,7
31	–	3	10	526*	526	548	307	3,0
32	–	3	10	573	590	598	42	0,8
33	–	3	10	643*	643	657	8798	51,6
34	–	3	10	595	627	689	831	9,6
35	–	3	10	604*	604	612	322261	28:07,3
36	–	3	10	667*	667	700	115	2,1
37	–	3	10	531	535	535*	276672	31:40,5
38	–	3	10	585	599	632	367	3,4
39	–	3	10	629*	629	632	11	0,3
40	–	4	10	637	648	648*	13	0,1
41	–	4	10	527	545	601	442	4,6
42	–	4	10	622*	622	636	318	3,1
43	–	4	10	669	671	695	3757	35,2
44	–	4	10	708	714	714*	16	0,2

Tabelle 9.4. Fortsetzung

Nr.	Quelle	Zahl der Maschinen m	Zahl der Aufträge n	Mindestzeit T_{min}	Optimale Lösung T_{opt}	Beste Näherung T_n	Zahl der Bauschritte	Zeit für Enumeration (min:sec)
45	–	4	10	590*	590	591	824	8,7
46	–	4	10	729	837	856	219637	29:41,2
47	–	4	10	741*	741	754	19	0,3
48	–	4	10	550	609	631	277	3,5
49	–	4	10	682*	682	696	364	3,2
50	–	4	10	698	720	760	9420	1:15,6
51	–	4	10	588*	588	588*	–	–
52	–	4	10	584*	584	584*	–	–
53	–	4	10	657	658	693	35063	5:16,7
54	–	4	10	762*	762	762*	–	–
55	–	5	10	639	650	683	86816	11:06,3
56	–	5	10	705*	705	743	2244	21,4
57	–	5	10	774	790	795	38	1,0
58	–	5	10	685	715	735	1384	15,7
59	–	5	10	702	707	726	40	1,1
60	–	6	10	671	682	695	15254	2:08,9
61	–	6	10	758	796	834	31276	6:18,6
62	–	6	10	718	763	845	65195	11:54,1
63	–	6	10	763	804	852	20667	5:03,7
64	–	6	10	759	843	932	3374	46,0
65	–	6	10	638	734	749	59	2,1
66	–	6	10	698	741	766	18212	3:22,9
67	–	6	10	815	841	852	67	2,0
68	–	6	10	800	802	845	155	4,4
69	–	6	10	754	809	809	30171	6:31,8

„hardest 10-job problem“ bezeichnete Beispiel 17. Wesentlich unangenehmer waren die Beispiele 35, 37 und 46, zu deren Lösung bis zu über 30 min gebraucht wurde. Interessant ist dabei, daß in Beispiel 35 die Zeit der optimalen Lösung T_{opt} gleich der Mindestzeit T_{min} ist. Andernfalls hätte die Enumeration vielleicht noch länger gedauert. Ferner fällt an dem Beispiel 37 mit der größten Rechenzeit auf, daß die Ausgangslösung bereits optimal war. Die Enumeration war also nur ein Optimalitätstest. In Beispiel 46 hingegen war $T_{min} < T_{opt} < T_n$. Das Beispiel 37 ist in Tabelle 9.5 wiedergegeben. Die optimale Reihenfolge lautet $J-H-G-D-F-A-B-C-I-E$.

Bei 54 der 69 Probleme lag die Rechenzeit unter 1 min, bei weiteren 5 unter 5 min und bei ebenfalls weiteren 5 unter 10 min. In neun Beispielen war die Zeit der Ausgangslösung T_n gleich der Mindestzeit T_{min}, so daß gar keine Enumeration stattzufinden brauchte. In insgesamt 22 Beispielen war T_{opt} gleich T_{min}. In 14 Beispielen war die Ausgangslösung optimal.

Tabelle 9.5. *Bearbeitungszeiten t_{ij} jedes Auftrags $j = A$ bis J auf den Maschinen $i = 1$ bis 3 für das Beispiel 37*

Maschine	Auftrag									
	A	*B*	*C*	*D*	*E*	*F*	*G*	*H*	*I*	*J*
1	26	32	85	76	40	68	28	75	74	14
2	21	81	49	73	3	14	18	81	42	27
3	65	7	40	5	10	54	33	66	5	55

Außer diesen 69 wurden einige größere Beispiele mit bis zu 20 Maschinen und 30 Aufträgen mit dem gleichen Verfahren gelöst. Allerdings waren diese Beispiele nicht mit gleichverteilten Zufallszahlen erzeugt, sondern nach speziellen Gesichtspunkten konstruiert worden, wodurch ein relativ kurzer Enumerationsprozeß ermöglicht war.

In einer Variante dieses Verfahrens wurden die Reihenfolgen beim Enumerieren gleichzeitig von vorn und von hinten aufgebaut. Diese Variante zeigte sich in den meisten Beispielen als dem einfachen Verfahren überlegen. Der Grund dazu scheint folgender zu sein. Besonderen Einfluß auf die gesamte Durchlaufzeit, deren Minimum gesucht ist, haben die am Anfang und am Schluß plazierten Aufträge. Häufig besteht die Optimalfolge aus einer bestimmten Anordnung der zwei bis drei ersten sowie der zwei bis drei letzten Aufträge und einer beliebigen oder fast beliebigen Anordnung der mittleren Aufträge. Beim einseitig arbeitenden Verfahren werden in diesen Fällen sehr lange im Mittelfeld viele Permutationen aufgebaut, ohne eine Verbesserung zu bewirken. Bei gleichzeitigem Aufbau der Reihenfolge von beiden Seiten kann man an den Brachzeiten sehr leicht erkennen, ob durch Veränderungen im Mittelfeld weitere Verbesserungen zu erwarten sind.

Aus der Gesamtheit der gewonnenen Rechenerfahrung läßt sich sagen, daß die *begrenzte Enumeration* nur sehr begrenzt anwendbar ist. Trotz der in den meisten Beispielen geringen Rechenzeit kann man nicht im voraus erkennen, ob ein bestimmtes Problem nicht plötzlich $\frac{1}{2}$ Std Rechenzeit erfordert. Zwar wurden auch in Problem 35 mit 322261 Bauschritten nur 3% der über neun Millionen (vgl. Tabelle 2.2) für die vollständige Enumeration benötigten Bauschritte ausgeführt. Aber 3% sind bereits viel zu viel, um den wirtschaftlichen Einsatz der *begrenzten Enumeration* bei größeren Problemen sicherzustellen.

Trotz dieser Warnung mag die begrenzte Enumeration für bestimmte Probleme durchaus anwendbar sein. Ein Vorteil des Enumerationsverfahrens liegt u. a. darin, daß ein beliebiges Optimierungskriterium gegeben sein darf und daß beliebige Nebenbedingungen berücksichtigt werden können. Beispielsweise können Liefertermine vorgegeben sein, die unbedingt eingehalten werden müssen. Je restriktiver derartige Nebenbedingungen sind, desto besser und schneller läuft die begrenzte Enumeration ab.

9.2.6. Die Kombination von Prioritätsregeln und Enumerationsverfahren

Es ist ohne weiteres möglich, das Verfahren der begrenzten Enumeration auch auf Probleme mit unterschiedlicher Bearbeitungsreihenfolge anzuwenden, also auf Probleme, in denen die Bedingungen *identical routing* und *passing not permitted* nicht gelten. Hier wird jeder Arbeitsgang als einzelner Auftrag behandelt und selbständig verplant. Dabei sind die Nebenbedingungen zu beachten, daß bei der Verplanung eines Arbeitsgangs sowohl die jeweilige Maschine verfügbar als auch der vorhergehende Arbeitsgang am Produkt abgeschlossen ist bzw., falls Überlappung erlaubt ist, der vorherige Arbeitsgang begonnen sein muß.

Da die Zahl der Arbeitsgänge im allgemeinen wesentlich größer als die Zahl der Aufträge ist, wird das Enumerieren aufwendiger. Bei größeren Problemen wird es geradezu undurchführbar. Darauf weisen auch Brooks und White [23] hinsichtlich des *Branching and Bounding* hin.

Vorteilhaft kann eine Kombination von Näherungsverfahren mit der begrenzten Enumeration sein. Mit Näherungsverfahren wird zunächst begonnen, einen vorläufigen Belegungsplan aufzustellen. Falls Terminüberschreitungen oder andere unerwünschte Erscheinungen auftreten, werden die kritischen Stellen (z. B. Engpässe) des Plans mit begrenzter Enumeration verbessert, bis ein hinreichend guter Gesamtplan gefunden ist.

Mit dieser kombinierten Methode wurde für das folgende Problem mit zehn Aufträgen A bis J, die auf fünf Maschinen zu fertigen sind, manuell ein optimaler Plan ermittelt. Das Optimierungskriterium bestand dabei lediglich darin, daß alle Liefertermine eingehalten bzw., falls das nicht möglich ist, insgesamt möglichst wenig Termine überschritten werden sollten. Die Liefertermine (in Tagen) für die Aufträge A bis J lauteten 20, 30, 22, 19, 27, 34, 29, 38, 30, 37. Mit Näherungsverfahren (Prioritätsregeln) wurde kein Belegungsplan gefunden, mit dem alle Termine eingehalten werden konnten. Erst die auf einzelne Engpässe angewandte begrenzte Enumeration führte zu einem von mehreren möglichen Plänen, in dem alle Aufträge termingerecht fertiggestellt werden. In der folgenden Abb. 9.3 ist für alle Aufträge A bis J das Durchlaufschema durch die Fertigungsmaschinen gezeigt. Beispielsweise ist der Auftrag A erst 2 Tage auf Maschine 1, dann 3 Tage auf 3, 5 Tage auf 2 und 2 Tage auf 5 zu bearbeiten. Verschiedene Aufträge durchlaufen einige Maschinen mehrmals. Im obersten Teil der Abb. 9.3 ist angegeben, wie lange die Maschinen mit bereits verplanten Aufträgen belegt sind.

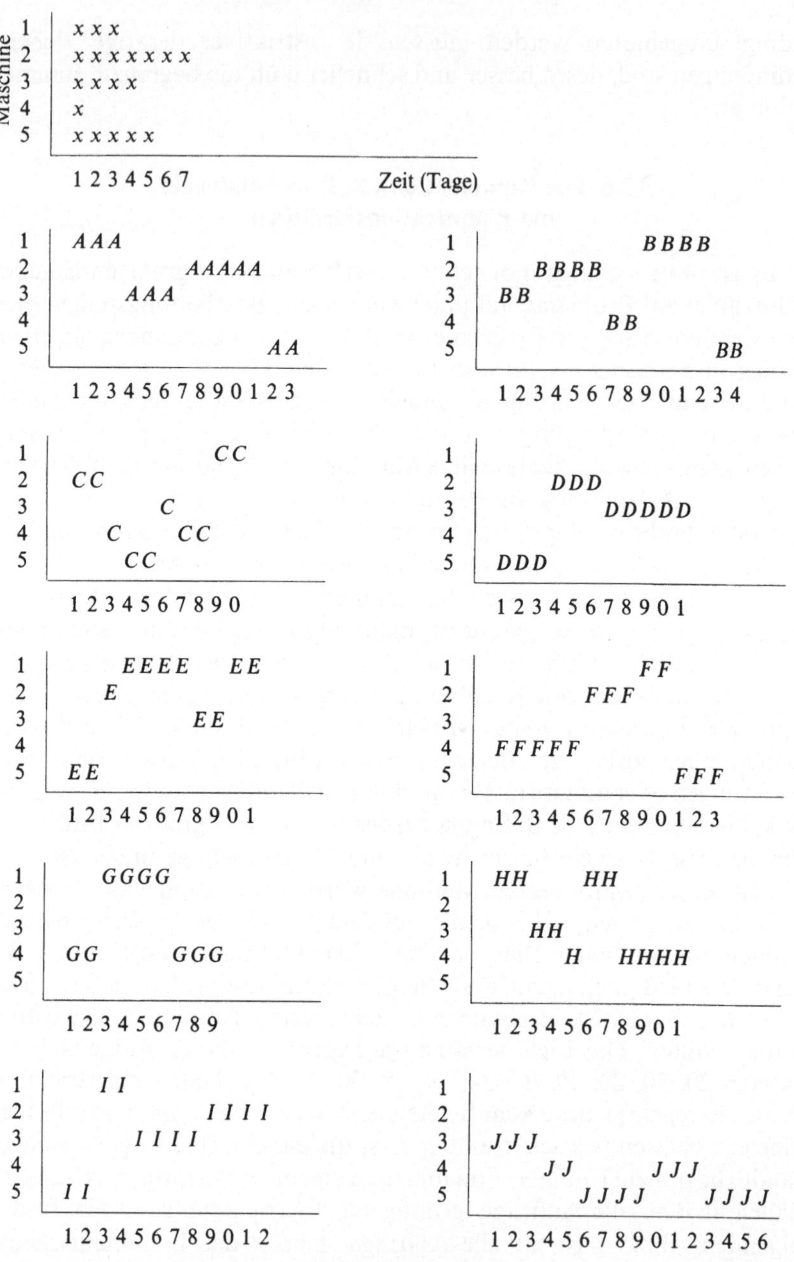

Abb. 9.3. Durchlaufschemata für die einzelnen Aufträge *A* bis *J* durch die Maschinen 1 bis 5 (in Tagen)

Der errechnete optimale Maschinenbelegungsplan, mit dem alle Liefertermine eingehalten werden, ist in der Abb. 9.4 gezeigt.

1	x	x	x	A	A	A	H	H	E	E	E	E	G	G	G	G	C	C	I	I		E	E		B	B	B	B	F	F	H	H					
2	x	x	x	x	x	x	x	E	C	C	D	D	D	A	A	A	A	A	B	B	B	B	F	F	F	I	I	I	I								
3	x	x	x	x	B	B	A	A	A	J	J	J		C	D	D	D	D	D	E	E	I	I	I	I	H	H										
4	x	G	G	F	F	F	F	F			C		J	J	C	C	G	G	G				B	B	J	J	J	H					H	H	H	H	
5	x	x	x	x	x	E	E	D	D	D		C	C	I	I				A	A	J	J	J	J							F	F	F	J	J	J	J
	1	2	3	4	5	6	7	8	9	0	1	2	3	4	5	6	7	8	9	0	1	2	3	4	5	6	7	8	9	0	1	2	3	4	5	6	7
										1										2										3							Zeit (Tage)

Abb. 9.4. Maschinenbelegungsplan ohne Terminüberschreitung

Es wäre sehr aufwendig, den gesamten Plan mit dem Verfahren der begrenzten Enumeration zu erstellen. Man müßte hier 44 Arbeitsgänge auf dem Enumerationsweg einordnen. Dagegen ist es erheblich einfacher, mit Näherungsverfahren die Planung zu beginnen und bei jedem Erkennen einer bevorstehenden Terminüberschreitung die in einem lokalen Engpaß liegende Teilfolge auf dem Enumerationsweg zu optimieren.

Eine im Prinzip ähnliche Kombination von Prioritätsregeln und einer Enumeration hat Groh [69] vorgeschlagen. Er bezeichnet sein Verfahren als *lokale Enumeration.* Mit einem ALGOL-Programm hat er dieses Verfahren bereits an kleineren Beispielen getestet. Die Ergebnisse scheinen ermutigend zu sein.

9.3. Die Betriebsmitteleinsatzplanung bei netzplanmäßig zerlegten Projekten

Eine weitere Gruppe von Maschinenbelegungsproblemen, die ihrer Struktur nach Reihenfolgeprobleme vom *Typ AV* sind, treten bei Projekten auf, die in einzelne Vorgänge zerlegbar und als Netzplan darstellbar sind. Wenn bestimmte Vorgänge gleiche Betriebsmittel benötigen, müssen sie nacheinander durchgeführt werden.

Die Methoden der Netzplantechnik (vgl. Abschnitt 5.5.1) sind zur Terminplanung für solche Projekte entwickelt worden, bei denen die einzelnen Vorgänge (Arbeitsgänge, Aktivitäten) in fest vorgegebener Weise nacheinander oder parallel zueinander ablaufen. Nicht berücksichtigt wird bei diesen Methoden die Einsatzplanung von Betriebsmitteln. Nun steht aber gerade bei vielen Anwendern der Netzplantechnik die Planung des Einsatzes von Maschinen im Mittelpunkt des Interesses. Man hat daher schon seit längerer Zeit versucht, die Methoden der Netzplantechnik, d.h. die reinen Terminplanungsmethoden, so zu modifizieren, daß mit ihnen eine Planung des optimalen Einsatzes dieser Produktionsfaktoren möglich ist. Die Erfolge, die mit solchen Modifikationen erzielt worden sind, geben allerdings nicht zum Frohlocken Anlaß. Der Grund dazu liegt darin, daß durch das Auftreten von begrenzt verfügbaren Produktionsfaktoren aus dem einfachen Rechenproblem der Terminplanung ein Reihenfolgeproblem wird. Wie bei den im Abschnitt 9.2 behandelten Maschinenbelegungsproblemen lassen sich nur sehr kleine Probleme exakt lösen, d.h. nur bei sehr kleinen Problemen läßt sich die Optimallösung berechnen. Bei mittleren und großen Problemen, wie sie in der Praxis überwiegend anzutreffen sind, erfordert die Berechnung des Optimums unverhältnismäßig hohe Rechenzeiten. Man verwendet daher auch hier Näherungsverfahren, hat dabei aber keine Garantie, daß man die optimale oder eine in der Nähe des Optimums liegende Lösung findet.

Die Probleme der Betriebsmitteleinsatzplanung im Zusammenhang mit den Methoden der Netzplantechnik sind u.a. von Dienemann [42], Fehler [53], Hübel [87], Kelley [99], Koslowski [104], Laue [110], Levy, Thompson und Wiest [114], Mathies [120], McGhee und Markarian [121], Müller [128], Rataj [149], Schwarze [157], Verkines [168], Wagner [169], Wedekind [171], Wiest [174] und vom Verfasser [131, 140–142] behandelt worden. Diese Probleme stehen heute auf dem Gebiet der Netzplantechnik im Mittelpunkt des Interesses. Das erkennt man u.a. aus den Programmen der Netzplantechnik-Tagungen INTERNET I (Wien 21.–26.5.1967) und INTERNET II (Amsterdam 6.–10.10.1969). Der Anteil der Vorträge über die Planung des Betriebsmittel- und Mitarbeitereinsatzes ist verhältnismäßig groß.

Die am weitesten verbreiteten Näherungsverfahren arbeiten mit Prioritätsregeln (Abschnitt 9.3.2). Ihr Prinzip ist einfach. Bei jeder Entscheidung, welcher von mehreren möglichen gebundenen Vorgängen als nächster bearbeitet werden soll, wird der mit der kleinsten (bzw. größten) Prioritätsziffer gewählt. Als *gebunden* werden dabei diejenigen Vorgänge bezeichnet, die ein knappes Betriebsmittel erfordern. Die übrigen Vorgänge werden *freie Vorgänge* genannt. Als Prioritätsziffer können z.B. die errechneten frühesten oder spätesten Anfangs- oder Endtermine, die Pufferzeit oder die Vorgangsdauer gewählt werden.

Zwei Versionen dieser Prioritätsregelverfahren sind zu unterscheiden. Bei der ersten wird zunächst die übliche Terminrechnung ohne Berücksichtigung der Restriktionen durchgeführt. Die Ergebnisse dieser Rechnung werden dann im zweiten Rechengang als Prioritätsziffern verwendet. Bei der zweiten Version wird das Berechnen der Prioritätsziffern im gleichen Rechengang wie die Einplanung der gebundenen Vorgänge vorgenommen. Die zweite Version war bei Testläufen der ersten Version überlegen.

Mit beiden Versionen der Prioritätsregelverfahren sind jedoch in nicht zu seltenen Fällen Lösungen zu erwarten, die vom Optimum relativ stark abweichen. Ein Näherungsverfahren, das diese Mängel nicht zu haben scheint, ist von Fehler [53] entwickelt worden (vgl. auch Müller-Merbach [142]). Es hat den Namen *Variationen-Enumeration* und wird im Abschnitt 9.3.3 behandelt. Als Verfahren zur sicheren Berechnung der Optimallösung eignet sich für kleine Probleme die *begrenzte Enumeration* (Abschnitt 9.3.4), die vom Verfasser in [140] und [141] auf Netzpläne angewandt worden ist. Über numerische Erfahrungen wird im Abschnitt 9.3.5 berichtet.

9.3.1. Ein Beispiel

Das Problem der optimalen Zuordnung von Betriebsmitteln auf die Vorgänge eines Netzplans und die Lösungsverfahren sollen an dem in der Abb. 9.5 dargestellten Beispiel erläutert werden. Die dünn gezeichneten Pfeile kennzeichnen die *freien*, also diejenigen *Vorgänge*, die kein knappes Betriebsmittel benötigen. Die dick gezeichneten Pfeile stellen dagegen die *gebundenen Vorgänge* dar; sie erfordern alle während der gesamten Vorgangsdauer das gleiche Betriebsmittel, von dem nur ein Exemplar verfügbar sei.

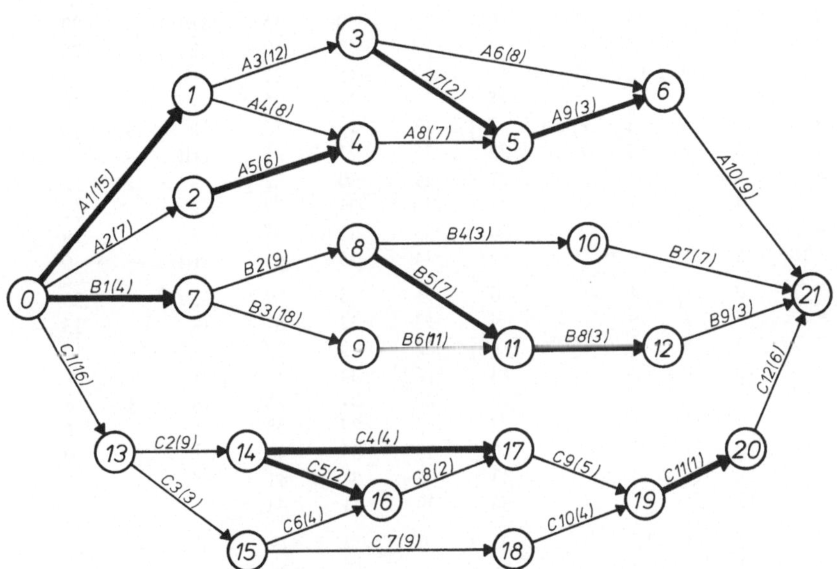

Abb. 9.5. Netzplan (22 Knoten, 21 freie, 10 gebundene Vorgänge)

Das in der Abb. 9.5 gezeigte Netz stellt ein Projekt dar, das aus den Unterprojekten *A*, *B* und *C* besteht. Gesucht ist derjenige Plan, bei dem das Gesamtprojekt am frühesten abgeschlossen ist. Die Projektdauer ist hier im Gegensatz zu den restriktionsfreien Problemen abhängig von der Reihenfolge, in der die gebundenen Vorgänge durchgeführt werden. Für das Beispiel gibt es 25200 verschiedene Reihenfolgen.

In der Tabelle 9.6 ist die Terminrechnung durchgeführt. Dabei ist in den Spalten 1 bis 5 das Problem beschrieben: Vorgang, Startknoten, Zielknoten, Dauer, gebundener (+) oder freier (−) Vorgang. In den Spalten 6 bis 9 sind die frühesten und spätesten Anfangs- und Endtermine aller Vorgänge aufgeführt, wobei die Knappheit des Betriebsmittels nicht berücksichtigt ist, d. h. die gebundenen als freie Vorgänge behandelt sind. Die Spalten 10 und 11 enthalten die entsprechenden gesamten und freien Pufferzeiten. Die Zahlen in der Spalte 12 geben die Zeiten an, die nach Beendigung jedes Vorganges bis zum Projektende mindestens noch ver-

Tabelle 9.6.

d = Dauer, FAT = Frühester Anfangstermin, FET = Frühester Endtermin, SAT = Freie Pufferzeit, LW = Längster Weg, BM = Betriebsmittel, RF = Reihenfolge.

1	2	3	4	5	6	7	8	9	10	11	12
Nr.	i	j	d_{ij}	BM	FAT_{ij}	FET_{ij}	SAT_{ij}	SET_{ij}	GP_{ij}	FP_{ij}	LW_{ij}
A 1	0	1	15	+	0	15	0	15	krit.	–	29
A 2	0	2	7	–	0	7	12	19	12	–	25
A 3	1	3	12	–	15	27	15	27	krit.	–	17
A 4	1	4	8	–	15	23	17	25	2	–	19
A 5	2	4	6	+	7	13	19	25	12	10	19
A 6	3	6	8	–	27	35	27	35	krit.	–	9
A 7	3	5	2	+	27	29	30	32	3	1	12
A 8	4	5	7	–	23	30	25	32	2	–	12
A 9	5	6	3	+	30	33	32	35	2	2	9
A 10	6	21	9	–	35	44	35	44	krit.	–	0
B 1	0	7	4	+	0	4	5	9	5	–	35
B 2	7	8	9	–	4	13	22	31	18	–	13
B 3	7	9	18	–	4	22	9	27	5	–	17
B 4	8	10	3	–	13	16	34	37	21	–	7
B 5	8	11	7	+	13	20	31	38	18	13	6
B 6	9	11	11	–	22	33	27	38	5	–	6
B 7	10	21	7	–	16	23	37	44	21	21	0
B 8	11	12	3	+	33	36	38	41	5	–	3
B 9	12	21	3	–	36	39	41	44	5	5	0
C 1	0	13	16	–	0	16	3	19	3	–	25
C 2	13	14	9	–	16	25	19	28	3	–	16
C 3	13	15	3	–	16	19	21	24	5	–	20
C 4	14	17	4	+	25	29	28	32	3	–	12
C 5	14	16	2	+	25	27	28	30	3	–	14
C 6	15	16	4	–	19	23	26	30	7	4	14
C 7	15	18	9	–	19	28	24	33	5	–	11
C 8	16	17	2	–	27	29	30	32	3	–	12
C 9	17	19	5	–	29	34	32	37	3	–	7
C 10	18	19	4	–	28	32	33	37	5	2	7
C 11	19	20	1	+	34	35	37	38	3	–	6
C 12	20	21	6	–	35	41	38	44	3	3	0

gehen. Sie sind gleich dem längsten Weg vom jeweiligen Knoten j zum Endknoten 21 und ergeben sich als Differenz des Projektendtermins und der spätesten Endtermine der Vorgänge: $LW_{ij} = 44 - SET_{ij}$. Diese Zahlen werden für einige Verfahren der Reihenfolgerechnung benötigt. In den Spalten 13 bis 15, 16 bis 18 und 19 bis 21 sind die Ergebnisse von drei verschiedenen Verfahren der Betriebsmitteleinsatzplanung angegeben, und zwar jeweils die Reihenfolge, in der die gebundenen Vorgänge das Betriebsmittel belegen, und die frühesten Anfangs- und Endtermine. Diese drei Verfahren werden in den folgenden zwei Abschnitten im Detail erläutert.

Terminrechnung.

Spätester Anfangstermin, SET = Spätester Endtermin, GP = Gesamte Pufferzeit, FP =

13 BM RF	14 FAT_{ij}	15 FET_{ij}	16 BM RF	17 FAT_{ij}	18 FET_{ij}	19 BM RF	20 FAT_{ij}	21 FET_{ij}
2	4	19	2	4	19	2	4	19
–	0	7	–	0	7	–	0	7
–	19	31	–	19	31	–	19	31
–	19	27	–	19	27	–	19	27
3	19	25	3	19	25	3	19	25
–	31	39	–	31	39	–	31	39
7	38	40	7	38	40	6	31	33
–	27	34	–	27	34	–	27	34
8	40	43	9	43	46	7	34	37
–	43	<u>52</u>	–	46	<u>55</u>	–	37	46
1	0	4	1	0	4	1	0	4
–	4	13	–	4	13	–	4	13
–	4	22	–	4	22	–	4	22
–	13	16	–	13	16	–	13	16
4	25	32	4	25	32	8	37	44
–	22	33	–	22	33	–	22	33
–	16	23	–	16	23	–	16	23
9	43	46	8	40	43	10	45	48
–	46	49	–	43	46	–	48	<u>51</u>
–	0	16	–	0	16	–	0	16
–	16	25	–	16	25	–	16	25
–	16	19	–	16	19	–	16	19
6	34	38	6	34	38	5	27	31
5	32	34	5	32	34	4	25	27
–	19	23	–	19	23	–	19	23
–	19	28	–	19	28	–	19	28
–	34	36	–	34	36	–	27	29
–	38	43	–	38	43	–	31	36
–	28	32	–	28	32	–	28	32
10	46	47	10	46	47	9	44	45
–	47	<u>53</u>	–	47	53	–	45	<u>51</u>

9.3.2. Die Prioritätsregelverfahren

Als erstes sollen die mit Prioritätsregeln arbeitenden Verfahren skizziert werden. Die erwähnte erste Version arbeitet nach dem folgenden Prinzip. In einem ersten Rechengang werden die Termine und Pufferzeiten ohne Berücksichtigung von Restriktionen berechnet. Für das Beispiel ist das in den Spalten 6 bis 11 der Tabelle 9.6 durchgeführt. Nun beginnt die Rechnung von neuem, wobei jetzt zwischen den gebundenen und freien Vorgängen unterschieden wird. Es werden abwechselnd die Termine aller *erreichbaren* freien Vorgänge und eines nach den Prioritätsregeln ausgewählten *erreichbaren* gebundenen Vorganges berechnet. Dabei werden als *erreichbar* alle diejenigen Vorgänge bezeichnet, deren früheste Anfangstermine feststehen, für deren Vorgänger also die Terminrechnung bereits durchgeführt ist.

Man beginnt mit den anfangs erreichbaren freien Vorgängen und berechnet für sie die Termine. Das sind im Beispiel die Vorgänge *A* 2, *C* 1, *C* 2, *C* 3, *C* 6, *C* 7 und *C* 10. Nun sind die gebundenen Vorgänge *A* 1, *A* 5, *B* 1, *C* 4 und *C* 5 erreichbar. Unter ihnen wird nach der vorgegebenen Prioritätsregel einer ausgesucht. Für das Beispiel sei als Prioritätsregel die des kleinsten frühesten Anfangstermins (Spalte 6 der Tabelle 9.6) gewählt. Bei Gleichheit der frühesten Anfangstermine bei mehreren gebundenen Vorgängen wird der mit der geringsten Dauer (Spalte 4) genommen. Als erster Vorgang wird im Beispiel also *B* 1 gewählt. Für diesen Vorgang und alle neu erreichbaren freien Vorgänge (*B* 2, *B* 3, *B* 4, *B* 6 und *B* 7) werden nun die Termine berechnet. Dann folgt die Auswahl des zweiten gebundenen Vorgangs unter den erreichbaren Vorgängen *A* 1, *A* 5, *C* 4, *C* 5 und *B* 5. Es wird *A* 1 gewählt, wodurch die freien Vorgänge *A* 3 und *A* 4 erreichbar werden. Die Terminrechnung zu diesem Prioritätsregelverfahren ist in den Spalten 13 bis 15 der Tabelle 9.6 durchgeführt. In der Tabelle 9.7 sind die 10 Entscheidungssituationen bei der Auswahl der erreichbaren gebundenen Vorgänge protokolliert. Der gewählte Vorgang ist jeweils unterstrichen.

Das mit diesem Verfahren berechnete Projektende liegt beim Termin 53. Diese Lösung ist nicht optimal.

Man kann das gleiche Verfahren mit anderen Prioritätsregeln anwenden. Beispielsweise läßt sich jeweils unter den erreichbaren gebundenen Vorgängen der mit dem kleinsten frühesten Endtermin, dem kleinsten spätesten Anfangstermin, dem kleinsten spätesten Endtermin, der kleinsten Pufferzeit oder der geringsten Vorgangsdauer auswählen. Mit verschiedenen Prioritätsregeln erhält man im allgemeinen verschiedene Lösungen.

Im Prinzip ähnlich, im Detail sogar einfacher arbeitet die zweite Version der Prioritätsregelverfahren. Hier werden die Ergebnisse eines

Tabelle 9.7. *Entscheidungssituationen bei der ersten Version der Prioritätsregelverfahren*

Entscheidung	Erreichbare gebundene Vorgänge	Frühester Anfangstermin der erreichbaren gebundenen Vorgänge (nach Spalte 6 der Tabelle 9.6)
1	*A* 1, *A* 5, *B* 1, *C* 4, *C* 5	0, 7, 0, 25, 25
2	*A* 1, *A* 5, *C* 4, *C* 5, *B* 5	0, 7, 25, 25, 13
3	*A* 5, *C* 4, *C* 5, *B* 5, *A* 7	7, 25, 25, 13, 27
4	*C* 4, *C* 5, *B* 5, *A* 7	25, 25, 13, 27
5	*C* 4, *C* 5, *A* 7, *B* 8	25, 25, 27, 33
6	*C* 4, *A* 7, *B* 8	25, 27, 33
7	*A* 7, *B* 8, *C* 11	27, 33, 34
8	*B* 8, *C* 11, *A* 9	33, 34, 30
9	*B* 8, *C* 11	33, 34
10	*C* 11	34

ersten Rechengangs (Spalten 6 bis 11 der Tabelle 9.6) nicht benötigt. Vielmehr ergeben sich die Prioritätsziffern aus den während der endgültigen Terminrechnung ermittelten Terminen. Zur Erläuterung sei wieder die Prioritätsregel des kleinsten frühesten Anfangstermins auf das obige Beispiel angewandt. Der Beginn ist mit der ersten Version identisch. Nach den ersten erreichbaren freien Vorgängen stehen die gleichen fünf gebundenen Vorgänge *A* 1, *A* 5, *B* 1, *C* 4 und *C* 5 zur Wahl. Ihre frühesten Anfangstermine werden aber nicht aus der Spalte 6 der Tabelle 9.6 übernommen, sondern aus den Endterminen der vorhergehenden Vorgänge berechnet. Anfangs sind diese Termine mit denen aus der Spalte 6 der Tabelle 9.6 identisch, gegen Ende der Rechnung jedoch nicht mehr. Das ist an den Zahlen der Tabelle 9.8 zu sehen, die analog zur Tabelle 9.7 aufgebaut ist. Wegen der Verschiedenheit der Prioritätsziffern gelangt man im allgemeinen zu einem anderen Zeitplan

Tabelle 9.8. *Entscheidungssituationen bei der zweiten Version der Prioritätsregelverfahren*

Entscheidung	Erreichbare gebundene Vorgänge	Errechneter frühester Anfangstermin der erreichbaren gebundenen Vorgänge
1	*A* 1, *A* 5, *B* 1, *C* 4, *C* 5	0, 7, 0, 25, 25
2	*A* 1, *A* 5, *C* 4, *C* 5, *B* 5	0, 7, 25, 25, 13
3	*A* 5, *C* 4, *C* 5, *B* 5, *A* 7	7, 25, 25, 13, 31
4	*C* 4, *C* 5, *B* 5, *A* 7	25, 25, 13, 31
5	*C* 4, *C* 5, *A* 7, *B* 8	25, 25, 31, 33
6	*C* 4, *A* 7, *B* 8	25, 31, 33
7	*A* 7, *B* 8, *C* 11	31, 33, 43
8	*B* 8, *C* 11, *A* 9	33, 43, 40
9	*C* 11, *A* 9	43, 40
10	*C* 11	43

als mit der ersten Version. Die Terminrechnung ist in den Spalten 16 bis 18 der Tabelle 9.6 durchgeführt. Das berechnete Projektende liegt beim Termin 55.

Als Prioritätsregeln kommen für diese zweite Version im Gegensatz zur ersten Version nur diejenigen Termine und Zeiten in Betracht, die nicht die Rückwärtsrechnung erfordern. Beispielsweise lassen sich unter den erreichbaren gebundenen Vorgängen der mit dem frühesten Anfangstermin (Beispiel), der mit dem frühesten Endtermin und der mit der geringsten Dauer auswählen.

9.3.3. Das Verfahren der Variationen-Enumeration

Ein sehr viel besseres Näherungsverfahren als die beschriebenen Prioritätsregelverfahren wird von Fehler [53] vorgeschlagen. Es ist die Methode der Variationen-Enumeration.

Grundsätzlich arbeitet es auch alternierend, indem abwechselnd die Termine für die erreichbaren freien und einen der erreichbaren gebundenen Vorgänge berechnet werden. Nur geschieht die Auswahl unter den gebundenen Vorgängen nach einem anderen Prinzip. Falls mehr als einer der gebundenen Vorgänge erreichbar ist, wird eine Folge von zweien dieser Vorgänge gebildet. Für diese Folge wird das frühestmögliche Projektende berechnet, das sich aus den Zeiten der an diese zwei gebundenen Vorgänge anschließenden Vorgänge ergibt. (Parallelzweige bleiben unberücksichtigt.) Dann wird die Folge umgedreht und ebenfalls das frühestmögliche Projektende ermittelt. Es scheidet nun derjenige Vorgang aus, dessen Voranstellung zu dem späteren Projektende führte.

Mit dem „Sieger“ dieses Vergleichs und dem nächsten erreichbaren gebundenen Vorgang werden wieder eine Folge und eine Umkehrfolge gebildet etc., bis ein einziger Vorgang übrigbleibt. Dieser wird gewählt.

Am obigen Beispiel soll dieses Vorgehen erläutert werden. Nach der Terminrechnung für die anfangs erreichbaren freien Vorgänge sind die gebundenen Vorgänge $A\,1$, $A\,5$, $B\,1$, $C\,4$ und $C\,5$ erreichbar. Zunächst werden die Folgen $A\,1-A\,5$ und $A\,5-A\,1$ betrachtet. Im ersten Fall kann $A\,1$ von 0 bis 15 und $A\,5$ anschließend von 15 bis 21 bearbeitet werden. Das frühestmögliche Projektende (ohne Berücksichtigung weiterer gebundener Vorgänge) ergibt sich aus diesen Endterminen der Vorgänge plus dem längsten Weg zum letzten Knoten (Spalte 12 der Tabelle 9.6). Hier liegt es also bei: $\max\{15+29,\ 21+19\}=\max\{44{,}40\}=44$. Bei der Folge $A\,5-A\,1$ würde $A\,5$ von 7 bis 13 und $A\,1$ von 13 bis 28 bearbeitet werden. Das Projektende hat dann den Termin: $\max\{13+19,\ 28+29\}=57$. Das bedeutet, daß bei der Folge $A\,1-A\,5$ noch Hoffnung auf einen Endtermin 44 besteht, bei der Folge $A\,5-A\,1$

jedoch schon sicher mit mindestens 57 Zeiteinheiten zu rechnen ist. Es erscheint also nicht sinnvoll, den Vorgang *A* 5 als ersten zu wählen. Er scheidet daher aus der Liste der Kandidaten für den ersten gebundenen Vorgang aus.

Nun bildet der Sieger *A* 1 mit dem Vorgang *B* 1 zwei Alternativfolgen. Für *A* 1 – *B* 1 erhält man den Endtermin: $\max\{15+29, 19+35\} = \max\{44, 54\} = 54$. Für *B* 1 – *A* 1 lautet der Endtermin: $\max\{4+35, 19+29\} = \max\{39, 48\} = 48$. Der Sieger ist also *B* 1. Dann werden die Folgen *B* 1 – *C* 4 und *C* 4 – *B* 1 und anschließend *B* 1 – *C* 5 und *C* 5 – *B* 1 gebildet. Aus allen geht *B* 1 als Sieger hervor. Er wird als erster gebundener Vorgang gewählt.

Nach der Terminrechnung für *B* 1 folgt die Terminrechnung für die neu erreichbaren freien Vorgänge. Dann wird nach der eben beschriebenen Vergleichsrechnung aus den nun erreichbaren gebundenen Vorgängen *A* 1, *A* 5, *C* 4, *C* 5 und *B* 5 der Vorgang *A* 1 gewählt. Das Verfahren wird fortgesetzt, bis das Projektende festliegt. In der Tabelle 9.9 sind die für alle Zweierfolgen berechneten Mindesttermine des Projektendes auf allen zehn Entscheidungsstufen angegeben. Das Wertepaar „*A* 1/*A* 5" und „44/57" in der ersten Zeile bedeutet z.B., daß für die Folge *A* 1 – *A* 5 der Termin 44 und für *A* 5 – *A* 1 der Termin 57 berechnet wurden. In den Spalten 19 bis 21 der Tabelle 9.6 ist die Terminrechnung für die Vorgänge protokolliert.

Als Ergebnis erhält man die Optimallösung mit dem Projektende am Termin 51.

Aber auch dieses Verfahren führt nicht immer auf das Optimum. Nach den bisherigen Erfahrungen arbeitet es aber fast immer sehr viel besser als die Prioritätsregelverfahren. Ferner kann man dieses Verfahren noch weiter modifizieren und verfeinern. Untersuchungen dazu sind von Fehler und vom Verfasser geplant.

Tabelle 9.9. *Entscheidungssituationen beim Verfahren der Variationen-Enumeration von Fehler*

Entscheidung	Vorgangspaare	Paare der Mindesttermine für das Projektende	Wahl	BM belegt bis
1	*A* 1/*A* 5; *A* 1/*B* 1; *B* 1/*C* 4; *B* 1/*C* 5	44/57; 54/48; 41/68; 41/66	*B* 1	4
2	*A* 1/*A* 5; *A* 1/*C* 4; *A* 1/*C* 5; *A* 1/*B* 5	48/57; 48/73; 48/71; 48/64	*A* 1	19
3	*A* 5/*C* 4; *A* 5/*C* 5; *A* 5/*B* 5; *A* 5/*A* 7	44/48; 44/46; 44/51; 45/58	*A* 5	25
4	*C* 4/*C* 5; *C* 5/*B* 5; *C* 5/*A* 7	45/43; 41/48; 45/49	*C* 5	27
5	*C* 4/*B* 5; *C* 4/*A* 7	44/50; 45/49	*C* 4	31
6	*B* 5/*A* 7; *A* 7/*C* 11	52/46; 45/51	*A* 7	33
7	*B* 5/*C* 11; *B* 5/*A* 9	47/50; 52/50	*A* 9	37
8	*B* 5/*C* 11	51/51	*B* 5	44
9	*C* 11/*B* 8	51/54	*C* 11	45
10			*B* 8	48

9.3.4. Die begrenzte Enumeration

Zur exakten Berechnung der Optimallösung läßt sich u.a. das vom Verfasser in [140] und [141] auf die gleichen Probleme angewendete Verfahren der begrenzten Enumeration einsetzen. Es ist jedoch im Vergleich zu den Näherungsverfahren sehr rechenaufwendig und eignet sich nur für kleine Probleme. Das Prinzip dieses Verfahrens soll hier nur kurz skizziert werden.

Das Verfahren der begrenzten Enumeration arbeitet bei diesen Problemen insofern ähnlich wie die Näherungsverfahren, als abwechselnd für die erreichbaren freien Vorgänge und je einen erreichbaren gebundenen Vorgang die Terminrechnung durchgeführt wird. Bei der begrenzten Enumeration wird jedoch im Unterschied zu den Näherungsmethoden jede mögliche Reihenfolge der gebundenen Vorgänge (zumindest teilweise) aufgebaut. Der Aufbau wird jeweils dann beendet, wenn zu erkennen ist, daß die im Aufbau befindliche Reihenfolge nicht zu einer besseren als der bisher besten bekannten Lösung führen kann.

Die begrenzte Enumeration besteht aus den drei folgenden Schritten:

Schritt 1: Es wird mit einem (oder mehreren) Näherungsverfahren eine möglichst gute Anfangslösung erzielt.

Schritt 2: Falls man erkennen kann, daß diese Lösung optimal ist, ist die Rechnung beendet. Anderenfalls wird im **Schritt 3** der Enumerationsprozeß begonnen (bzw. fortgesetzt). Die Optimalität einer Lösung ist garantiert, wenn die Projektdauer entweder gleich der Dauer des ohne Berücksichtigung der durch das Betriebsmittel gegebenen Restriktionen berechneten kritischen Weges ist oder gleich der Summe der Bearbeitungszeiten aller durch ein Betriebsmittel gebundenen Vorgänge plus der Brachzeit ist, die vor dem ersten durch dieses Betriebsmittel gebundenen und nach dem letzten an dieses Betriebsmittel gebundenen Vorgang mindestens entsteht.

Schritt 3: Wie bei den Näherungsverfahren wird jetzt (am Anfang beginnend bei Knoten 1) die Terminrechnung durchgeführt. Von den jeweils erreichbaren gebundenen Vorgängen wird dabei zunächst immer der erste ausgewählt. Erkennt man, daß die im Aufbau befindliche Reihenfolge nicht mehr auf eine bessere als die beste bisher bekannte Lösung führen kann, wird der Aufbau dieser Folge abgebrochen und an Stelle des letzteingefügten gebundenen Vorganges der nächste erreichbare gebundene Vorgang gesetzt. Hat man auf diese Weise alle gleichzeitig erreichbaren gebundenen

Vorgänge erfolglos behandelt, wird die Reihenfolge bis zum vorhergehenden gebundenen Vorgang abgebaut. Hier wird das gleiche Vorgehen fortgesetzt. Falls eine Lösungsverbesserung erzielt wird, folgen der Optimalitätstest in **Schritt 2** und gegebenenfalls die Fortsetzung des Enumerationsprozesses.

Ein ähnliches Verfahren scheint Johnson entwickelt zu haben, über das jedoch nur in einer Kurzfassung [95] berichtet wurde.

9.3.5. Numerische Erfahrungen

In mehreren Testreihen sind mit den verschiedenen Prioritätsregelverfahren und mit der begrenzten Enumeration numerische Erfahrungen gesammelt worden. Sie sind ausführlich in [140] und [141] dargestellt. Hier soll nur über die dritte, bisher letzte Testreihe mit 21 durch Zufallszahlen erzeugten Testbeispielen berichtet werden. Die Ergebnisse decken sich weitgehend mit denen der ersten beiden Testreihen. Bei den Beispielen der letzten Testreihe war nur ein einziges Betriebsmittel, welches für alle gebundenen Vorgänge erforderlich war, einzusetzen. Mit dem Verfahren der Variationen-Enumeration liegen noch keine ausreichenden numerischen Erfahrungen vor.

In der Tabelle 9.10 sind die Ergebnisse gezeigt. Nach der Problemnummer geben die drei folgenden Spalten die Problemgröße (Zahl der Knoten, Zahl der Vorgänge, Zahl der gebundenen Vorgänge) an. Es folgen die Länge des kritischen Weges (ohne Berücksichtigung des Betriebsmittels), die Betriebsmittelzeit (gleich Summe der Bearbeitungszeiten der gebundenen Vorgänge plus der Brachzeit, die vor dem ersten gebundenen und nach dem letzten gebundenen Vorgang mindestens vergeht), die Projektdauer der Optimallösung, die Projektdauer der besten Ausgangslösung sowie von zehn einzelnen Näherungslösungen. (Weitere sechs untersuchte Näherungsverfahren erwiesen sich als unbedeutend.) Die Tabelle schließt ab mit der Anzahl der durchlaufenen Optimierungsstufen der begrenzten Enumeration und der dafür erforderlichen Rechenzeit (FORTRAN-Programm, IBM 7040; Dimension min:sec). Von den zehn Näherungsverfahren (NV) gehören die sieben ersten zur ersten Version und die drei letzten zur zweiten Version. Die einzelnen Prioritätskriterien lauten: Unter den gebundenen Vorgängen wird der gewählt mit

NV 1: kleinstem frühesten Anfangstermin; Version 1;
NV 2: kleinstem spätesten Anfangstermin; Version 1;
NV 3: kleinstem frühesten Endtermin; Version 1;
NV 4: kleinstem spätesten Endtermin; Version 1;

Tabelle 9.10. *Numerische Erfahrungen*

Problem Nr.	Knoten	Vorgänge	Gebundene Vorgänge	Kritischer Weg	BM-Zeit	Optimallösung	Beste Näherungslösung	Lösung mit Näherungsverfahren										Optimierungsstufen	Optimierungszeit (min:sec)
								1	2	3	4	5	6	7	8	9	10		
1	20	30	10	148	209	209	209	209	218	211	211	209	268	264	221	222	230	–	–
2	30	50	20	256	374	374	374	411	374	394	386	388	499	469	411	394	411	–	–
3	30	50	20	231	271	271	278	312	317	309	278	329	448	439	294	296	296	192843	34:28,5
4	30	50	20	200	325	325	325	327	366	340	357	327	421	417	330	327	325	–	–
5	30	50	20	285	396	396	397	418	425	435	447	397	544	535	409	428	418	20	0,5
6	30	50	20	183	370	370	387	415	387	419	387	422	458	437	415	423	393	52	1,0
7	30	50	20	260	398	398	398	398	427	398	427	425	516	527	398	398	398	–	–
8	30	50	20	306	381	381	407	417	416	427	416	430	512	497	417	407	417	20460	3:52,2
9	30	50	20	230	371	371	371	371	398	371	398	371	443	490	372	372	371	–	–
10	30	50	20	240	274	278	287	325	329	310	333	345	428	473	287	302	326	69535	12:47,7
11	30	50	20	248	363	363	363	391	372	367	367	378	459	525	363	367	363	–	–
12	30	50	20	232	391	391	391	391	391	397	409	410	520	502	415	391	393	–	–
13	30	50	20	304	383	393	396	396	450	433	414	435	570	525	396	426	403	4015	1:06,1
14	30	50	30	196	547	547	547	561	547	547	547	547	656	600	547	547	589	–	–
15	80	100	30	588	552	617	677	708	776	710	720	688	888	975	677	703	699	9816	3:15,5
16	80	100	30	554	575	575	631	669	707	657	707	739	1099	1077	631	638	682	1827	34,7
17	80	100	30	356	450	450	507	510	570	522	556	514	862	711	507	521	507	2778	35,2
18	80	100	30	349	519	519	523	523	539	536	581	562	811	893	523	523	578	193	4,0
19	80	100	30	539	583	583	644	644	734	644	717	698	843	999	644	644	668	666	21,0
20	300	400	30	793	649	793	793	833	954	793	933	882	1716	1615	833	793	815	–	–
21	300	400	30	985	816	985	1026	1048	1072	1074	1047	1032	1463	1538	1059	1082	1026	6209	5:56,6
Wie oft Optimallösung?							9	4	3	3	1	3	0	0	3	3	4		
Wie oft beste Näherungslösung?							–	7	4	5	3	4	0	0	10	7	6		
Wertigkeit							–	56	26	36	33	36	0	0	66	57	52		
Wie oft 10% schlechter als Optimallösung?							2	7	9	9	8	10	21	19	3	5	6		

NV 5: kleinstem frühesten Anfangstermin für die erste Hälfte der gebundenen Vorgänge, kleinstem spätesten Endtermin für die zweite Hälfte (also Kombination von NV 1 und NV 4); Version 1;

NV 6: geringster Bearbeitungsdauer; Version 1 (identisch mit Version 2);

NV 7: kleinster Pufferzeit; Version 1;

NV 8: kleinstem frühesten Anfangstermin; Version 2;

NV 9: kleinstem frühesten Endtermin; Version 2;

NV 10: kleinstem frühesten Anfangstermin, wenn zu diesem Termin das Betriebsmittel bereits verfügbar ist, und geringster Bearbeitungsdauer, wenn das Betriebsmittel noch belegt ist; Version 2.

Die Näherungslösungen sind im unteren Teil der Tabelle ausgewertet. Dort wird angegeben, wie oft die Optimallösung und wie oft die beste Näherungslösung gefunden wurde. Die Wertigkeitsziffern wurden aus den mit den Faktoren 5 (4, 3, 2, 1) gewichteten und addierten Häufigkeiten errechnet, mit denen die gefundene Näherungslösung die beste (zweit-, dritt-, viert- und fünftbeste) war. Schließlich ist angegeben, wie häufig die mit einem bestimmten Näherungsverfahren gefundene Projektdauer um mehr als 10% über der Dauer der Optimallösung lag.

Die Analyse der Ergebnisse führt zu den folgenden Erkenntnissen:

1. Die Verfahren 6 und 7 (geringste Bearbeitungsdauer, kleinste Pufferzeit) führen auf sehr schlechte Lösungen.

2. Die Verfahren 1 und 3 (kleinster frühester Anfangstermin, kleinster, frühester Endtermin) sowie 2 und 4 (kleinster spätester Anfangstermin, kleinster spätester Endtermin) führen häufig zu gleichen oder fast gleichen Ergebnissen. Oft sind die Lösungen der Verfahren 1 und 3 besser als die von 2 und 4 und umgekehrt.

3. Die Verfahren der zweiten Gruppe (NV 8 bis NV 10) sind denen der ersten Gruppe (NV 1 bis NV 7) überlegen. Sie führen häufig zur besten Näherungslösung, ihre Wertigkeit ist höher, und sie überschreiten nur selten die 10%-Grenze.

4. Mit dem Verfahren 8 wurden mit Abstand die besten Näherungslösungen erzielt.

5. Keine der Näherungsverfahren führte jedoch in den Testbeispielen mit hinreichender Sicherheit auf eine dem Optimum nahe Lösung.

6. In neun Fällen wurde mit mindestens einem der Näherungsverfahren die Optimallösung gefunden, so daß eine anschließende Optimierung überflüssig war. In den anderen zwölf Beispielen mußte das Optimum mit der begrenzten Enumeration bestimmt werden. Die Rechenzeiten waren dabei teilweise unverhältnismäßig hoch.

7. Die für die begrenzte Enumeration erforderliche Rechenzeit ist nicht im voraus abzuschätzen. Für die Verbesserung von 278 auf 271 im Beispiel 3 wurde z.B. über eine halbe Stunde Zeit benötigt, dagegen für die Verbesserung von 387 auf 370 im Beispiel 6 nur 1 sec. (Zum Vergleich: Für alle 16 Näherungsverfahren zusammen wurden bei den Beispielen 2 bis 13 je 7 bis 8 sec Rechenzeit, bei den Beispielen 15 bis 19 je 16 bis 18 sec und bei den beiden letzten Beispielen je etwa 64 sec benötigt.)

Die aus den Ergebnissen zu ziehende Folgerung ist:

1. Die einzelnen mit Prioritätsregeln arbeitenden Näherungsverfahren sind unzuverlässig. Man sollte zumindest für jedes Problem mehrere verschiedene Näherungsverfahren einsetzen und von den verschiedenen Lösungen die beste wählen.

2. Die begrenzte Enumeration arbeitet für große Probleme zu langsam. Eine Kombination von Näherungsverfahren und der begrenzten Enumeration erscheint jedoch sinnvoll, wobei die Enumeration immer an besonders kritischen Stellen eingesetzt wird. Darauf ist bereits vom Verfasser in [140] hingewiesen worden.

Man darf bei den hier beschriebenen Untersuchungen allerdings nicht übersehen, daß die Beispiele keine für spezielle Anwendungen (z.B. Bauindustrie, Schiffsbau, Maschinenbau etc.) typischen Strukturen aufwiesen. Die Ergebnisse sind daher nur mit Vorbehalt zu verallgemeinern.

Wesentliche Verbesserungen sind durch das Verfahren der Variationen-Enumeration zu erwarten.

KAPITEL 10

Optimale Reihenfolgen innerhalb mathematischer Algorithmen

10.1. Allgemeines

Sehr viele Rechenmethoden sind hinsichtlich ihres Rechenzeitbedarfs stark abhängig von der Reihenfolge bestimmter Rechenschritte und von der Reihenfolge der Auswahl bestimmter charakteristischer Größen. Oft kann man hier die optimalen Reihenfolgen nur durch Vollenumeration, d.h. durch Vollzug sämtlicher möglichen Lösungsgänge bestimmen. Diese Reihenfolgeprobleme gehören überwiegend zum *Typ U* (vgl. Abschnitt 1.2). Daß zu ihrer Lösung die Vollenumeration nicht sinnvoll ist, liegt auf der Hand. Man wird vielmehr mit heuristischen Regeln arbeiten. Nur bei wenigen Algorithmen lassen sich optimale Reihenfolgen mit vertretbarem Aufwand bestimmen.

In den Abschnitten 4.4, 6.6.2 und 8.3.2 ist über die Kombination verschiedener suboptimierender Iterationsverfahren gesprochen worden. Auch hier liegt ein Reihenfolgeproblem vor; gesucht ist diejenige Umschaltungsreihenfolge zwischen den Verfahren, bei der hinreichend gute Lösungen mit geringstem Aufwand an Rechenzeit zu erzielen sind. Solche optimalen Umschaltungsreihenfolgen lassen sich nur annähernd durch Erfahrung an Testläufen festlegen. Für das Traveling Salesman Problem sind beispielsweise gute Ergebnisse durch die im Abschnitt 6.6.2 erwähnte Kombination der *Dreigruppenpermutation* und der *Viergruppenpermutation* erzielt worden.

In den folgenden Abschnitten sollen drei Beispiele etwas detaillierter skizziert werden, insbesondere die Inversion von Matrizen (Abschnitt 10.2), die Simplex-Methode (Abschnitt 10.3) und die Multiplikation von mehreren Matrizen (Abschnitt 10.4).

10.2. Die Reihenfolge der Pivot-Elemente bei der Inversion von Matrizen

Zur Inversion einer Matrix $\mathbf{A}=(a_{ij})$ der Größe $n \times n$ sind bei Anwendung des Austauschverfahrens (auch Pivot-Verfahren oder Simplex-Methode genannt) n Iterationen erforderlich. Dabei wird in jeder Iteration eine andere Pivot-Zeile r und Pivot-Spalte s gewählt, in deren Schnittpunkt das Pivot-Element a_{rs} steht. Die jeweiligen Rechenregeln der q-ten Iteration lauten:

$$\begin{aligned} a_{rs}^{(q)} &= 1/a_{rs}^{(q-1)}, & & \\ a_{rj}^{(q)} &= a_{rj}^{(q-1)}/a_{rs}^{(q-1)} & & \text{für alle } j \neq s, \\ a_{is}^{(q)} &= -a_{is}^{(q-1)}/a_{rs}^{(q-1)} & & \text{für alle } i \neq r, \\ a_{ij}^{(q)} &= a_{ij}^{(q-1)} - a_{rj}^{(q)} \cdot a_{is}^{(q-1)} & & \text{für alle } i \neq r \text{ und alle } j \neq s. \end{aligned}$$

Soweit nur Diagonalelemente als Pivot-Elemente gewählt werden, erhält man exakt die Inverse, anderenfalls eine in ihren Zeilen und Spalten umsortierte Inverse (vgl. [129], Abschnitt 6.8). Der Rechenaufwand hängt wesentlich von der Wahl der Pivot-Elemente ab. Das ist insbesondere dann der Fall, wenn die Ausgangsmatrix $\mathbf{A} = \mathbf{A}^{(0)} = (a_{ij}^{(0)})$ gering mit Nichtnullelementen besetzt ist wie die folgende Matrix:

$$\mathbf{A}^{(0)} = \begin{pmatrix} 1 & 2 & 4 & 8 \\ 2 & 2 & 0 & 0 \\ 3 & 0 & 6 & 0 \\ 4 & 0 & 0 & 16 \end{pmatrix}.$$

Wählt man solche Pivot-Elemente, die in voll besetzten Zeilen und Spalten stehen, so verschwinden die Nullelemente schnell, und in den anschließenden Iterationen sind auf Grund der genannten Regeln jeweils alle n^2 Elemente umzurechnen. Das ist der Fall, wenn z. B. in der ersten Iteration $a_{rs} = a_{11} = 1$ als Pivot-Element gewählt wird:

$$\mathbf{A}^{(1)} = \begin{pmatrix} 1 & 2 & 4 & 8 \\ -2 & -2 & -8 & -16 \\ -3 & -6 & -6 & -24 \\ -4 & -8 & -16 & -16 \end{pmatrix}.$$

Wählt man andererseits die Pivot-Elemente so, daß möglichst wenige Nullelemente verschwinden, so kann die Anzahl der pro Iteration umgerechneten Elemente niedrig gehalten werden. Die Zahl der umgerechneten Elemente ist gleich der Zahl der Nichtnullelemente der Pivot-Zeile mal der Zahl der Nichtnullelemente der Pivot-Spalte. Wenn im Beispiel zunächst die Pivot-Elemente $a_{22}^{(0)}$, $a_{33}^{(1)}$, $a_{44}^{(2)}$ und dann erst $a_{11}^{(3)}$ gewählt werden, sind in den ersten drei Iterationen nur je vier anstelle von 16 Elementen umzurechnen. Die sich dabei ergebenden Matrizen sind im folgenden angegeben:

$$\mathbf{A}^{(1)} = \begin{pmatrix} -1 & -1 & 4 & 8 \\ 1 & 1/2 & 0 & 0 \\ 3 & 0 & 6 & 0 \\ 4 & 0 & 0 & 16 \end{pmatrix}, \quad \mathbf{A}^{(2)} = \begin{pmatrix} -3 & -1 & -2/3 & 8 \\ 1 & 1/2 & 0 & 0 \\ 1/2 & 0 & 1/6 & 0 \\ 4 & 0 & 0 & 16 \end{pmatrix},$$

$$\mathbf{A}^{(3)} = \begin{pmatrix} -5 & -1 & -2/3 & -1/2 \\ 1 & 1/2 & 0 & 0 \\ 1/2 & 0 & 1/6 & 0 \\ 1/4 & 0 & 0 & 1/16 \end{pmatrix},$$

$$\mathbf{A}^{-1} = \mathbf{A}^{(4)} = \begin{pmatrix} -1/5 & 1/5 & 2/15 & 1/10 \\ 1/5 & 3/10 & -2/15 & -1/10 \\ 1/10 & -1/10 & 1/10 & -1/20 \\ 1/20 & -1/20 & -1/30 & 3/80 \end{pmatrix}.$$

Man kann es, von Spezialfällen abgesehen, einer Matrix nicht ansehen, bei welcher Reihenfolge von Pivot-Elementen insgesamt am wenigsten Operationen durchzuführen sind. Man kann sich jedoch an heuristische Regeln halten; beispielsweise wählt man solche Elemente als Pivot-Elemente, die in Zeilen (oder Spalten) mit geringer Anzahl an Nichtnullelementen stehen. Man muß beachten, daß der durch die Anwendung der heuristischen Regel entstehende Rechenaufwand nicht größer als die dadurch erzielte Einsparung ist. Sehr aufwendige heuristische Regeln zahlen sich bei der Matrixinversion kaum aus.

10.3. Die Wahl der Pivot-Elemente bei der Simplex-Methode der linearen Planungsrechnung

Während die Wahl der Pivot-Elemente bei der Matrixinversion nur einen Einfluß auf die *Operationen pro Iteration* hat, hängt von ihr bei der Simplex-Methode der linearen Planungsrechnung (Abschnitt 3.4) insbesondere auch die *Zahl der Iterationen* ab. Die Rechenregeln der Simplex-Methode sind im Prinzip dieselben, wie sie im Abschnitt 10.2 für die Matrixinversion angegeben sind. Mit der Simplex-Methode springt man jeweils von einem Eckpunkt zu einem Nachbareckpunkt in einem durch lineare Hyperebenen begrenzten Polyeder, der den Lösungsbereich des betreffenden Problems der linearen Planungsrechnung repräsentiert. Man beginnt üblicherweise am Nullpunkt und springt nur zu solchen Nachbareckpunkten mit einem höheren Zielfunktionswert. Man erreicht den Optimalpunkt je nach der Wahl der Pivot-Elemente nach mehr oder weniger vielen Iterationen. Allgemein läßt sich sagen, daß man um so weniger Iterationen benötigt, je mehr Aufwand man für die gute Auswahl des benachbarten Eckpunktes treibt. Eine Auswahlregel mit geringem Aufwand ist die *Regel des steilsten Anstiegs* („steepest unit ascent"). Hier geht man zu demjenigen Nachbarpunkt, zu dem der Weg mit größtem Anstieg des Zielfunktionswertes je Wegeinheit führt. Eine aufwendigere Auswahlregel ist die *Regel der größten Verbesserung* („greatest change"). Hier wählt man denjenigen Nachbarpunkt aus, bei dem der Zielfunktionswert am größten ist. Der Rechenaufwand dazu ist wesentlich größer als bei der Regel des steilsten Anstiegs. Dafür ist die Zahl der Iterationen häufig sehr viel niedriger.

Das folgende Beispiel diene der Erläuterung. Es sei G zu maximieren, das sich ergibt aus dem Gleichungssystem:

$$\begin{aligned}
G - 6x_1 - 4x_2 - 7x_3 &= 0 \\
x_4 + 15x_1 + 4x_2 + 8x_3 &= 120 \\
x_5 + x_1 \qquad + 4x_3 &= 32 \\
x_6 + 7x_1 + 2x_2 + 6x_3 &= 70 \\
x_7 + 13x_1 + 3x_2 + 7x_3 &= 105 \\
x_i &\geqq 0
\end{aligned}$$

Die Lösung lautet: $x_1 = x_3 = x_4 = 0$; $x_2 = 30$, $x_5 = 32$, $x_6 = 10$, $x_7 = 15$ und $G = 120$.

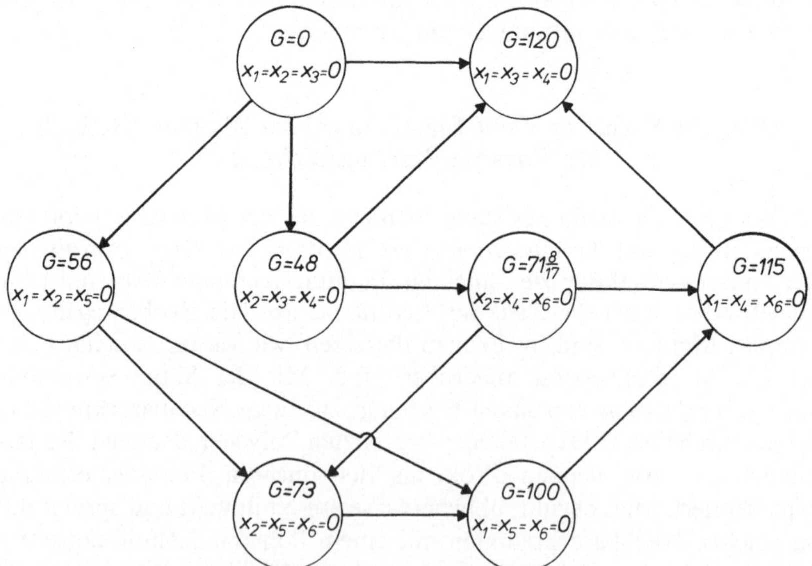

Abb. 10.1. Graph der zulässigen Eckpunkte zum Beispiel der linearen Planungsrechnung

Jeder Eckpunkt des durch diese Gleichungen beschriebenen Lösungsbereichs ist dadurch gekennzeichnet, daß drei Variablen x_i gleich Null sind. In der Abb. 10.1 sind alle Eckpunkte, gekennzeichnet durch die jeweiligen Nullvariablen und den jeweiligen Zielfunktionswert G, zu einem gerichteten Graphen zusammengefaßt. Die Pfeile geben die Wege zu Nachbarpunkten mit höherem Zielfunktionswert an (vgl. [134] und [129], Abschnitt 10.8.4). In diesem Beispiel führt die Regel des steilsten Anstiegs zu der Lösungsreihenfolge mit den Zielfunktionswerten $G=0$; $G=56$, $G=73$, $G=100$, $G=115$ und $G=120$. Das ist in der Abb. 10.1 der äußere Weg, der fünf Iterationen benötigt. Die Regel der größten Verbesserung führt in einer einzigen Iteration direkt von $G=0$ auf $G=120$.

In den meisten Problemen ist der Unterschied zwischen den beiden genannten Regeln nicht so groß wie hier. Häufig lohnt sich daher der Aufwand für die zweite Regel nicht. Da aber immer noch durch verbesserte Auswahlregeln eine Beschleunigung der Simplex-Methode erhofft werden kann, wird noch von vielen Fachleuten auf diesem Gebiet gearbeitet. Über Erfahrungen mit einigen Experimenten berichten u. a. Wolfe und Cutler [176] sowie Quandt und Kuhn [148].

10.4. Die Multiplikation mehrerer Matrizen

Ein anderes Reihenfolgeproblem tritt bei der Multiplikation von mehr als zwei Matrizen auf. Hier ist die Zahl der Rechenoperationen abhängig von der Reihenfolge, in der die Matrizen multipliziert werden. Die beste Reihenfolge läßt sich exakt bestimmen. Es eignet sich dazu u. a. die dynamische Planungsrechnung. Das Problem ist vom *Typ AK*.

Die Multiplikation einer Matrix **A** mit m Zeilen und n Spalten mit einer Matrix **B** mit n Zeilen und p Spalten erfordert $m \cdot n \cdot p$ Operationen. Es entsteht die Matrix **AB** mit m Zeilen und p Spalten. Wenn mit einer dritten Matrix **C** mit p Zeilen und q Spalten multipliziert werden soll, so entsteht das Produkt **ABC** mit m Zeilen und q Spalten. Wegen der Gültigkeit des assoziativen Gesetzes läßt sich dieses Produkt in der Reihenfolge (**AB**) **C** und in der Reihenfolge **A**(**BC**) berechnen. Im ersten Fall werden $(m \cdot n \cdot p + m \cdot p \cdot q)$, im zweiten Fall $(n \cdot p \cdot q + m \cdot n \cdot q)$ Operationen benötigt. Je nach den Größen der einzelnen Matrizen ist entweder die erste oder die zweite Reihenfolge vorteilhafter bezüglich des Rechenaufwands. Die Unterschiede können beachtliche Ausmaße annehmen, was im folgenden an einem Beispiel mit fünf Matrizen gezeigt werden soll.

Aus den Matrizen **A** (60×300), **B** (300×10), **C** (10×200), **D** (200×500) und **E** (500×100) sei das Produkt **ABCDE** (60×100) zu berechnen. Die optimale Multiplikationsreihenfolge sei gesucht. Sie lautet (**AB**)((**CD**) **E**) und erfordert 1 740 000 Operationen. Vierzehn Reihenfolgen sind möglich. Sie sind in der Tabelle 10.1 zusammengestellt. Die Operationszahlen liegen zwischen 1740000 und 47400000! Bei den meisten Reihenfolgen sind über 10000000 Operationen erforderlich. Die Operationen der zweitbesten Reihenfolge übersteigen die der besten Reihenfolge um mehr als 100%. Man erkennt an den Zahlen, welche Bedeutung auch bei Problemen dieser Art die Berechnung der Optimalfolge haben kann.

Tabelle 10.1. *Die Zahl der Operationen für die 14 möglichen Multiplikationsreihenfolgen*

Nr.	Produkt	Operationen
1	(((**AB**) **C**) **D**) **E**	9300000
2	((**A**(**BC**)) **D**) **E**	13200000
3	((**AB**)(**CD**)) **E**	4480000
4	(**A**((**BC**) **D**)) **E**	42600000
5	(**A**(**B**(**CD**))) **E**	14500000
6	((**AB**) **C**)(**DE**)	11500000
7	(**A**(**BC**))(**DE**)	15400000
8	(**AB**)((**CD**) **E**)	1740000!
9	(**AB**)(**C**(**DE**))	10440000
10	**A**(((**BC**) **D**) **E**)	47400000
11	**A**((**B**(**CD**)) **E**)	19300000
12	**A**((**BC**)(**DE**))	18400000
13	**A**(**B**((**CD**) **E**))	3600000
14	**A**(**B**(**C**(**DE**)))	12300000

Die Operationszahlen hängen ganz wesentlich von der Größe der Zwischenproduktmatrizen ab. In der Tabelle 10.2 sind für alle möglichen Matrizen die Größen angegeben.

Tabelle 10.2. *Größen der einzelnen Matrizen*

Matrix	Zeilen	Spalten
A	60	300
B	300	10
C	10	200
D	200	500
E	500	100
AB	60	10
BC	300	200
CD	10	500
DE	200	100
ABC	60	200
BCD	300	500
CDE	10	100
ABCD	60	500
BCDE	300	100
ABCDE	60	100

Die Berechnung der optimalen Multiplikationsreihenfolge kann man recht bequem mit Hilfe der dynamischen Planungsrechnung vornehmen. Die Stufen z enthalten die Produkte von je $(z+1)$ aufeinanderfolgenden Matrizen. Die Zustände werden durch die Produkte selber gebildet. In der Tabelle 10.3 ist die Berechnung durchgeführt. Zunächst sind die vier Produkte von je zwei Matrizen gebildet. Mit je einem von ihnen und je einer Ausgangsmatrix kann man alle drei Produkte von je drei Matrizen berechnen. Dabei läßt sich jedes Dreierprodukt auf zwei Wegen bestimmen. Der ungünstigere Weg wird jeweils ausgeschieden. Nun lassen sich beide Viererprodukte berechnen. Für jedes gibt es drei Wege, von denen nur der jeweils günstigste interessiert (Nr. 8 und 9). Abschließend werden die vier Möglichkeiten des Fünferproduktes betrachtet.

Tabelle 10.3. *Die Berechnung der optimalen Multiplikationsreihenfolge mit dynamischer Planungsrechnung. Sterne (*) kennzeichnen ausgeschiedene Folgen*

Stufe	Nr.	Produkt	Operationen
1	1	**AB**	180000
	2	**BC**	600000
	3	**CD**	1000000
	4	**DE**	10000000
2	5	(**AB**) **C**	300000
		A(**BC**)	4200000*
		(**BC**) **D**	30600000*
	6	**B**(**CD**)	2500000
	7	(**CD**) **E**	1500000
		C(**DE**)	10200000*
3		(**ABC**) **D**	6300000*
	8	(**AB**)(**CD**)	1480000
		A(**BCD**)	11500000*
		(**BCD**) **E**	17500000*
		(**BC**)(**DE**)	16600000*
	9	**B**(**CDE**)	1800000
4		(**ABCD**) **E**	4480000*
		(**ABC**)(**DE**)	11500000*
	10	(**AB**)(**CDE**)	1740000
		A(**BCDE**)	3600000*

Die Zahl z_r der unterschiedlichen Multiplikationsreihenfolgen wächst mit der Zahl r der Matrizen an. Für $r=1$ ist trivialerweise $z_1=1$. Ebenfalls ist $z_2=1$. Bei drei Matrizen gibt es $z_3=2$ Möglichkeiten. Für $r>3$ gilt allgemein

$$z_r=\sum_{k=1}^{r-1} z_k \cdot z_{r-k}.$$

Das ergibt sich aus folgender Überlegung. Bei der letzten Multiplikation wird das Produkt aus den ersten k Matrizen mit dem Produkt aus den letzten $(r-k)$ Matrizen multipliziert. Dabei kann k zwischen 1 und $(r-1)$ variieren. Für die ersten k Matrizen gibt es z_k mögliche Reihenfolgen, entsprechend z_{r-k} für die letzten $(r-k)$ Matrizen. In der Tabelle 10.4 sind für $r=1$ bis 10 die Werte z_r zusammengestellt.

Tabelle 10.4. *Die Zahlen der möglichen Reihenfolgen bei der Multiplikation von r Matrizen*

r	z_r
1	1
2	1
3	2
4	5
5	14
6	42
7	132
8	429
9	1430
10	4862

Literatur

[1] Ackoff, R. L.: An algorithm for solving most traveling salesman problems. Case Institute of Technology 1963. (Unveröffentlichtes Manuskript.)

[2] Adam, D.: Simultane Ablauf- und Programmplanung bei Sortenfertigung mit ganzzahliger linearer Programmierung. In: Z. Betriebswirtschaft **33**, H. 4, 233–245 (1963).

[3] Albach, H.: Maschinenbelegungspläne bei Einzelfertigung. In: Jahrbuch 1965, herausgeg. vom Landesamt für Forschung des Landes Nordrhein-Westfalen, S. 12–48. Köln u. Opladen 1965.

[4] Angermann, A.: Entscheidungsmodelle. Frankfurt a. M. 1963.

[5] Armour, G. C., Buffa, E. S.: A heuristic algorithm and simulation approach to relative location of facilities. In: Management Science **9**, H. 2, 294–309 (1963).

[6] Arnoff, E., Sengupta, S. S.: Mathematical programming. In: R. L. Ackoff (Hrsg.), Progress in operations research, vol. I, p. 105–210. New York and London 1961.

[7] Baker, C. T., Dzielinski, B. P.: Simulation of a simplified job shop. In: Management Science **6**, H. 3, 311–323 (1960).

[8] Balas, E.: An additive algorithm for solving linear programs with zero-one variables. In: Operations Res. **13**, H. 4, 517–549 (1965).

[9] – Discrete programming by the filter method. In: Operations Res. **15**, H. 5, 915–957 (1967).

[10] Balinski, M. L.: Integer programming: Methods, uses, computation. In: Management Science **12**, H. 3, 253–313 (1965).

[11] Ball, W. W. R.: Mathematical recreations and essays. New York 1939.

[12] Barth, W.: Ein ALGOL 60 Programm zur Lösung des Traveling Salesman Problems. In: Ablauf- und Planungsforschung **9**, H. 2, 99–105 (1968).

[13] Beale, E. M. L.: Survey of integer programming. In: Operational Research Quarterly **16**, H. 2, 219–228 (1965).

[14] Bellman, R. E.: Dynamic programming. Princeton 1957.

[15] – Dynamic programming treatment of the traveling salesman problem. In: J. ACM **9**, H. 1, 61–63 (1962).

[16] – Dreyfus, S. E.: Applied dynamic programming. Princeton 1962.

[17] Bellmore, M., Nemhauser, G. L.: The traveling salesman problem: A survey. In: Operations Res. **16**, H. 3, 538–558 (1968).

[18] Berge, C.: The theory of graphs. (Englische Übersetzung.) London and New York 1966.

[19] Berr, U., Müller, H. E.-W.: Ein heuristisches Verfahren zur Raumverteilung in Fabrikanlagen. In: Elektron. Datenverarbeitung **10**, H. 4, 200–204 (1968).

[20] Bloch, W.: Maschinenaufstellung nach dem Dreiecksverfahren. In: Industrielle Organisation **19**, H. 5, 305–308 (1950).

[21] Boldyreff, A. W.: The approximation technique. Rand-Corp., RM 1521, 1955.

[22] Bowman, E. H.: The schedule sequencing problem. In: Operations Res. **7**, H. 5, 621–624 (1959).

[23] Brooks, G. H., White, Ch. R.: An algorithm for finding optimal or near optimal solutions to the production scheduling problem. In: J. Industrial Engineering **16**, H. 1, 34–40 (1965).

[24] Buffa, E. S., Armour, G. C., Vollman, T. E.: Allocating facilities with "CRAFT". In: Harvard Business Review **42**, H. 2, 136–141 (1964).

[25] Burckhardt, W.: Zur Optimierung von räumlichen Zuordnungen. In: Ablauf- und Planungsforschung **10**, H. 1, 233–248 (1969).

[26] Busacker, R. G., Saaty, T. L.: Finite graphs and networks. New York-Toronto-London 1965.

[27] – – Endliche Graphen und Netzwerke. (Deutsche Übersetzung.) München u. Wien 1968.

[28] Buser, P.: Die Kreismethode zur Bestimmung von Layouts. In: Industrielle Organisation **35**, H. 1, 31–39 (1966).

[29] Bussmann, K. F., Mertens, P. (Hrsg.): Operations Research und Datenverarbeitung bei der Produktionsplanung. Stuttgart 1968.

[30] Bydekarken, H. R.: Die exakte Ermittlung des kürzesten Rundreiseweges? In: BTA **2**, H. 2, 37–39 (1960).

[31] Collatz, L., Wetterling, W.: Optimierungsaufgaben. Berlin-Heidelberg-New York 1966.

[32] Conway, R. W.: Priority dispatching and work-in-process inventory in a job shop. In: J. Industrial Engineering **16**, H. 2, 123–130 (1965).

[33] – Priority dispatching and job lateness in a job shop. In: J. Industrial Engineering **16**, H. 4, 228–237 (1965).

[34] –, Maxwell, W. L.: A queuing model with state dependent service rate. In: J. Industrial Engineering **12**, H. 2, 132–136 (1961).

[35] – –, Miller, L. W.: Theory of scheduling. Reading-Palo Alto-London 1967.

[36] Croes, G. A.: A method for solving traveling-salesman problems. In: Operations Res. **6**, H. 6, 791–812 (1958).

[37] Dakin, R. J.: A tree-search algorithm for mixed integer programming problems. In: Comput. J. **8**, H. 3, 250–255 (1963).

[38] Dantzig, G. B.: Lineare Programmierung und Erweiterungen. (Deutsche Übersetzung.) Berlin-Heidelberg-New York 1966.

[39] – Fulkerson, D. R., Johnson, S. M.: Solution of a large-scale traveling-salesman problem. In: Operations Res. **2**, H. 4, 393–410 (1954).

[40] – – – On a linear-programming, combinatorial approach to the traveling-salesman problem. In: Operations Res. **7**, H. 1, 58–66 (1959).

[41] Dickhut, E. O.: Zur Problematik der optimalen Fertigungsablaufplanung in der Einzel- und Kleinserienfertigung. (Dissertation.) Aachen 1966.

[42] Dienemann, O.: Kapazitätsplanung mit Hilfe der Netzplantechnik. In: Wiss. Z. Humboldt-Univ. Berlin (Gesellschafts- und Sprachwissenschaftliche Reihe) **16**, H. 6, 915–921 (1967).

[43] Dijkstra, E. W.: A note on two problem in connexion with graphs. In: Numer. Mathematik **1**, 269–271 (1959).

[44] Dinkelbach, W.: Zum Problem der Produktionsplanung in Ein- und Mehrproduktunternehmen. Würzburg u. Wien 1964.

[45] Dorfman, R., Samuelson, P. A., Solow, R. M.: Linear programming and economic analysis. New York-Toronto-London 1958.

[46] Driebeek, N. J.: An algorithm for the solution of mixed integer programming problems. In: Management Science **12**, H. 7, 576–587 (1966).

[47] Dudek, R. A., Teuton, O. F.: Development of M-stage decision rule for scheduling n jobs through M machines. In: Operations Res. **12**, H. 3, 471–497 (1964).

[48] Eastman, W. L.: Linear programming with pattern constraints. (Unveröffentlichte Dissertation.) Harvard University, Cambridge 1958 (zit. nach [112] und [17]).

[49] Edmonds, J.: Minimum partition of a matroid into independent subsets. In: J. Res. Nat. Bur. Standards, Sect. B **69**, H. 1, 67–72 (1965).

[50] Falkenhausen, H. v.: Arbeitsverteilung mit Vorrangregeln. In: VDI-Bericht Nr. 101 „Fertigungsorganisation im Wandel“, S. 97–103. Düsseldorf 1966.

[51] – Bemerkungen zu den Simulationen der Arbeitsverteilung in Betrieben mit Auftragsfertigung durch Conway und die Hughes Aircraft Company. In: [29], S. 251–256.

[52] Farbey, B. A., Land, A. H., Murchland, J. D.: The cascade algorithm for finding all shortest distances in a directed graph. In: Management Science **14**, H. 1, 19–28 (1967).

[53] Fehler, D.: Die Variationen-Enumeration. Ein Näherungsverfahren zur Planung des optimalen Betriebsmitteleinsatzes bei der Terminierung von Projekten. In: Elektronische Datenverarbeitung **11**, H. 10, 479–483 (1969).

[54] Flood, M. M.: The traveling-salesman problem. In: Operations Res. **4**, H. 1, 61–75 (1956), nachgedruckt in: J. F. McCloskey, J. M. Coppinger (Hrsg.), Operations Research for Management, vol. II, p. 340–357. Baltimore 1956.

[55] Floyd, R. W.: Algorithm 97, shortest path. In: Comm. ACM **5**, H. 6, 345 (1967).

[56] Ford, L. R., Fulkerson, D. R.: Flows in networks. Princeton 1962.

[57] – – Solving the transportation problem. In: Management Science **3**, H. 1, 24–32 (1956).

[58] Garvin, W. W.: Introduction to linear programming. New York-Toronto-London 1960.

[59] Gass, S. I.: Linear programming, 2. Aufl. New York-Toronto-London 1963.

[60] Gavett, J. W.: Three heuristic rules for sequencing jobs to a single production facility. In: Management Science **11**, H. 8, B 166–B 176 (1965).

[61] Giffler, B., Thompson, G. L.: Algorithms for solving production scheduling problems. In: Operations Res. **8**, H. 4, 487–503 (1960).

[62] – – Ness, V. van: Numerical experience with the linear and Monte Carlo algorithm for solving production scheduling problems, in: [143], S. 21–38.

[63] Giglio, R. J., Wagner, H. M.: Approximate solutions to the three-machine scheduling problem. In: Operations Res. **12**, H. 2, 305–324 (1964).

[64] Göttner, R.: Beispiele für Optimierungsrechnung im Postbetrieb. In: Wiss. Z. Hochsch. Verkehrswesen „Friedrich List“ Dresden **11**, H. 3, 557–568 (1964).

[65] Gomory, R. E.: An algorithm for integer solutions to linear programs. In: R. L. Graves, Ph. Wolfe (Hrsg.), Recent advances in mathematical programming, p. 269–302. New York-San Francisco-Toronto-London 1963. (Nachdruck einer 1958 als Princeton-IBM Research Project Technical Report erschienenen Arbeit.)

[66] – An all-integer integer programming algorithm, in: [143], S. 193–206.

[67] Gonzales, R. H.: Solution of the traveling salesman problem by dynamic programming on the hypercube. Interim Technical Report No. 18, OR Center, MIT, 1962.

[68] Grögler, H.: Über ein Näherungsverfahren zur Ermittlung optimaler Rundfahrtwege von Regalbedienungsgeräten. Vortrag auf der AKOR-Tagung 1968.

[69] Groh, H.: Lokale Enumeration – ein Verfahren zur Maschinenbelegungsplanung für die Werkstattfertigung. In: Ausschuß für wirtschaftliche Fertigung (Hrsg.), 50 Jahre AwF, 1918–1968, S. 117–138. Freiburg i. Br. 1968.

[70] Gutenberg, E.: Grundlagen der Betriebswirtschaftslehre, Bd. 1, Die Produktion 13. Aufl. Berlin 1967.

[71] Hadley, G.: Linear programming. Reading-Palo Alto-London 1962.

[72] – Nonlinear and dynamic programming. Reading-Palo Alto-London 1964.

[73] Hardgrave, W. W., Nemhauser, G. L.: On the relation between the traveling salesman problem and the longest path problem. In: Operations Res. **10**, H. 5, 647–657 (1962).

[74] Harris, P. M. J.: An algorithm for solving mixed integer linear programmes. In: Operational Research Quarterly **15**, H. 2, 117–132 (1964).

[75] Healy, W. C.: Multiple choice programming. In: Operations Res. **12**, H. 1, 122–138 (1964).

[76] Held, M., Karp, R. M.: The construction of discrete dynamic programming algorithms. In: IBM Systems J. **4**, H. 2, 136–147 (1965).

[77] – – A dynamic programming approach to sequencing problems. In: SIAM J. Appl. Math. **10**, H. 1, 196–210 (1962).

[78] Hellmich, K.: Die Reiseroute kürzester Weglänge (Dauer). In: MTW **7**, H. 4, 166–175 (1960).

[79] Helmstädter, E.: Produktionsstruktur und Wachstum. In: Jahrbücher für Nationalökonomie und Statistik **169**, 173–212, 427–449 (1957/58).

[80] – Die Dreiecksform der Input-Output-Matrix und ihre möglichen Wandlungen im Wachstumsprozeß. In: F. Neumark (Hrsg.), Strukturwandlungen einer wachsenden Wirtschaft, Bd. 2, S. 1005–1054. Berlin 1964.

[81] Hillier, F. S.: Quantitative tools for plant layout analysis. In: J. Industrial Engineering **14**, H. 1, 33–40 (1963).

[82] – Connors, M. M.: Quadratic assignment problem algorithms and the location of indivisable facilities. In: Management Science **13**, H. 1, 42–57 (1966).

[83] – Liebermann, G. L.: Introduction to operations research. San Francisco-Cambridge-London-Amsterdam 1967.

[84] Hoss, K.: Fertigungsablaufplanung mittels operationsanalytischer Methoden. Würzburg u. Wien 1965.

[85] Howard, R.: Dynamische Programmierung und Markov-Prozesse. (Deutsche Übersetzung.) Zürich 1965.

[86] Hu, T. C.: Revised matrix algorithms for shortest paths. In: SIAM J. Appl. Math. **15**, H. 1, 207–218 (1967).

[87] Hübel, S.: Untersuchungen zu Problemen der Belastungsplanung auf Netzwerkbasis. In: Rechentechnik/Datenverarbeitung **5**, H. 11, 14–21 (1968).

[88] IBM (Hrsg.): The traveling salesman problem: An application of dynamic programming. Reference Manual 7090-C0-05X, 1963.

[89] Ignall, E., Schrage, L.: Application of the branch and bound technique to some flow – shop scheduling problems. In: Operations Res. **13**, H. 3, 400–412 (1965).

[90] Jaeschke, G.: „Branching and Bounding." – Eine allgemeine Methode zur Lösung kombinatorischer Probleme. In: Ablauf- und Planungsforschung **5**, H. 3, 133–155 (1964).

[91] – Das Reihenfolgeproblem für Erzeugnisse mit gleichem Ablaufplan. IBM-Fachbibliothek, IBM-Form 78104. Sindelfingen 1963.

[92] – Eine Methode zur Lösung des Reihenfolgeproblems vom Typ „Identical Routing". IBM-Fachbibliothek, IBM-Form 78133. Sindelfingen 1964.

[93] – Die Bestimmung optimaler Währungstauschfolgen im Devisenhandel. IBM-Fachbibliothek, IBM-Form 81513. Sindelfingen 1966.

[94] Johnson, S. M.: Optimal two- and three-stage production schedules with setup times included. In: Naval Res. Logist. Quart. **1**, H. 1, 61–68 (1954), nachgedruckt in: [143], S. 13–20.

[95] Johnson, T. J. R.: A branch and bounding algorithm for the resource constrained project scheduling problem. (Kurzfassung eines Vortrages.) In: Management Science **13**, H. 6, C 179–C 180 (1967).

[96] Kaufmann, A.: Graphs, dynamic programming and finite games. (Englische Übersetzung.) New York and London 1967.

[97] Keck, H.: Vergleich von Prioritätsregeln mit Hilfe der Simulation. Eine Literaturübersicht, in: [29], S. 230–251.

[98] Keller, S.: Numerische Grundrißoptimierung. (Dissertation.) Darmstadt 1969.

[99] Kelley, J. E.: The critical path method: Resource planning and scheduling, in: [143], S. 347–365.

[100] Kiehne, R.: Innerbetriebliche Standortplanung und Raumzuordnung. Wiesbaden 1969.

[101] König, D.: Theorie der endlichen und unendlichen Graphen. New York, o. Jg.

[102] Korte, B., Oberhofer, W.: Zwei Algorithmen zur Lösung eines komplexen Reihenfolgeproblems. In: Unternehmensforschung **12**, H. 4, 217–231 (1968).

[103] – – Zur Triangulierung von Input-Output-Matrizen. In: Jahrbücher für Nationalökonomie und Statistik **182**, H. 4/5, 398–433 (1969).

[104] Koslowski, A.: Prinzipien der kapazitätsbilanzierenden Belastungsplanung auf der Grundlage von Netzplänen. In: Fertigungstechnik und Betrieb **18**, H. 10, 579–583 (1968).

[105] Kreuzberger, H.: Ein Näherungsverfahren zur Bestimmung ganzzahliger Lösungen bei linearen Optimierungsaufgaben. In: Ablauf- und Planungsforschung **9**, H. 3, 137–152 (1968).

[106] Künzi, H. P., Müller, O., Nievergelt, E.: Einführungskurs in die dynamische Programmierung. Berlin-Heidelberg-New York 1968.

[107] Küster, H.: Keine exakte Ermittlung des kürzesten Rundreiseweges! In: BTA **2**, H. 10, 290 (1960).

[108] Kwan, Mei-Ko: Graphic programming using odd or even points. In: Chinese Math. **1**, 273–277 (1962).

[109] Land, A. H., Doig, A. G.: An automatic method of solving discrete programming problems. In: Econometrica **28**, H. 3, 497–520 (1960).

[110] Laue, H. J.: Efficient methods for the allocation of resources in project networks. In: Unternehmungsforschung **12**, H. 2, 133–143 (1968).

[111] Lawler, E. L.: The quadratic assignment problem. In: Management Science **9**, H. 6, 586–599 (1963).

[112] – Wood, D. E.: Branch-and-bound methods: A survey. In: Operations Res. **14**, H. 4, 699–719 (1966).

[113] Lee, R. C., Moore, J. M.: CORELAP-COmputational RElationship LAyout Planning. In: J. Industrial Engineering **18**, H. 3, 195–200 (1967).

[114] Levy, F. K., Thompson, G. L., Wiest, J. D.: Multiship, multishop, workload-smoothing program. In: Naval Res. Logist. Quart. **9**, H. 1, 37–44 (1962).

[115] Lin, S.: Computer solution of the traveling salesman problem. In: Bell System Tech. J. **44**, 2245–2269 (1965).

[116] Little, J. D. C., Murty, K. G., Sweeney, D. W., Karel, C.: An algorithm for the traveling salesman problem. In: Operations Res. **11**, H. 12, 972–989 (1963).

[117] Lomnicki, Z. A.: A „branch-and-bound" algorithm for the exact solution of the three-machine scheduling problem. In: Operational Research Quarterly **16**, H. 1, 89–100 (1965).

[118] Manne, A. S.: On the job-shop scheduling problem. In: Operations Res. **8**, H. 2, 219–223 (1960).

[119] Martin, G. T.: Solving the traveling salesman problem by integer linear programming. New York 1966 (unveröffentlichtes Manuskript).

[120] Mathies, W.: Einfluß der Belastungsplanung auf die Bestimmung des kritischen Weges. In: Fertigungstechnik und Betrieb **15**, H. 2, 111–113 (1965).

[121] McGhee, A. A., Markarian, M. D.: Optimum allocation of research/Engineering manpower within a multi-project organizational structure. In: IRE Transaction on Engineering Management **9**, 104–108 (1962).

[122] Mensch, G.: Ablaufplanung. Köln u. Opladen 1968.

[123] Mertens, P.: Fließbandabgleich mit dem Verfahren der begrenzten Enumeration nach Müller-Merbach. In: Ablauf- und Planungsforschung **8**, H. 4, 173–182 (1967).

[124] Metzger, R. W.: Elementary mathematical programming. New York 1958.

[125] Miller, C. E., Tucker, A. W., Zemlin, R. A.: Integer programming formulation of traveling salesman problems. In: J. ACM **7**, 326–329 (1960).

[126] Mitten, L. G.: Sequencing *n* jobs on two machines with arbitrary time lags. In: Management Science **5**, H. 3, 293–298 (1959).

[127] Mori, M., Nishimura, T.: Solution of the routing problem through a network by a matrix method with auxiliary nodes. In: Transportation Res. **1**, H. 2, 165–180 (1967).

[128] Müller, R.: Netzplantechnik mit Kapazitätsausgleich. In: Elektron. Datenverarbeitung **7**, H. 5, 226–229 (1965).

[129] Müller-Merbach, H.: Operations Research – Methoden und Modelle der Optimalplanung. Berlin 1969.

[130] – Lineare Planungsrechnung für die Wirtschaftspraxis (in Vorbereitung).

[131] – Netzplantechnik. Berlin-Heidelberg-New York (in Vorbereitung).

[132] – Die Ermittlung des kürzesten Rundreiseweges mittels linearer Programmierung. In: Ablauf- und Planungsforschung **2**, H. 5, 70–83 (1961).

[133] – Ein Näherungsverfahren zur Bestimmung einer guten Ausgangslösung bei Zuordnungsproblemen. In: Elektron. Datenverarbeitung **4**, H. 3, 126–129 (1962).

[134] – Die symmetrische revidierte Simplex-Methode der linearen Planungsrechnung. In: Elektron. Datenverarbeitung **7**, H. 3, 105–113 (1965).

[135] – Neuere Ergebnisse des Operations Research (Erfahrungen mit neuen numerischen Methoden). In: Tagungsbericht vom III. Internationalen Kolloquium über Anwendungen der Mathematik in den Ingenieurwissenschaften (III. IKM) in Weimar 1965, S. 257–266. Berlin 1966.

[136] – Die Lösung des Transportproblems auf Rechenautomaten. – Ein ALGOL-Programm. In: Elektron. Datenverarbeitung **8**, H. 2, 49–56 (1966).

[137] – Fertigungssteuerung mit optimalen Losgrößen. In: Fertigungsorganisation im Wandel (Methoden und Mittel heute und morgen). VDI-Bericht Nr. 101, S. 59–67. Düsseldorf 1966.

[138] – Ein Verfahren zur Lösung von Reihenfolgeproblemen der industriellen Fertigung. In: Z. für wirtschaftliche Fertigung **61**, H. 3, 147–152 (1966).

[139] – Drei neue Methoden zur Lösung des Traveling Salesman Problems. In: Ablauf- und Planungsforschung **7**, H. 1, 32–46 u. H. 2, 78–91 (1966).

[140] – Ein Verfahren zur Planung des optimalen Betriebsmitteleinsatzes bei der Terminierung von Großprojekten. In: Z. für wirtschaftliche Fertigung **62**, H. 2, 83–88 u. H. 3, 135–140 (1967).

[141] – Erfahrungen mit Methoden der Betriebsmitteleinsatzplanung in CPM-Netzplänen. In: Proceedings of INTERNET I, Paris 1969.

[142] – Die Behandlung von Kapazitätsrestriktionen in der Netzplantechnik. In: H. Jacob (Hrsg.), Anwendungen der Netzplantechnik im Betrieb, Bd. 9 der Schriften zur Unternehmensführung, S. 41–52. Wiesbaden 1969.

[143] Muth, J. F., Thompson, G. L. (Hrsg.): Industrial scheduling. Englewood Cliffs, N. J. 1963.

[144] Nemhauser, G. L.: Introduction to dynamic programming. New York-Toronto-London 1966.

[145] Pack, L., Kiehne, R., Reinermann, H.: Raumzuordnung und Raumform. In: Management International Review H. 5, 7–23 (1966).

[146] Palmer, D. S.: Sequencing jobs through a multi-stage process in the minimum total time. – A Quick method of obtaining a near optimum. In: Operational Research Quarterly **16**, H. 1, 101–107 (1965).

[147] Piehler, J.: Ein Beitrag zum Reihenfolgeproblem. In: Unternehmensforschung **4**, H. 3, 138 – 142 (1960).

[148] Quandt, R. E., Kuhn, H.W.: On upper bounds for the number of iterations in solving linear programs. In: Operations Res. **12**, H. 1, 161 – 165 (1964).

[149] Rataj, A.: Einige ZRA-1-Programme nach der Methode des kritischen Weges mit Berücksichtigung der Beschränkung produktiver Faktoren. In: Die Technik **20**, H. 10, 668 – 671 (1965).

[150] Reinfeld, N. V., Vogel, W. R.: Mathematical programming. Englewood Cliffs 1958.

[151] Reiter, S., Sherman, G.: Discrete optimizing. In: SIAM J. Appl. Math. **13**, H. 3, 864 – 889 (1965).

[152] Roberts, S. M., Flores, B.: Solution of a combinatorial problem by dynamic programming. In: Operations Res. **13**, H. 1, 146 – 157 (1965).

[153] Rothkopf, M. H.: The traveling salesman problem: On the reduction of certain large problems to smaller ones. In: Operations Res. **14**, H. 3, 532 – 533 (1966).

[154] Salveson, M. E.: On a quantitative method in production planning and scheduling. In: Econometrica **20**, 554 – 590 (1952).

[155] Schmitt, H.: Produktionsplanung mit linearer Programmierung. In: Elektron. Rechenanlagen **4**, H. 3, 117 – 120 (1962).

[156] Schuff, H. K.: Die kombinatorische Bearbeitung des Traveling Salesman Problems mit Rechenanlagen. In: Elektron. Datenverarbeitung **2**, H. 8, 1 – 7 (1960).

[157] Schwarze, J.: Probleme der Kosten-, Kapazitäts- und Finanzplanung im Rahmen der Netzplantechnik. In: Betriebswirtschaftliche Forschung und Praxis **20**, H. 7/8, 428 – 449 (1968).

[158] Schweitzer, M.: Beitrag zur optimalen Terminierung. In: Z. Betriebswirtschaft **36**, H. 1, 41 – 52 (1966).

[159] Seiffart, E.: Verbesserung des Lösungsweges eines Reihenfolgeproblems. In: Fertigungstechnik und Betrieb **13**, H. 9, 570 – 572 (1963).

[160] Shapiro, D.: Algorithms for the Solution of the Traveling Salesman Problem. (Unveröffentlichte Dissertation.) Washington University, St. Louis 1966 (zit. nach [17]).

[161] Story, A. E., Wagner, H. M.: Computational experience with integer programming for job-shop scheduling, in: [143], S. 207 – 219.

[162] Timm, J. F.: Probleme der praktischen Realisation bei der Bestimmung optimaler Währungsfolgen im Devisenhandel. (Unveröffentlichte Diplomarbeit.) Darmstadt 1968.

[163] – Ein Algorithmus zur Lösung des Arbitrageproblems. (Unveröffentlichtes Manuskript.) Darmstadt 1969.

[164] Thüring, B.: Die exakte Ermittlung des kürzesten Rundreiseweges. In: BTA Sonderheft 1959, S. 3 – 15.

[165] – Zum Problem der exakten Ermittlung des kürzesten Rundreiseweges. In: Elektron. Datenverarbeitung **3**, H. 4, 147 – 156 (1961).

[166] Vajda, S.: Mathematical programming. Reading and London 1961.

[167] – Einführung in die Linearplanung und die Theorie der Spiele. (Deutsche Übersetzung, 2. Aufl.) München u. Wien 1966.

[168] Verkines, D. R.: Optimum scheduling of limited resources. In: Chemical Engineering Progress **59**, H. 3, 65 – 67 (1963).

[169] Wagner, G.: Das Kapazitätsproblem bei Anwendungen der Netzplantechnik (CPM, PERT) in der Bauindustrie. In: Der Baubetriebsberater (Beilage zu: Die Bauwirtschaft) **1965**, 45 – 48, 66 – 67.

[170] Wagner, H. M.: An integer linear programming model for machine scheduling. In: Naval Res. Logist. Quart. **6**, H. 2, 131 – 140 (1959).

[171] Wedekind, H.: Netzwerkplanung mit Kapazitätsbeschränkung der Tätigkeiten. In: Fortschrittliche Betriebsführung **14**, H. 3, 88–94 (1965).

[172] Weinberg, F. (Hrsg.).: Einführung in die Methode Branch and Bound. Berlin-Heidelberg-New York 1968.

[173] Wentzel, J. S.: Elemente der dynamischen Programmierung. München u. Wien 1968.

[174] Wiest, J. D.: Some properties of schedules for large projects with limited resources. In: Operations Res. **12**, H. 3, 395–418 (1964).

[175] Woitschach, M., Elsässer, P.: Fahrtroutenermittlung mit der IBM 305. In: IBM-Nachrichten **9**, H. 140, 928–931 (1959).

[176] Wolfe, Ph., Cutler, L.: Experiments in linear programming. In: R. Graves, Ph. Wolfe (Hrsg.), Recent advances in mathematical programming, p. 177–200. New York-San Francisco-Toronto-London 1963.

[177] Zimmermann, W.: Modellanalytische Verfahren zur Bestimmung optimaler Fertigungsprogramme. Berlin 1966.

Namenverzeichnis

Sachverzeichnis

Ökonometrie und Unternehmensforschung
Econometrics and Operations Research

Vol. I Nichtlineare Programmierung

Von HANS PAUL KÜNZI und WILHELM KRELLE unter Mitwirkung von Werner Oettli. – Mit 18 Abbildungen. XVI, 221 Seiten. 1962. Gebunden DM 38,–

Vol. II Lineare Programmierung und Erweiterungen

Von GEORGE B. DANTZIG. Ins Deutsche übertragen und bearbeitet von Arno Jaeger. – Mit 103 Abbildungen. XVI, 712 Seiten. 1966. Gebunden DM 68,–

Vol. III Stochastic Processes

By M. GIRAULT. – With 35 figures. XII, 126 pages. 1966. Cloth DM 28,–

Vol. IV Methoden der Unternehmensforschung im Versicherungswesen

Von KARL-H. WOLFF. – Mit 14 Diagrammen. VIII, 266 Seiten. 1966. Gebunden DM 49,–

Vol. V The Theory of Max-Min and its Application to Weapons Allocation Problems

By JOHN M. DANSKIN. – With 6 figures. X, 126 pages. 1967. Cloth DM 32,–

Vol. VI Entscheidungskriterien bei Risiko

Von Professor Dr. HANS SCHNEEWEISS. – Mit 35 Abbildungen. XII, 214 Seiten. 1967. Gebunden DM 48,–

Vol. VII Boolean Methods in Operations Research and Related Areas

By PETER L. HAMMER (Ivănescu) and SERGIU RUDEANU. With a preface by Richard Bellman. – With 25 figures. XVI, 329 pages. 1968. Cloth DM 46,–

Vol. VIII Strategy for R & D: Studies in the Microeconomics of Development

By THOMAS MARSCHAK, THOMAS K. GLENNAN, JR. and ROBERT SUMMERS. – With 44 figures. XIV, 330 pages. 1967. Cloth DM 56,80

Vol. IX Dynamic Programming of Economic Decisions

By MARTIN J. BECKMANN. – With 9 figures. XII, 143 pages. 1968. Cloth DM 28,–

Vol. X Input-Output-Analyse

Von JOCHEN SCHUMANN. – Mit 12 Abbildungen. X, 311 Seiten. 1968. Gebunden DM 58,–

Vol. XI Produktionstheorie

Von WALDEMAR WITTMANN. – Mit 54 Abbildungen. VIII, 177 Seiten. 1968. Gebunden DM 42,–

Vol. XII Sensitivitätsanalysen und parametrische Programmierung

Von WERNER DINKELBACH. – Mit 20 Abbildungen. XI, 190 Seiten. 1969. Gebunden DM 48,–

Vol. XIII Graphentheoretische Methoden und ihre Anwendungen
Von WALTER KNÖDEL. – Mit 24 Abbildungen. VIII, 111 Seiten. 1969. Gebunden DM 38,–

Vol. XIV Praktische Studien zur Unternehmensforschung
Von E. NIEVERGELT, O. MÜLLER, F. E. SCHLAEPFER und W. H. LANDIS. – Mit etwa 81 Abbildungen. Etwa 270 Seiten. Gebunden DM 58,–

Vol. XV Optimale Reihenfolgen
Von HEINER MÜLLER-MERBACH. – Mit 43 Abbildungen. IX, 225 Seiten. 1970. Gebunden DM 60,–

Vol. XVI Die Preispolitik der Mehrproduktenunternehmung als Problem der statischen Theorie
Von REINHARD SELTEN. – Mit etwa 20 Abbildungen. Etwa 220 Seiten. Gebunden DM 64,–